大气污染溯源实践：
融合排放清单、模型与人工智能

伯　鑫　主编

中国环境出版集团·北京

图书在版编目（CIP）数据

大气污染溯源实践 ： 融合排放清单、模型与人工智能 / 伯鑫主编. -- 北京 ： 中国环境出版集团, 2026. 1. -- ISBN 978-7-5111-6452-0

Ⅰ. X510.6

中国国家版本馆 CIP 数据核字第 202546D7B2 号

审图号：京审字（2025）G 第 2316 号

责任编辑 李兰兰
封面设计 宋 瑞

出版发行 中国环境出版集团
（100062 北京市东城区广渠门内大街 16 号）
网 址：http://www.cesp.com.cn
电子邮箱：bjgl@cesp.com.cn
联系电话：010-67112765（编辑管理部）
010-67112735（第一分社）
发行热线：010-67125803，010-67113405（传真）

印 刷 北京中科印刷有限公司
经 销 各地新华书店
版 次 2026 年 1 月第 1 版
印 次 2026 年 1 月第 1 次印刷
开 本 787×1092 1/16
印 张 12.25 彩插 7
字 数 260 千字
定 价 58.00 元

《大气污染溯源实践：融合排放清单、模型与人工智能》

编委会

主　编： 伯　鑫

副主编： 蔡博峰　吴志刚　张英磊　陈晓春

编　委： 徐　鑫　单皖粤　杨　迎　王昭桐　李建晖

张　峥　马子昂　桑敏捷　高元官　王　晴

李　刚　封　雪　王　刚

学习须知

读者开始学习本书之前，请注意如下提示：

1. 本书有 QQ 交流群，QQ 群号：927055958、892253150，欢迎读者加入。

2. 读者开展学习交流、申请免费排放清单等，可扫描封面二维码或者访问 http：//evmodel.com.cn。

内容简介

大气污染物与温室气体融合排放清单是大气污染精准溯源的核心基础，其通过整合多维度排放数据、统一核算标准，为协同推进“降碳、减污、扩绿、增长”提供科学量化的技术支撑，是打通污染治理与碳减排协同路径的关键工具。

空气质量模型与人工智能技术作为环境领域的先进分析手段，进一步拓展了大气污染研究的深度与广度：前者通过模拟污染物扩散、转化过程，实现对污染源的追踪、解析与影响评估；后者则依托大数据挖掘能力，提升污染源识别、污染趋势预测的效率与精度。

本书系统整合了融合排放清单的构建方法、空气质量模型的应用实践及人工智能技术的创新探索，可为大气环境管理、减污降碳协同治理及相关科研工作提供参考。本书主要介绍了我国融合排放清单、我国火电行业融合排放清单、我国民用航空机场融合排放清单、我国独立焦化行业融合排放清单、某市大气污染物与温室气体融合排放清单编制及应用等成果。本书还介绍了局地尺度模型SCICHEM模拟大气污染研究、区域尺度模型WRF-CMAQ模拟研究等应用案例研究。此外，本书还介绍了我国大气监督帮扶数据研究、利用气象和空气污染因素预测呼吸系统疾病的机器学习模型应用等大数据与AI应用研究。

本书可作为高等院校环境科学、环境工程、环境管理等专业的教学参考书，也可作为排放清单、融合排放清单、溯源、空气质量模型、人工智能等研究人员的参考书，还可供科研院所、环境管理部门的科技人员参考。

前　言

我国大气污染溯源工作的精准推进，离不开排放清单与空气质量模型等工具的深度融合。然而，长期以来，我国大气污染物与温室气体融合排放清单采用差异化核算体系，导致数据割裂、资源浪费，严重制约了协同控制效能的发挥；在颗粒物与臭氧溯源模拟研究中，我国以区域尺度模型为主，但该类模型在局地尺度的应用受限于分辨率与计算效率等因素，难以满足精细化溯源需求；同时，尽管我国环境领域大数据库的构建为生态环境治理智能化奠定了基础，但大数据与人工智能在环境领域的应用案例仍远少于其他行业，技术潜力尚未充分释放。

针对上述关键问题，在国家自然科学基金项目（72174125）、低碳智能燃煤发电与超净排放全国重点实验室开放课题（H2022620）、电厂节能减排经济运行管控模型设计与开发研究课题（H20230574）的支持下，作者团队基于海量的多源异构数据，采用统一的融合排放清单编制方法体系，建立并分析了多年份多尺度（市级—省级—国家级）的9种大气污染物与温室气体融合排放清单（CHRED 3.0A，中国高分辨率融合排放清单 3.0A），实现了与空气质量模型的无缝对接，为环评、科研、环境管理等提供了坚实的数据基础和技术支持，相关排放清单下载地址：http: //evmodel.com.cn；作者团队采用 SCICHEM、WRF-CMAQ 等空气质量模型，模拟区域尺度、局地尺度下 O_3 和二次 $PM_{2.5}$ 的生成和扩散过程，为精细化源解析等工作提供基础数据和应用技术支持；此外，作者团队采用大数据和 AI 等工具，开展了我国生活垃圾焚烧发电行业的大气监督帮扶数据研究、呼吸系统疾病就诊预测研究等。作者将积累的研究成果总结出版，供融合排放清单、空气质量模式、大气污染源解析、减污降碳等研究者参考。

本书共分为9章，主要内容包括我国融合排放清单、我国火电行业大气污染物与温室气体融合排放清单研究、我国民用航空机场大气污染物及碳融合排放清单研究、我国独立焦化行业融合排放清单研究、H市大气污染物与温室气体融合排放清单编制及应用、火电行业排放对空气质量影响研究、臭氧和大气细颗粒物局地尺度模型应用研究、我国大气监督帮扶数据研究——以生活垃圾焚烧发电厂为例、基于气象与空气污染因素的机器学习模型在临沂市呼吸系统疾病就诊预测中的应用研究等。

本书主要基于作者团队完成的相关研究成果，由伯鑫策划并统稿，其中包含单皖粤、杨迎、王昭桐、李建晖等硕士学位论文的部分内容。第1章由单皖粤、伯鑫、蔡博峰编写；第2章由杨迎、伯鑫编写；第3章由马子昂、张峥、徐鑫、伯鑫编写；第4章由李建晖、陈晓春、伯鑫、封雪编写；第5章由桑敏捷、张英磊编写；第6章由杨迎、伯鑫编写；第7章由王昭桐、伯鑫、张英磊、王刚编写；第8章由高元官、王晴、李刚编写；第9章由徐鑫、吴志刚、王昭桐、单皖粤、杨迎、伯鑫编写。马子昂、李妍霏参与了本书文字校核工作。特别感谢陈晓春老师、林爱军老师等对我的长期指导和支持。

在排放清单编制过程和本书编写过程中，由于研究条件和作者能力所限，文中不当之处在所难免，敬请同行专家、学者和广大读者批评指正并提出宝贵意见。

伯　鑫

2025年7月

目　录

第一篇　我国融合排放清单研究

第二篇　空气质量模型

第三篇　大数据与 AI 应用

第一篇

我国融合排放清单研究

第 1 章
我国融合排放清单

1.1 引 言

1.1.1 研究背景

大气污染物与温室气体的人为源排放具有同根同源性，相应造成的大气污染与气候变化也会相互作用，并对环境和人体健康造成显著负面影响。长期暴露于 $PM_{2.5}$ 和 O_3 等大气污染物，已被证明会增加呼吸系统和心血管疾病的风险，增加过早死亡人数。而随着人类活动导致的碳排放不断增加，全球变暖和极端天气事件日益频发，也持续威胁着人类的生存和发展。我国作为世界上最大的发展中国家，在过去数十年的快速工业化和城市化进程中，取得了显著的经济成就，但也伴随大气污染与高碳排放的问题（Zhu et al.，2023；Lin et al.，2020；Dong et al.，2019）。

为改善环境空气质量，我国出台了一系列大气污染治理政策。国务院先后于 2012 年和 2013 年发布了《环境空气质量标准》（GB 3095—2012）和《大气污染防治行动计划》（简称“大气十条”），揭开蓝天保卫战序幕。2014 年以来，国家及地方政府相继发布了火电、钢铁、水泥等重点行业的超低排放标准和相应的超低改造行动计划，大幅降低了重点行业 SO_2、NO_x 和 PM 的排放浓度。2018 年，国务院印发《打赢蓝天保卫战三年行动计划》，明确了具体的行动方案和时间表。在此框架下，相关部门针对京津冀、长三角等多个重点区域，以及工业排放、机动车尾气等主要污染源实施差异化管控策略。这些举措显著改善了我国环境空气质量，尤其是 74 个新标准第一阶段监测实施城市（涵盖京津冀、珠三角、长三角等重点区域地级城市及直辖市、省会城市和计划单列市）（Geng et al.，2024）。直至 2023 年，我国 339 个地级及以上城市中，仍有 136 个城市空气质量未达标，占全国城市总数的 40.1%，我国的大气环境治理任重道远。

此外，我国作为世界碳排放大国，积极参与国际气候治理，并于 2020 年提出了“双碳”目标，即力争于 2030 年前实现碳达峰、努力争取 2060 年前实现碳中和。2021 年，发布碳达峰碳中和“1+N”政策体系，即《中共中央 国务院关于完整准确全面贯彻新发展理念做好碳达峰碳中和工作的意见》和《2030 年前碳达峰行动方案》，该体系明确了碳达峰碳中和工作的路线图，提出 10 个方面 31 项重点任务，实施“碳达峰十大行动”，确保如期实现 2030 年前碳达峰目标。2022 年 6 月，生态环境部等七部门联合发布了《减污降碳协同增效实施方案》，强调要强化源头防控，优化技术路径，基本形成减污降碳协同推进的工作格局。自此，大气污染物与温室气体的协同控制和“碳达峰与空气质量达标”的“双达”目标提上日程，为此亟须建立准确的大气污染物与温室气体融合排放清单，了解大气污染物与温室气体的排放特征。

排放清单是指一定时间和区域内污染物或温室气体排放量的集合，是污染物和温室气体排放量核算的重要工具，也是开展大气污染来源解析、空气质量达标规划、优化温室气体及大气污染物减排路径的重要基础。自建立排放清单体系以来，我国前期一直将大气污染物与温室气体核算分开进行，形成了两套单独的体系。我国在 20 世纪末借鉴欧美国家经验，逐步开展污染源清单编制工作，重点围绕 SO_2、NO_x 和 PM 等主要污染物排放，建立了初步的排放清单框架。2014 年，为贯彻落实“大气十条”，指导各地开展大气污染物源排放清单编制工作，环境保护部相继发布了各污染源的清单编制指南，极大地推动了我国大气污染物排放清单的发展。对于温室气体排放清单，我国于 2011 年发布了《省级温室气体清单编制指南（试行）》，于 2013—2015 年陆续出台 24 个行业企业温室气体排放核算方法与报告指南（试行），于 2022 年又发布了《企业温室气体排放核算与报告指南 发电设施》等行业企业温室气体核算指南，进一步完善了不同层级和行业的核算体系。

人类活动产生的大气污染物和 CO_2 同根同源，为贯彻落实《减污降碳协同增效实施方案》等多个文件的相关要求，2024 年 1 月 19 日，生态环境部发布《大气污染物与温室气体融合排放清单编制技术指南（试行）》，从数据源、核算方法和技术路径等方面提出系统性要求，制定了一体化的清单编制技术规范，形成了大气污染物排放和温室气体排放的互相校核算法，完善了大气污染物与温室气体融合排放清单核算体系，标志着融合排放清单工作进入标准化、规范化阶段。该指南将在京津冀及周边地区、长三角地区、汾渭平原等重点区域开展试点，形成规范化和业务化的融合排放清单并定期动态更新。这一举措将有效促进数据共享与质量提升，为减污降碳的溯源分析、政策制定、路径优化以及效果评估提供支撑。

我国融合排放清单编制尚处于起步阶段，相关研究较少，且多将大气污染物与 CO_2 分开研究，因此亟须开展不同空间尺度的大气污染物及 CO_2 融合排放清单编制方法研究，完善清单数据的质控管理、建立融合排放清单因子库及加强不确定性分析，并选取不同研究案例结合多源大数据编制不同尺度的融合排放清单，进行不同情景下的排放分析，为减污降碳协同控制提供依据。

1.1.2　国内外研究现状

根据排放清单所覆盖的地域尺度，可将其主要分为全球尺度、国家尺度、省级尺度和城市尺度排放清单 4 类。当前，国内外学者对大气污染物和 CO_2 排放清单的建立开展了广泛研究，并进行了深度分析，以提高清单精确性。

1.1.2.1　全球尺度排放清单

全球尺度人为源排放清单一般采用排放因子法建立，主要用于研究全球范围内的大气物理化学过程及大气-生态圈循环，重点关注常规大气污染物、重金属、温室气体及持久性有机污染物等，排放源一般精确到部门（如工业、民用、交通等），空间上大多缺乏详细的点源活动水平数据，主要基于国家级别的统计数据（直接按国家公开的排放数据），或借助人口、地形、卫星等空间网格数据将排放量以较大的空间网格形式呈现。

例如，全球大气研究排放数据库（Emission Database for Global Atmospheric Research，EDGAR）构建了全球各国家、部门 1970—2022 年大气污染物和温室气体排放清单 EDGARv8.0，其排放量主要基于联合国政府间气候变化专门委员会（Intergovernmental Panel on Climate Change，IPCC）相关缺省值排放因子和国际能源署发布的各国能源消耗数据计算，导致尤其是我国各部门的精确度和排放源覆盖度较低。Crippa 等（2023）整合了各区域（美国、加拿大、欧洲和亚洲）的代表性排放清单合集，全球其余国家和地区排放清单则采用 EDGARv6.1，由此构建了 2000—2018 年全球各国家、部门 0.1°×0.1°空间网格分辨率的大气污染物和温室气体排放清单（HATP_v3.1）。北京大学陶澍团队构建了全球 1960—2019 年六大部门 5 类燃料的 0.1°×0.1°分辨率的常规大气污染物、CO_2 和 40 种多环芳烃的排放数据库 GEMS（全球多源高分辨率温室气体及大气污染物排放清单）。

1.1.2.2　国家尺度排放清单

国家尺度的排放清单主要用于了解全国部门排放贡献和排放空间分布，支持国家层面的环境政策与法规的制定（如空气质量管理计划、减排目标和能源政策等），其排放源一般按大型部门（如工业、民用、交通等）划分或精确到单个行业（如火电、钢铁等），空间分辨率与全球尺度类似，以较大的空间网格形式呈现。

为构建权威并具有公信力的排放源清单，美国国家环境保护局（United States Environmental Protection Agency，U.S. EPA）从 20 世纪 60 年代起开展排放因子测试与规范研究，并于 1970 年发布“AP-42”大气污染物排放因子库，包含了 200 多种排放源，是目前体系较为完整的排放因子库之一，并且每三年更新一次排放清单，先后编制了 1990—2020 年的国家排放清单（National Emission Inventory，NEI），包括常规污染物以及大气化学反应活性物质（CO、NO_x、SO_2、$PM_{2.5}$、PM_{10}、VOCs 和 NH_3 等 7 种标准污染物），构建了美国的国家排放源清单官方数据库（https：//www.epa.gov/air-emissions-inventories）。

清华大学于 2012 年开发建立并逐年更新网格化的中国多尺度排放清单数据产品（Multi-resolution Emission Inventory for China，MEIC），空间分辨率为 27 km×27 km，包含工业、电力、交通、生活和农业五大部门以及 CO_2 和 9 种大气污染物（NO_x、CO、SO_2、NMVOCs、NH_3、$PM_{2.5}$、PM_{10}、BC、OC），截至 2024 年底，已更新至 1990—2020 年。Cai 等（2018）基于海量点源数据构建了多年份、高精度（1 km×1 km）的中国高分辨率排放数据集（China High Resolution Emission Database，CHRED）；Gao 等（2022）在此基础上结合烟气连续排放监测系统（Continuous Emission Monitoring System，CEMS）数据、环境统计、排放许可执行报告以及国家统计局数据等多个数据库，以 2018 年为基准年，构建了中国 CO_2 和 NO_x、SO_2、NMVOCs、CO、PM_{10}、$PM_{2.5}$、BC、OC 等大气污染物的电力、工业等五大部门高分辨率（10 km×10 km）排放清单（CHRED 3.0A，http：//evmodel.com.cn），揭示了中国 CO_2 和大气污染物的时空特征。Zhi 等（2024）基于排污许可和宏观统计数据建立了中国 2019 年 CO_2 及 9 种大气污染物（SO_2、NO_x、CO、NMVOCs、NH_3、PM_{10}、$PM_{2.5}$、BC、OC）排放清单，空间分辨率为 0.1°×0.1°，在此基础上研究了经济发展对大气污染物及 CO_2 排放的影响。Li 等（2023）建立了 2005—2021 年中国电力、工业锅炉、民用燃烧等 11 个排放源的 CO_2 和 9 种大气污染物排放清单数据集（ABaCAS-EI v2.0），空间分辨率为 27 km×27 km。

通过对已有文献的分析可以看出，目前全国尺度的大气污染物及碳排放清单空间分辨率较低，大多数按 27 km×27 km 网格公开数据集；我国大气污染物清单在与碳清单耦合时，农业源核算范围仅统计氨排放，未考虑农林牧渔等农业能源燃烧产生的大气污染物与碳排放。此外，现有融合排放清单研究主要集中在学术层面，我国官方政府还未开始系统性地发布全国融合排放清单。

1.1.2.3 省级尺度排放清单

对于省级尺度，研究者更关注省内的碳和大气污染物的行业特征、空间格局，以及减排管理政策对于省级排放量和省际空气质量的影响，支持重点区域（如京津冀、长三角、珠三角）的空气质量改善和碳减排。其大气污染物排放源一般按生态环境部发布的相关编制指南和《城市大气污染物排放清单编制技术手册》分为化石燃料固定燃烧源、工艺过程源、移动源、溶剂使用源等；而碳排放清单一般按《省级温室气体清单编制指南（试行）》和 IPCC 相关编制指南分为能源活动、工业生产过程和林业等部门。例如，An 等（2021）建立并分析了 2017 年长三角地区的 SO_2、NO_x、CO、NMVOCs、PM_{10}、$PM_{2.5}$ 和 NH_3 等 7 种大气污染物人为源排放清单，并确定了 $PM_{2.5}$ 和 NMVOCs 的成分谱。郑君瑜团队从 2008 年到 2020 年，建立了包括污染物排放量、不确定性分析、模式预报预警平台在内的完善的珠江三角洲排放清单编制体系，并对现有广东省排放清单编制工作进行了总结（尹沙沙等，2010）。Xu 等（2023）建立了 2017 年海南省高分辨率人为源大气污染物排放清单，并分析了不同政策下道路移动源的减排量。Bo 等（2023）以《城市大气污染物排放清单编制技术手册》的源分类为依据，将大气污染物与 CO_2 排放源进行融合，建立了 2017 年陕西省大气污染物和 CO_2 融合排放清单，并分析了不同清洁能源结构调整情景下的减排效果。

通过对已有文献的分析可以看出，目前省级大气污染物及碳排放清单更多地将大气污染物和 CO_2 分开研究，其源分类及排放分析等维度未进行有效融合；目前省级融合排放清单的编制仍处于起步阶段，相关研究较少。

1.1.2.4　城市尺度排放清单

城市尺度的排放清单可以通过实地调查获取详细的活动水平数据，能够在一定程度上提升排放清单准确性，为城市排放源管理和空气质量的精细化管控提供支撑。国内城市大气污染物和碳排放清单源分类参考省级清单分类体系，根据活动水平数据进一步确定。例如，Zhao 等（2015）基于 CEMS 和车流量等高精度数据，建立了 2010—2012 年南京市大气污染物和 CO_2 排放清单，并证明了城市尺度的排放清单精确度高于国家尺度排放清单（MEIC）。Bo 等（2025）建立了沧州市高时空分辨率大气污染物排放清单，并分析了大气污染物的行业及时空分布排放特征。

通过对已有文献的分析可以看出，目前市级大气污染物及碳排放清单更多地将大气污染物和 CO_2 单独分析，融合性的综合研究仍然有限；研究主要集中在重点工业城市或北京、南京等大型城市。此外，目前市级融合排放清单的编制仍处于起步阶段，我国官方仅在个别城市开展融合排放清单编制试点工作。

1.1.3　本研究的关键问题

通过对融合排放清单研究背景和国内外排放清单研究现状的分析，结合实地调研和专家咨询发现，融合排放清单编制仍存在一些关键问题亟待解决。

（1）不同尺度清单的工业部门融合排放因子库有待完善。前人研究中，不同尺度所使用的排放因子来源混杂，存在一定的不确定性，从而影响清单的科学性和可靠性，进而影响基于清单制定的环境政策的有效性。因此，亟须建立融合排放清单因子库并加强不确定性分析。

（2）目前的融合排放清单存在大气污染物与 CO_2 核算体系及源分类统一性较差、资源浪费的问题。大气污染物与 CO_2 更多的是基于不统一的活动水平核算并单独研究，在源分类方面，现有研究分类混杂，且农业部门不包含农业能源排放。我国融合排放清单编制处于起步阶段，相关研究较少，亟须基于统一化的编制方法将大气污染物与 CO_2 进行融合核算及分析，以提升减污降碳协同控制的数据支撑能力。

（3）融合排放清单编制案例较少，难以兼顾市级、省级和国家级环境管理需求。《大气污染物与温室气体融合排放清单编制技术指南（试行）》发布后，官方仅在个别城市开展融合排放清单编制试点工作，亟须多尺度的相关实践编制案例验证指南，并进行高分辨率的空间分配，揭示不同尺度下 CO_2 和大气污染物排放特征。

1.1.4 研究目的与意义

我国排放清单体系的建设起步较晚，大气污染物和温室气体融合排放清单目前更是处于起步阶段，2024 年《大气污染物与温室气体融合排放清单编制技术指南（试行）》的出台标志着融合排放清单核算体系正式纳入国家环境统计指标，亟须推动融合排放清单常态化更新。然而，由于我国大气污染物排放源分类体系复杂、技术更新迅速，获取排放相关信息的难度显著增加，目前缺少不同尺度的高空间分辨率的融合排放清单编制、分析以及未来预测的相关研究。

因此，为了验证融合排放清单方法体系的适用性，并全面评估减污降碳协同控制在不同空间尺度下的实施成效与排放响应特征，本研究编制了多尺度的融合排放清单并评估排放特征，对于整合分散的数据、避免重复工作、指导清单编制的改进、满足不同空间尺度的政府管理需求、推动减污降碳协同控制具有十分重要的意义。

1.2 排放清单模型构建与研究方法

1.2.1 排放清单模型构建

1.2.1.1 排放源分类

对于省级大气污染物和 CO_2 融合排放清单，大气污染物以《城市大气污染物排放清单编制技术手册》（以下简称《技术手册》）作为本研究大气污染源排放清单编制技术支撑，将大气污染物人为排放源分为 10 类，涉及的大气污染物包括 SO_2、NO_x、CO、PM_{10}、$PM_{2.5}$、BC、OC、VOCs、NH_3 9 类，具体见表 1-1。其中，生物质燃烧源、扬尘源和其他排放源（餐饮）由于数据来源限制，未被纳入本次省级案例排放清单计算范围。CO_2 部分以大气污染源分类为框架，参照 IPCC 第 49 次全会（IPCC49）通过的《2006 年 IPCC 国家温室气体清单指南 2019 修订版》（以下简称《2019 清单指南》）与之进行融合。

表 1-1　省级大气污染物和 CO_2 融合排放清单排放源分类

<table>
<tr><th>排放源</th><th>行业</th><th>《2019 清单指南》CO_2 产生过程</th></tr>
<tr><td rowspan="3">化石燃料固定燃烧源</td><td>电力、热力生产</td><td>能源卷：1.A.1.ai 发电、1.A.1.aii 热电联产</td></tr>
<tr><td>工业锅炉</td><td>能源卷：1.A.1.aiii 加热设备</td></tr>
<tr><td>民用燃烧</td><td>能源卷：1.A.4.b 居民</td></tr>
<tr><td rowspan="6">工艺过程源</td><td>黑色金属冶炼和压延加工业（钢铁）</td><td>工业过程和产品使用卷：2.C.1 钢铁生产</td></tr>
<tr><td>有色金属冶炼和压延加工业</td><td>工业过程和产品使用卷：2.C.3 铝生产、2.C.4 镁生产、2.C.5 铅生产、2.C.6 锌生产</td></tr>
<tr><td>非金属矿物制品业</td><td>工业过程和产品使用卷：2.A.1 水泥生产、2.A.2 石灰生产、2.A.3 玻璃生产、2.A.4.a 陶瓷生产</td></tr>
<tr><td>化学原料和化学制品制造业（化工）</td><td>工业过程和产品使用卷：2.B.1 氨生产、2.B.5 电石生产、2.B.7 纯碱生产、2.B.10 氢生产</td></tr>
<tr><td>石化行业</td><td>工业过程和产品使用卷：2.B.8 石油化工和炭黑生产</td></tr>
<tr><td>其他行业生产</td><td>无</td></tr>
<tr><td rowspan="2">移动源</td><td>道路移动</td><td>能源卷：1.A.3.b 道路运输</td></tr>
<tr><td>非道路移动</td><td>能源卷：1.A.3.a 民用航空、1.A.3.c 铁路、1.A.3.d 水运、1.A.4.c 农业/林业/渔业/养鱼场</td></tr>
<tr><td rowspan="4">溶剂使用源</td><td>印染印刷</td><td rowspan="4">无</td></tr>
<tr><td>表面涂层</td></tr>
<tr><td>农药使用</td></tr>
<tr><td>其他溶剂使用</td></tr>
<tr><td rowspan="3">储存运输源</td><td>加油站</td><td rowspan="3">无</td></tr>
<tr><td>油气储存</td></tr>
<tr><td>油气运输</td></tr>
<tr><td rowspan="3">生物质燃烧源</td><td>生物质锅炉</td><td rowspan="3">无</td></tr>
<tr><td>生物质开放燃烧</td></tr>
<tr><td>生物质炉灶</td></tr>
<tr><td rowspan="5">农业源</td><td>氮肥施用</td><td rowspan="5">无</td></tr>
<tr><td>畜禽养殖</td></tr>
<tr><td>土壤本底</td></tr>
<tr><td>固氮植物</td></tr>
<tr><td>人体粪便</td></tr>
<tr><td rowspan="2">废弃物处理源</td><td>污水处理</td><td rowspan="2">无</td></tr>
<tr><td>固体废物处理</td></tr>
</table>

排放源	行业	《2019 清单指南》CO_2 产生过程
扬尘源	土壤扬尘	无
	道路扬尘	
	施工扬尘	
	堆场扬尘	
其他排放源	餐饮油烟	能源卷：1.A.4.a 商业/机构（餐饮相关）

对于全国大气污染物和 CO_2 融合排放清单，研究范围更加广泛，排放源分类有别于省级清单分类，根据数据可得性，将全国排放源分为电力、工业、生活、交通和农业五大部门，具体见表 1-2。

表 1-2 全国大气污染物和 CO_2 融合排放清单排放源分类

部门	行业		大气污染物核算范围	CO_2 核算范围
电力	火力发电		全部	化石燃料燃烧过程
	热电联产			
	生物质能发电			
工业	工业能源		全部	化石燃料燃烧过程
	工业过程	钢铁	全部	工业生产过程
		水泥		
		石化		
		化工		
		独立焦化		
		有色金属		
		食品制造、酒水饮料、造纸、纺织等其他行业		
	工业溶剂使用	印染印刷	VOCs	无
		表面涂层		
		农药使用		
		其他溶剂使用		
生活	民用溶剂		VOCs	无
	民用能源		全部	化石燃料燃烧过程
交通	道路机动车		全部	化石燃料燃烧过程
	非道路移动机械			
	船舶			
	民航飞机			
	铁路内燃机车			

部门	行业	大气污染物核算范围	CO_2 核算范围
农业	农业能源	全部	化石燃料燃烧过程
	农业用地源（固氮植物、氮肥施用、人体粪便）	NH_3	无
	农业用地源（秸秆露天焚烧）	全部	无
	畜禽养殖	NH_3	无

1.2.1.2　活动水平数据获取与校核

对于省级融合排放清单，其工业源活动水平数据主要来自环境统计数据等，非工业源活动水平数据主要来自省级部门填报数据和统计年鉴等（见表 1-3）。其中，由于数据限制，无法获取其他排放源（餐饮）活动水平数据，暂不纳入本次省级排放源分类。

表 1-3　省级排放源基础数据内容与数据来源

排放源	行业	数据内容	数据来源
化石燃料固定燃烧源	电力、热力生产	位置信息、锅炉信息、燃料信息、燃料消耗量、污染控制设施类型、灰分、硫分	企业填报
	工业锅炉	位置信息、锅炉信息、燃料信息、燃料消耗量、污染物处理工艺	实地调研
	民用燃烧	位置信息、用途、燃料信息、燃料消耗量	部门统计数据、实地调研
工艺过程源	全部	位置信息、工序、原料名称及用量、产品名称及产量、污染控制设施类型等	实地调研
移动源	道路移动	车型、里程、保有量、车流量、燃油类型及含硫率、排放标准	公安局交警大队
	非道路移动	铁路和船舶客运/货运周转量及其燃油量、机场位置及飞机起降架次、非道路机械信息（企业位置、车辆类型、保有量、额定功率、负载因子、年使用时间、年燃油消耗量、燃油含硫率、购置时间等）	交通局、港务局、农业农村局等
溶剂使用源	印染印刷	染料油墨类型及使用量、企业位置等	环境统计数据、实地调研
	表面涂层	位置信息、涂料类型及使用量、废气处理方式	部门统计数据、实地调研
	农药使用	农药类型及使用量	统计年鉴
	其他溶剂使用	胶黏剂使用量、木材生产量等	部门统计数据、统计年鉴等
储存运输源	加油站	加油站名称、位置信息、销售油品类型、销售量、油品标准、油气回收装置、储罐形式等	环境统计数据、商务部门或各大石油公司填报数据
	油气储存	储存油品类型及存储量、储罐类型、装卸量等	
	油气运输	运输位置、装载运输量、运输方式	
生物质燃烧源	生物质锅炉	位置信息、锅炉信息、燃料消耗量	实地调研

排放源	行业	数据内容	数据来源
生物质燃烧源	生物质开放燃烧	各类农作物产量、露天焚烧比例等	统计年鉴、文献调研
	生物质炉灶	农用秸秆消耗量	农业农村局
农业源	氮肥施用	氮肥种类及施用量、土壤酸碱性	统计年鉴、土壤酸碱性数据集
	畜禽养殖	畜禽存栏量和出栏量、养殖方式与饲养周期	统计年鉴、农业农村局
	土壤本底	耕地面积	统计年鉴
	固氮植物	固氮植物种类及种植面积	统计年鉴
	人体粪便	农村人口未使用卫生厕所比例	统计年鉴、政府网站
废弃物处理源	污水处理	位置信息、处理量及处理方式	部门统计数据
	固体废物处理	位置信息、处理量及处理方式	部门统计数据
扬尘源	土壤扬尘	土壤类型、面积、裸露程度、植物种类等	中国科学院中国多时期土地利用遥感监测数据集（LUCC）、统计年鉴
	道路扬尘	道路类型、长度、洒水次数、清扫方式等	交通局
	施工扬尘	工程名称、经纬度、施工类型、占地面积、施工阶段、控制措施等	住建局
	堆场扬尘	堆场名称，详细地址及经纬度地理位置信息，物料名称、含水率、累计装卸量，物料装卸次数，堆料表面积，堆料高度，控制措施等	住建局、生态环境局

对于全国融合排放清单，本研究活动水平数据主要来自环境统计数据、排污许可执行报告、统计年鉴、行业研究报告及中国高分辨率排放数据集（CHRED），具体见表 1-4。

表 1-4　全国排放源基础数据内容与数据来源

部门	行业		数据内容	数据来源
电力	火力发电		企业位置、污染物及碳排放量	本团队成果
	热电联产			
	生物质发电			
工业	工业能源		燃料类型及消耗量	排污许可执行报告、CHRED
	工业过程	钢铁	企业位置、工序、原料名称及用量、产品名称及产量、污染控制设施类型等	排污许可执行报告、环境统计数据
		水泥		排污许可执行报告、环境统计数据
		石化		排污许可执行报告、环评报告、验收报告
		化工		排污许可执行报告、验收报告
		独立焦化		本团队成果
		有色金属		排污许可执行报告、环评报告、《中国有色金属工业年鉴》
		其他行业		统计年鉴、排污许可执行报告

<table>
<tr><th>部门</th><th colspan="2">行业</th><th>数据内容</th><th>数据来源</th></tr>
<tr><td rowspan="5">工业</td><td rowspan="5">工业溶剂使用</td><td>农药使用</td><td>1 km 分辨率 VOCs 排放量</td><td>本团队成果</td></tr>
<tr><td>印染印刷</td><td rowspan="4">溶剂种类、溶剂使用量、废气收集处理方式、房屋竣工面积</td><td rowspan="4">统计年鉴、文献调研、行业研究报告、排污许可执行报告</td></tr>
<tr><td>表面涂层</td></tr>
<tr><td>其他溶剂使用</td></tr>
<tr></tr>
<tr><td rowspan="2">生活</td><td colspan="2">民用溶剂</td><td>人口</td><td>统计年鉴</td></tr>
<tr><td colspan="2">民用能源</td><td>能源种类及消费量、各类型作物产量、秸秆燃烧用途比例</td><td>CHRED、能源统计年鉴、农业统计年鉴、文献调研</td></tr>
<tr><td rowspan="5">交通</td><td colspan="2">道路机动车</td><td>各地区车辆保有量、车辆平均行驶里程数、分地区分车型的汽油和柴油消耗量</td><td>统计年鉴、CHRED、文献调研</td></tr>
<tr><td colspan="2">非道路移动机械</td><td rowspan="3">燃油消耗量</td><td rowspan="3">CHRED</td></tr>
<tr><td colspan="2">船舶</td></tr>
<tr><td colspan="2">铁路内燃机车</td></tr>
<tr><td colspan="2">民航飞机</td><td>机场位置、起降架次</td><td>本团队成果</td></tr>
<tr><td rowspan="6">农业</td><td colspan="2">农业能源</td><td>能源种类及消耗量</td><td>CHRED、能源统计年鉴</td></tr>
<tr><td colspan="2">农业用地源（固氮植物）</td><td>固氮植物种类及种植面积</td><td rowspan="3">统计年鉴、文献调研</td></tr>
<tr><td colspan="2">农业用地源（氮肥施用）</td><td>氮肥种类及施用量、土壤酸碱性、气温</td></tr>
<tr><td colspan="2">农业用地源（人体粪便）</td><td>农村人口未使用卫生厕所比例</td></tr>
<tr><td colspan="2">农业用地源（秸秆露天焚烧）</td><td>各类型作物产量、秸秆燃烧用途比例</td><td>统计年鉴、文献调研</td></tr>
<tr><td colspan="2">畜禽养殖</td><td>畜禽存栏量和出栏量、养殖方式与饲养周期</td><td>统计年鉴、文献调研</td></tr>
</table>

对于收集到的数据，基于规范性、完整性、一致性和合理性原则进行审核。关于工业部门活动水平数据校核方法如下。目前我国相继建立了以环境统计、环评报告、CEMS 以及排污许可执行报告为主的多元环境数据管理模式，其中包含大量的基础信息。环评报告中的工程分析部分涉及实质性的关键信息，如企业的位置、产品类型、生产过程中的污染物排放、燃料使用类型和消耗量等。排污许可执行报告包括产品的产能产量、原辅材料的类型和数量、末端处理设施以及排气筒参数等。将这些数据与企业提供的同类数据进行比较，错误率为 60%或以上的企业被定义为可疑企业，可通过现场调查等方式进行核实和修正，以提升排放清单的准确性并深入掌握污染状况。

1.2.1.3　排放因子选取

排放因子是指在典型生产工况下，生产单位产品或者使用单位原料所排放的污染物的量。一直以来，排放因子是编制污染源排放清单、分析排放特征和制定污染控制措施的关键指标，同时是使释放到大气中的污染物与产生污染的活动水平数据产生联系的桥梁。由于尺度差异和数据收集限制，不同尺度的一级排放源分类有一定差异，但各行业计算逻辑类似，本节以全国尺度为代表，说明各行业因子选择情况；对于与全国清单因子计算有所差异的市级或省级排放因子，单独展开说明。因子选取依据主要为《技术手册》和相关文献。

1）电力部门

电力部门排放因子主要结合 CEMS 数据、《技术手册》以及相关文献综合计算和比较而来。其中，对于 SO_2、NO_x、PM，本研究的全国及省级清单电力部门使用 CEMS 数据计算排放因子，该方法已在多个成果中应用。

（1）基于 CEMS 数据计算排放因子。

对于安装了 CEMS 的企业，优先采用 CEMS 数据计算 SO_2、NO_x、PM 的排放量，其他污染物采用《2019 清单指南》及相关文献的产排污系数计算排放量。

$$\mathrm{EF}_{\mathrm{f,u,s,p,h}} = C_{\mathrm{f,u,s,p,h}} \times V_{\mathrm{u,s,p,y}} \tag{1-1}$$

式中，f、u、s、p 和 h 分别为污染物种类、设施、排放源、生产工艺和小时的指标；y 为年份；EF 为 SO_2、NO_x、PM 排放因子，g/kg；C 为在线监测排口污染物的排放浓度，g/m^3；V 为理论烟气量，m^3/kg。

（2）基于物料衡算法计算排放因子。

若无 CEMS 数据，则按燃料类型参考《技术手册》附录 D-4 选取排放因子。燃煤排放的 SO_2、PM_{10}、$PM_{2.5}$、BC、OC 按物料衡算法计算排放因子，具体计算公式：

$$\mathrm{EF}_{\mathrm{SO_2}} = 2 \times S \times (1 - \mathrm{sr}) \tag{1-2}$$

$$\mathrm{EF}_{\mathrm{PM}} = A_{\mathrm{ar}} \times (1 - \mathrm{ar}) \times f_{\mathrm{PM}} \tag{1-3}$$

$$\mathrm{EF}_{\mathrm{BC}} = \mathrm{EF}_{\mathrm{PM_{2.5}}} \times f_{\mathrm{BC}} \tag{1-4}$$

$$\mathrm{EF}_{\mathrm{OC}} = \mathrm{EF}_{\mathrm{PM_{2.5}}} \times f_{\mathrm{OC}} \tag{1-5}$$

式中，S 为燃料的平均收到基硫分；sr 和 ar 分别为硫分和灰分进入底灰比例，%；A_{ar} 为平均收到基灰分；f_{PM} 为 $PM_{2.5}$ 和 PM_{10} 排放量占总颗粒物排放量的比重；f_{BC} 和 f_{OC} 分别为 BC 和 OC 占 $PM_{2.5}$ 的比重。煤炭 S、A_{ar} 根据企业填报数据进行计算，其余参数参照《技术手册》中附录 D-1、附录 D-2、附录 D-3。

对于电力部门的碳排放因子，主要是基于燃料低位发热量、含碳量等参数计算，具体计算公式：

$$\mathrm{EF}_{\mathrm{CO_2}} = \mathrm{NCV}_i \times \mathrm{CC}_i \times \mathrm{OF}_i \times \frac{44}{12} \tag{1-6}$$

式中，$\mathrm{EF}_{\mathrm{CO_2}}$ 为 CO_2 排放因子，t 燃料/tCO_2 或 $10^4\ m^3$ 燃料/tCO_2；NCV_i 为燃料 i 平均低位发热量，GJ/t 或 $GJ/10^4\ m^3$；CC_i 为燃料 i 单位热值含碳量，tC/GJ；OF_i 为燃料 i 的碳氧化

率，%；44/12 为 CO_2 与 C 相对分子质量之比。

2）工业部门

工业能源（即工业锅炉）大气污染物排放因子参照《技术手册》，其中，煤炭燃烧产生的 SO_2、PM_{10}、$PM_{2.5}$、BC、OC 参考式（1-2）至式（1-5），根据物料衡算法计算排放因子。碳排放因子参考式（1-6）计算。

对于工业过程，本研究的全国清单中的钢铁、水泥、独立焦化行业 SO_2、NO_x、PM 排放因子参考式（1-1）基于 CEMS 数据计算排放因子，对于行业其余大气污染物、全国清单中其余行业及省级排放清单的大气污染物排放因子参考《技术手册》。碳排放因子参考基于 IPCC 方法学编写的《中国工业过程和产品使用（IPPU）温室气体排放清单方法》。

对于工业溶剂使用源 VOCs 排放因子，参考 CHRED 3.0A 等。

3）生活部门

对于生活部门的民用溶剂和民用能源（煤、油、气、生物质燃料）大气污染物排放因子，参考《技术手册》和 CHRED 3.0A 中对以往文献的统计。除生物质以外的民用能源 CO_2 排放因子参考式（1-6）。

4）交通部门

交通部门的排放包括道路移动源的尾气和蒸发排放以及非道路移动源排放。

对于道路移动源，由于全国清单基于 CHRED 碳排放数据集的燃油量以及各省不同车型及燃油类型比例计算大气污染物排放，其大气污染物排放因子参考欧盟清单编制指南 *EMEP/EEA air pollutant emission inventory guidebook* 2019。而省级排放清单基于传统的保有量法进行计算，碳排放因子参考《中国分省道路交通二氧化碳排放因子》（吕晨等，2021）中我国各省分车型排放因子，大气污染物排放因子参考《技术手册》，结合综合基准排放系数、研究地区的各类修正因子得出，相关参数选取参考《技术手册》附录 F，具体计算公式：

$$\mathrm{EF}_{ij}=\mathrm{BEF}_i\times\varphi_j\times\gamma_j\times\lambda_i\times\theta_i \tag{1-7}$$

$$\varphi=\varphi_{\mathrm{RH}}\times\varphi_{\mathrm{Temp}}\times\varphi_{\mathrm{Height}} \tag{1-8}$$

式中，EF_{ij} 为 i 类车在 j 地区排放系数，g/km；BEF_i 为 i 类车综合基准排放系数，g/km；φ 为环境修正因子；φ_j 为 j 地区环境修正因子；φ_{RH}、φ_{Temp} 和 $\varphi_{\mathrm{Height}}$ 分别为湿度、温度和海拔修正因子；γ_j 为 j 地区平均速度修正因子；λ_i 为 i 类车辆劣化修正因子；θ_i 为 i 类车辆其他使用条件修正因子。相关修正因子无量纲。

对于非道路移动源，民航飞机大气污染物及碳排放系数参考本团队之前的研究；其余源排放因子参考《技术手册》。

5）农业部门

对于全国清单，农业部门相关大气污染物排放因子参考《技术手册》，碳排放因子参考式（1-6）。

6）其余部门

由于数据可得性，全国清单不包含储存运输源、废弃物处理源和其他排放源（餐饮油烟）；而对于省级排放清单，这些排放源排放因子的选取参考《技术手册》。

1.2.1.4　排放清单计算

不同尺度排放清单各行业计算逻辑类似，以全国尺度为代表，说明各行业计算方法。对于全国融合排放清单，电力部门排放量、独立焦化行业排放量、民用航空机场排放量和农药使用行业 VOCs 排放量来自本团队研究成果，其余部门 CO_2 排放量来自中国高分辨率排放数据集（CHRED）。在此基础上，本研究基于排放因子法，自下而上计算其余部门的污染物排放量，并基于人口、路网、土地利用等数据，采用地理信息系统（GIS）工具将排放量重新分配到 10 km×10 km 网格中。此外，本研究仅考虑范围内的 CO_2 直接排放，不计算间接排放。

大气污染物排放量主要计算公式：

$$E = A \times \mathrm{EF} \tag{1-9}$$

$$E = A \times \mathrm{EF} \times (1-\eta) \tag{1-10}$$

式中，E 为污染物排放量，kg；A 为活动水平，如燃料消耗量（单位为 t 或 $10^4\ \mathrm{m}^3$）或产品产量（单位为 t）；EF 为污染物排放因子，g/kg 或 $\mathrm{kg}/10^4\ \mathrm{m}^3$；$\eta$为污染物去除效率，%。

CO_2 排放量主要计算公式：

$$E_{燃烧} = \sum_i \left(\mathrm{FC}_{i,j} \times \mathrm{EF}_{CO_2}\right) \tag{1-11}$$

式中，$E_{燃烧}$ 为化石燃料燃烧所排放的 CO_2，t；$\mathrm{FC}_{i,j}$ 为生产产品 j 所需的化石燃料 i 的消耗量，t 或 $10^4\ \mathrm{m}^3$；EF_{CO_2} 为 CO_2 排放因子，t 燃料/tCO_2 或 $10^4\ \mathrm{m}^3$ 燃料/tCO_2。

$$E_{过程} = \mathrm{AD} \times \mathrm{EF}_{CO_2} \tag{1-12}$$

式中，$E_{过程}$ 为工业生产过程所排放的 CO_2，t；AD 为产品产量数据，t；EF_{CO_2} 为排放因子，tCO_2/t 产品。

1）电力部门

全国清单电力部门主要基于电厂 CEMS 年均浓度数据和根据理论烟气量算出的 CEMS 因子，结合各电厂机组燃料消耗量，按设施点源计算 SO_2、NO_x、PM_{10} 和 $PM_{2.5}$ 的排放量，计算公式参考式（1-9）；其余污染物依据燃料类型，从《技术手册》中选取合适的排放因子，结合去除效率计算排放量，计算公式参考式（1-10）。对于 CO_2，主要基于燃料类型和消耗量计算其排放量，计算公式参照式（1-11）。

2）工业部门

工业部门主要分工业能源、工业过程和工业溶剂使用三大类。

工业能源大气污染物计算公式参考式（1-10），CO_2 排放量采用 2020 年 CHRED 数据集。

对于工业过程大气污染物排放，全国融合排放清单的钢铁、水泥、独立焦化行业基于 CEMS 数据得出的排放因子计算 SO_2、NO_x、PM_{10} 和 $PM_{2.5}$ 的排放量，计算公式参考式（1-9）；这些行业其余污染物和其余行业主要基于产品产量计算污染物排放量，计算公式参考式（1-10）。

工业过程 CO_2 排放量主要基于产品产量计算，具体参考式（1-12）。

对于玻璃生产过程中的 CO_2 排放，除玻璃产量外，还需考虑废玻璃比例。各类型玻璃生产所用废玻璃比例参考 IPCC《2019 清单指南》。具体计算公式：

$$E_{过程} = \mathrm{AD} \times \mathrm{EF} \times (1 - \mathrm{CR}) \tag{1-13}$$

式中，$E_{过程}$ 为玻璃生产工艺过程所排放的 CO_2，t；AD 为玻璃产品产量，t；EF 为排放因子，tCO_2/t 玻璃；CR 为废玻璃比例，%。

对于溶剂使用的核算范围，主要是计算溶剂在使用过程中释放的 VOCs 排放量，不排放 CO_2。具体计算公式参考式（1-10）。

3）生活部门

生活源核算范围包括民用能源（煤、油、气和生物质）排放和民用溶剂使用，其中，生物质燃烧和民用溶剂不纳入碳排放计算。生活源的碳排放量采用 2020 年 CHRED 数据集。大气污染物排放量根据排放因子法计算，计算公式参考式（1-9）和式（1-10），活动水平为民用能源的燃料消耗量或民用溶剂源的人口数量，民用排放一般无末端控制措施，η取 0。

4）交通部门

全国交通部门大气污染物排放的核算范围包括道路移动（机动车）和非道路移动两大部分，碳排放采用 2020 年 CHRED 数据集。

机动车 VOCs 排放包括尾气和蒸发排放两部分。而其他污染物和 CO_2 仅来自尾气排放。由于活动水平主要来自 CHRED 数据集的燃油数据，因此采用欧盟清单编制指南 *EMEP/EEA air pollutant emission inventory guidebook 2019* 的燃油法计算。尾气排放污染物计算公式参考式（1-9），活动水平为不同类型机动车不同燃油消耗量。

对于蒸发排放，根据欧盟清单编制指南，计算公式如下：

$$E_{\mathrm{VOCs}} = \sum_j \left(P_j \times \mathrm{EF}_{\mathrm{VOCs},j} \times 365\right) \tag{1-14}$$

式中，E_{VOCs} 为蒸发 VOCs 排放量，g/a；P_j 为 j 类汽油车数量，辆；$\mathrm{EF}_{\mathrm{VOCs},j}$ 为 j 类汽油车的 VOCs 排放因子，g/（辆·d）。

对于非道路移动源，航空碳排放及大气污染物排放清单采用本团队之前成果；农业机械、铁路、水运等碳排放数据直接采用 2020 年 CHRED 数据集，大气污染物排放量基于

2020 年 CHRED 数据集的燃油消耗量，采用排放因子法计算，计算公式参考式（1-9）。

5）农业部门

农业源核算范围包括畜禽养殖、氮肥施用、固氮植物、人体粪便等过程 NH_3 排放，秸秆露天焚烧的大气污染物排放，以及农业能源燃烧产生的大气污染物和碳排放。

对于畜禽养殖，畜禽的排泄物会排放大量氨到空气中，氨排放计算公式：

$$E_i = \sum_i \left(A_i \times \mathrm{EF}_i \times \gamma \right) \tag{1-15}$$

式中，E_i 为氨排放量；i 为畜禽粪便类型；A 为畜禽排泄物在不同阶段和形态中含有的铵态氮总量；EF 为氨产生系数；γ为氮-大气氨转换系数。各参数详细获取方式可参考《技术手册》。

对于氮肥施用等其他氨排放源和秸秆露天焚烧，排放量计算公式参考式（1-9）。其中，秸秆露天焚烧的活动水平为秸秆焚烧量，计算公式：

$$A = P \times N \times R \times \eta \tag{1-16}$$

式中，P 为农作物产量；N 为草谷比；R 为秸秆露天焚烧比例；η为燃烧率。

农业能源主要指农渔牧林行业（不包含农用运输、农业机械等）干燥加热所消耗的能源，其碳排放采用 2020 年 CHRED 数据集，大气污染物的排放计算参考生活能源。

1.2.2 排放清单不确定性分析

排放清单编制的不确定性主要来自排放因子和活动水平。蒙特卡罗模拟是一种基于随机抽样的数值计算方法，广泛应用于不确定性量化分析。本研究采用蒙特卡罗模拟方法，对排放清单的不确定性进行量化，以评估输入参数的不确定性对排放估算结果的影响。排放因子和活动水平数据的概率分布参考前人研究确定。确定概率分布后，随机选择活动水平和排放因子迭代 10 000 次。对于每一次迭代，根据排放计算公式计算排放总量。最终，通过统计分析得到排放量的 95%置信区间内平均值的不确定性范围，以量化排放清单的不确定性。

1.3 省级大气污染物与 CO_2 融合排放清单——以新疆维吾尔自治区为例

由于我国“富煤、贫油、少气”的能源特点，调整能源结构成为减少大气污染物和 CO_2 排放的关键途径之一。在当前的能源供给格局中，来自“一带一路”沿线国家的天然气能源进口已成为我国能源消费结构的重要组成部分。“一带一路”是“丝绸之路经济带”和“21 世纪海上丝绸之路”的简称，是重要的国际合作平台，连接了许多发展中国家和发达国家经济体，形成了一个包容开放的合作网络。截至 2023 年底，我国已与 150 多个国家和 30 多个国际组织签署“一带一路”合作文件，有效推动了国际合作与交流，促进了双边和多边经贸发展，并提升了我国能源供应的稳定性。这也不可避免地影响了我国的能源结构。然而，目前较为缺乏关于“一带一路”能源合作对我国大气污染和碳减排影响的研究。新疆维吾尔自治区作为我国“一带一路”沿线关键地区，自 2013 年“一带一路”倡议提出以来，充分利用区位优势，积极融入国家向西开放总体布局，高水平推进丝绸之路经济带核心区建设。因此，本研究以新疆维吾尔自治区（不包括新疆生产建设兵团）为研究对象。

新疆作为以能源型产业为主导的重工业地区，其高排放、高污染的发展模式给空气质量管理带来了较大的压力。2013—2017 年，SO_2 浓度呈现逐渐降低态势，SO_2 和 NO_2 满足环境空气质量二级标准；但颗粒物浓度始终维持在较高水平，超过环境空气质量二级标准。2017 年，全区 19 个城市 PM_{10} 和 $PM_{2.5}$ 年均浓度分别为 121 μg/m^3 和 55 μg/m^3，同比分别下降 14.2%和 11.3%，但仍超过环境空气质量二级标准。截至 2016 年，由 A 线、B 线和 C 线组成的“中国-中亚天然气管道”已建成并全面投入运营，总设计输气能力为每年 550 亿 m^3。这些管道西起土库曼斯坦和乌兹别克斯坦边境，穿越乌兹别克斯坦和哈萨克斯坦，经新疆霍尔果斯口岸进入我国。此外，正在建设中的中国-中亚 D 线始于土库曼斯坦，但出于能源安全考虑，将绕过哈萨克斯坦，途经乌兹别克斯坦、塔吉克斯坦和吉尔吉斯斯坦，然后从新疆乌恰县进入我国。一旦全面投入运营，中亚向中国出口的天然气年总量预计将增至约 850 亿 m^3。这种战略定位实现了能源供应的多元化，减少了对单一能源的依赖，增强了能源供应的灵活性和稳定性，对于新疆和全国“双碳”目标的如期实现具有重要意义。

本节基于环境统计数据和统计年鉴等多源异构数据，建立了 2017 年新疆 CO_2 和 9 种主要大气污染物的高分辨率排放清单，并评估“一带一路”等不同能源结构调整情景下大气污染物和 CO_2 的减排效果，研究成果可弥补新疆融合排放清单和“一带一路”倡议对减污降碳影响的研究空白。

1.3.1 2017 年新疆维吾尔自治区大气污染物与 CO_2 融合排放清单

1.3.1.1 部门排放分析

2017 年新疆各部门的大气污染物和 CO_2 排放量见表 1-5。2017 年，新疆 SO_2、NO_x、CO、PM_{10}、$PM_{2.5}$、BC、OC、VOCs、NH_3 和 CO_2 的排放量分别为 19.00 万 t、40.36 万 t、156.05 万 t、25.07 万 t、17.55 万 t、0.53 万 t、0.76 万 t、36.69 万 t、60.33 万 t 和 34 138.07 万 t。

表 1-5　2017 年新疆大气污染物与 CO_2 融合排放清单　　单位：万 t

排放源	SO_2	NO_x	CO	PM_{10}	$PM_{2.5}$	BC	OC	VOCs	NH_3	CO_2
化石燃料固定燃烧源	10.68	16.36	42.99	2.34	0.81	0.04	0.02	3.30	0.00	24 421.44
工艺过程源	5.41	6.58	97.35	22.06	16.15	0.16	0.14	26.86	3.16	6 622.87
溶剂使用源	0.00	0.00	0.00	0.00	0.00	0.00	0.00	3.42	0.00	0.00
移动源	2.91	17.42	15.71	0.67	0.59	0.33	0.60	2.46	0.13	3 093.76
储存运输源	0.00	0.00	0.00	0.00	0.00	0.00	0.00	0.50	0.00	0.00
废弃物处理源	0.00	0.00	0.00	0.00	0.00	0.00	0.00	0.15	0.35	0.00
农业源	0.00	0.00	0.00	0.00	0.00	0.00	0.00	0.00	56.69	0.00
合计	19.00	40.36	156.05	25.07	17.55	0.53	0.76	36.69	60.33	34 138.07

通过对不同排放源对大气污染物和 CO_2 的排放贡献分析可知，化石燃料固定燃烧源为 SO_2 和 CO_2 排放的主要来源。其中，工业锅炉占 SO_2 排放总量的 32.9%，电厂占 18.3%。电厂也是最大的 CO_2 排放源，排放量占 CO_2 排放总量的 45.0%；其次是工业锅炉，贡献了排放总量的 24.4%。因此，在工业锅炉和电厂推广使用更清洁的燃料和技术，如天然气和可再生能源，可以有效减少化石燃料燃烧产生的 SO_2 和 CO_2 排放。

工艺过程源是 CO、PM 和 VOCs 排放的主要来源。其中，钢铁生产是最大的 CO 排放源，占 CO 排放总量的 33.0%。有色金属冶炼和压延加工业是 PM_{10} 和 $PM_{2.5}$ 的主要来源，分别占 PM_{10} 排放总量的 55.6%和 $PM_{2.5}$ 排放总量的 70.5%。陶瓷行业为 VOCs 排放的主要贡献者，占 38.0%。

移动源是 NO_x、BC 和 OC 排放的最大贡献源。具体来说，道路移动源排放占 NO_x 排放总量的 29.5%、占 BC 排放总量的 23.5%、占 OC 排放总量的 71.3%。

农业源是 NH_3 排放的最大来源，占氨排放总量的 94.0%。其中，畜禽养殖和氮肥施用是最主要的贡献者，分别占 69.3%和 21.2%。

1.3.1.2　空间排放分析

2017 年新疆大气污染物和 CO_2 排放高度集中在人口、企业和路网密集的北疆，形成这一现象的综合因素包括资源和经济中心的地位、交通枢纽、政策支持以及区位优势。北疆地处我国西北战略要地，资源丰富，气候条件优越，经济发展前景广阔。其中，CO_2、SO_2、NO_x、CO 和 PM 的排放主要集中在昌吉和乌鲁木齐，主要归因于工业活动，这也证实了大气污染物和 CO_2 排放的同根同源性（见表 1-6）；昌吉回族自治州拥有丰富的自然资源，包括石油等矿产，吸引了投资并促进了生产设施的建立；乌鲁木齐是新疆的首府和经济中心，吸引了大量的人口和企业聚集。在 VOCs 排放方面，喀什的排放量最高，主要来自建筑陶瓷行业，占喀什 VOCs 排放总量的 90%以上。伊犁哈萨克自治州是 NH_3 排放的最大贡献者，主要原因是其耕地面积最大，牲畜和家禽数量最多。相较之下，南疆沙漠面积大，人口密度低，大气污染物和碳排放水平相对较低。

表 1-6 2017 年新疆各地（州、市）大气污染物和 CO_2 排放量 单位：万 t

地（州、市）	SO_2	NO_x	CO	PM_{10}	$PM_{2.5}$	BC	OC	VOCs	NH_3	CO_2
阿克苏	0.93	3.85	8.02	0.60	0.60	0.07	0.13	5.08	6.53	1 447.01
阿勒泰	0.62	0.87	2.40	0.28	0.11	0.02	0.02	0.34	3.74	316.31
巴音郭楞	1.18	2.06	13.65	0.42	0.87	0.05	0.03	0.92	4.77	1 605.59
博尔塔拉	0.33	1.21	8.98	0.19	0.11	0.04	0.02	0.94	1.42	451.61
昌吉	5.66	5.44	17.56	1.42	8.86	0.20	0.04	3.16	4.82	9 323.99
哈密	1.79	2.93	3.11	0.93	4.08	0.10	0.02	1.23	1.12	3 902.31
和田	0.37	1.34	4.14	0.22	0.10	0.04	0.06	0.33	3.33	358.43
喀什	0.90	3.70	7.26	0.65	0.50	0.10	0.11	12.01	8.52	826.02
克拉玛依	0.92	4.91	3.25	0.13	1.00	0.03	0.01	0.64	0.16	4 894.03
克孜勒苏柯尔克孜	0.18	0.72	2.60	0.09	0.03	0.01	0.02	0.17	1.78	392.10
塔城	0.77	1.33	3.70	0.43	0.44	0.04	0.03	0.79	4.81	736.77
吐鲁番	0.71	1.56	11.80	1.04	1.55	0.04	0.03	0.65	0.84	1 542.19
乌鲁木齐	2.70	6.75	35.64	12.61	13.06	0.08	0.15	6.10	1.51	5 458.34
伊犁	1.75	3.56	16.84	5.42	3.61	0.07	0.08	3.77	17.00	2 671.13

1.3.2 清单对比和不确定性分析

为了验证本研究建立的排放清单的准确性，将本清单与 MEIC 清单和 CHRED 3.0A 的排放量进行对比（见图 1-1）。对比结果表明，除 NH_3 外，本研究的排放量普遍较低，这主要是由于电厂和钢铁工业在计算排放量时采用了更加实时、准确、相对较小的基于 CEMS 数据得出的排放因子，且本研究不包含生物质燃烧源。此外，MEIC 和 CHRED 3.0A 的新疆地区排放量包含新疆生产建设兵团的排放量，也会导致其排放量高于本清单。NH_3 排放量高的原因主要是本研究基于更详细的城市活动数据和本地化修正参数（如温度和畜牧养殖方式）来计算排放量。

通过蒙特卡罗模拟对污染物排放的不确定性范围进行量化。CO_2 和 SO_2 排放量的不确定性最低，这主要是由于其工业企业的点源排放占主导地位，具有详细的位置、活动水平和排放因子。相较之下，农业源 NH_3 排放的不确定性最高，主要受面源活动水平数据、施肥时间变化和非本地化排放因子的影响。

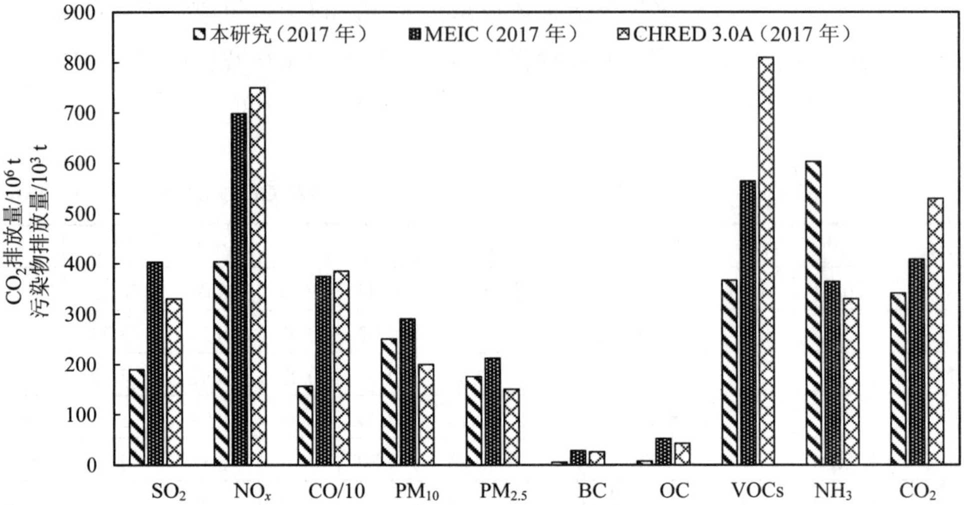

图 1-1 本研究的排放清单与其他文献中新疆清单的对比

1.4 我国大气污染物与 CO_2 融合排放清单

2020 年是全球经济与环境治理格局发生重大变化的一年，新冠疫情对全球和我国的社会经济活动产生了深远影响。2020 年初，我国采取严格的疫情防控措施，全国范围内的工业生产、交通运输和能源消费活动显著下降。然而，随着同年 5 月政府出台一系列“六稳”“六保”政策推动基建投资和制造业复苏，下半年经济和工业活动逐步恢复，加之 2022 年底疫情管控正式放开，可能导致疫情前、疫情中、疫情后排放趋势存在差异，这为研究短期冲击与长期排放趋势提供了独特案例。此外，2020 年是“十三五”规划的收官之年和谋划“十四五”规划的关键之年，能够体现我国在“十三五”期间大气污染治理成效，同时也是我国“双碳”战略正式提出的关键节点，标志着碳减排工作进入系统化、目标导向的新阶段。

综合来看，2020 年兼具新冠疫情冲击、“双碳”目标提出、“十三五”收官及“十四五”规划制定等多重关键节点，代表性较强。因此，本节基于多源异构大数据，建立了 2020 年（新冠疫情期间）和 2023 年（新冠疫情放开管控的第一年）全国多部门大气污染物与 CO_2 融合排放清单，并结合本团队建立的 2018 年中国高分辨率融合排放清单 CHRED 3.0A 对比分析新冠疫情前后的排放趋势变化。此外，基于未来排放强度控制目标，制定不同的排放情景，分析 2030 年不同控制目标下的排放总量变化。这不仅有助于精准刻画当前我国的大气污染物与 CO_2 排放的时空变化特征，揭示新冠疫情对大气污染物与碳排放的影响，也为“双碳”目标的实现以及未来的低碳发展提供重要数据支撑和强度控制目标参考。

1.4.1　2020 年我国大气污染物与 CO_2 融合排放清单

1.4.1.1　部门排放分析

本节以 2020 年为例，对全国融合排放清单进行分析。2020 年我国各部门的大气污染物与 CO_2 融合排放清单见表 1-7。结果表明，2020 年全国 SO_2、NO_x、CO、PM_{10}、$PM_{2.5}$、BC、OC、VOCs、NH_3 和 CO_2 的排放总量分别为 5.75×10^6 t、18.42×10^6 t、122.59×10^6 t、7.63×10^6 t、5.43×10^6 t、0.64×10^6 t、1.40×10^6 t、21.59×10^6 t、10.05×10^6 t 和 12 109.73×10^6 t。对于大多数大气污染物来说，工业是主要的排放部门；电力是 CO_2 排放的主要部门。

表 1-7　2020 年我国各部门大气污染物与 CO_2 融合排放清单　　单位：万 t

部门	SO_2	NO_x	CO	PM_{10}	$PM_{2.5}$	BC	OC	VOCs	NH_3	CO_2
电力	56.21	116.06	682.57	10.13	8.11	0.03	0.08	26.11	0.00	579 964.45
工业	268.26	1 005.28	6 914.11	438.15	245.71	5.25	2.14	1 657.63	62.76	473 125.72
生活	205.05	38.23	2 410.45	177.14	156.55	30.31	74.68	157.58	12.53	52 043.47
交通	2.33	645.54	1 437.21	22.76	22.47	12.40	3.87	278.55	15.58	95 008.84
农业	42.94	37.07	814.32	115.24	110.20	16.25	59.71	39.07	914.62	10 830.71
合计/10^6 t	5.75	18.42	122.59	7.63	5.43	0.64	1.40	21.59	10.05	12 109.73

从各排放源对 SO_2 排放的贡献来看，工业和生活部门 SO_2 排放占比最高，分别占 SO_2 排放总量的 46.7%和 35.7%。其中，工业部门 SO_2 主要来自工业锅炉，占 SO_2 工业排放的 71.1%；其次为钢铁行业，占 SO_2 工业排放的 12.8%。生活部门 SO_2 主要来自燃煤排放，占 SO_2 生活排放的 91.5%。

从各排放源对 NO_x 排放的贡献来看，工业和交通部门 NO_x 排放占比最高，分别占 NO_x 排放总量的 54.6%和 35.0%。其中，工业部门 NO_x 主要来自工业锅炉，占 NO_x 工业排放的 81.7%；其次为水泥行业，占 NO_x 工业排放的 9.6%。对于交通部门，NO_x 主要来自道路移动源和船舶排放，分别占 NO_x 交通排放的 73.8%和 12.1%。

对于 CO、PM_{10} 和 $PM_{2.5}$ 排放，与 SO_2 类似，主要贡献部门为工业和生活部门。其中，工业和生活部门对 CO 的贡献率分别为 56.4%和 19.7%，对 PM_{10} 的贡献率分别为 57.4%和 23.2%，对 $PM_{2.5}$ 的贡献率分别为 45.2%和 28.8%。从具体行业来看，工业部门 CO 排放主要来自钢铁行业，占 CO 工业排放的 68.7%；工业部门 PM_{10} 和 $PM_{2.5}$ 排放主要来自有色金属冶炼和压延加工业，占 PM_{10} 和 $PM_{2.5}$ 工业排放的 45.0%和 62.7%。生活部门 CO、PM_{10} 和 $PM_{2.5}$ 排放主要来自民用燃煤，分别占 3 种污染物生活排放的 69.2%、59.4%和 57.2%。

对于 BC 和 OC 排放，主要贡献部门为生活和农业部门。其中，生活和农业部门对 BC 的贡献率分别为 47.2%和 25.3%，对 OC 的贡献率分别为 53.2%和 42.5%。从具体行业来看，生活部门 BC 和 OC 排放来自民用燃煤和民用生物质燃烧，分别占 BC 生活排放的 62.0%和 38.0%，占 OC 生活排放的 48.8%和 51.2%；农业部门 BC 和 OC 排放主要来自农业用地中的秸秆露天焚烧，分别占 BC 和 OC 农业排放的 74.6%和 87.4%。

对于 VOCs 排放，与 NO_x 类似，主要贡献部门为工业和交通部门，分别占 VOCs 排放总量的 76.8%和 12.9%。其中，工业部门 VOCs 排放主要来自溶剂使用，占 VOCs 工业排放的 45.1%；其次为工业锅炉和石化行业，分别贡献了 VOCs 工业排放的 18.8%和 17.8%。交通部门 VOCs 排放主要来自道路移动源，占 VOCs 交通排放的 89.6%。

对于 NH_3 排放，91.0%来自农业部门。从具体行业来看，畜禽养殖的氨排放占农业部门氨排放的 68.5%，行业占比最高；其次为农业用地（33.9%），其中，氮肥施用氨排放占农业部门氨排放的 30.0%。

对于 CO_2 排放，主要来自能源活动。其中，电力和工业部门排放占比最高，分别占 CO_2 排放总量的 47.9%和 39.1%。工业部门中，工业锅炉和水泥行业碳排放占比最高，分别占工业碳排放的 75.0%和 16.6%。

1.4.1.2 空间排放分析

2020 年，全国 CO_2 和大多数大气污染物空间分布特征类似，总体呈现东高西低的趋势，主要集中在我国中部（河南）、北部（河北、山东、山西、辽宁）和东南沿海（江苏、广东）地区，这些地区工业企业数量众多（尤其是能源聚集型企业），人口和路网相对密集，大量的人为活动相应会产生大量污染物和碳排放。这一分布趋势也与 Zhi 等（2024）的研究结论一致，进一步验证了本研究排放清单的合理性和可靠性。

各省（区、市）具体的 CO_2 和大气污染物排放量见表 1-8。其中，CO_2、CO、NO_x 和 VOCs 排放量排名靠前的省（区）为山东、河北、内蒙古和江苏，这些地区是电力和工业能源消费大省（区），也聚集了大量的钢铁、石化化工等高排放重点企业；PM_{10} 和 $PM_{2.5}$ 排放量前三的省份为山东、山西和河南，主要是由于这些省份工业和居民燃煤量较大以及有色金属冶炼加工（如铝冶炼等）产业发达。NH_3 排放量前三的省（区）分别为畜禽养殖业较为发达的河南、山东和内蒙古。

1.4.1.3 单位 GDP 排放分析

2020 年全国各省 CO_2 和大气污染物单位 GDP 排放量（即排放强度）分布见表 1-9，大多数物种排放强度空间分布特征类似。总体而言，单位 GDP 排放量的空间分布表现出显著的空间异质性，山西、内蒙古、宁夏和新疆等能源大省（区）的排放强度较高。而在北京、上海、广东等经济发达地区和西藏等工业化程度低的地区，其排放强度较低。

表 1-8　2020 年我国各省（区、市）大气污染物和 CO_2 排放量

单位：万 t

省（区、市）	SO_2	NO_x	CO	PM_{10}	$PM_{2.5}$	BC	OC	VOCs	NH_3	CO_2
北京	0.96	9.50	50.89	0.62	0.54	0.11	0.20	19.46	1.70	5 787.68
天津	3.31	18.80	107.87	3.80	2.24	0.40	0.61	25.70	3.42	13 289.16
河北	49.54	162.90	1 578.49	54.56	28.39	3.21	7.17	126.27	46.84	91 070.73
山西	31.43	82.96	662.27	68.57	45.67	2.43	4.48	82.48	19.29	72 787.14
内蒙古	41.79	93.95	573.59	39.17	27.80	3.59	8.83	60.72	63.87	94 054.81
辽宁	23.33	108.49	701.19	33.86	22.22	2.95	7.74	101.64	33.48	55 543.58
吉林	10.51	39.72	268.58	24.65	21.17	3.07	10.43	29.06	26.10	24 778.02
黑龙江	22.26	39.23	404.44	38.06	33.78	5.53	16.74	38.95	40.00	27 514.26
上海	1.05	28.61	117.10	1.85	1.48	0.67	0.27	43.23	1.67	14 863.48
江苏	22.11	125.88	959.30	24.87	13.83	1.95	2.95	234.56	42.97	91 573.21
浙江	9.35	64.37	216.87	7.10	4.95	1.15	0.93	109.13	10.95	47 108.79
安徽	10.82	70.30	435.44	24.34	18.26	2.57	6.25	84.74	40.67	40 233.09
福建	7.32	52.47	240.88	7.55	4.73	0.87	0.59	74.17	17.74	29 647.37
江西	13.51	47.38	304.92	15.07	10.78	1.43	2.64	52.72	22.97	25 673.48
山东	43.73	138.60	904.33	104.65	74.85	3.95	10.16	198.26	70.03	104 229.56
河南	17.83	80.15	515.27	57.49	44.47	3.51	11.02	94.85	80.04	52 736.75
湖北	29.45	66.75	497.30	28.07	20.26	3.79	6.93	76.92	40.92	30 881.83
湖南	39.68	55.97	564.25	35.57	27.39	4.82	9.62	72.86	39.96	26 785.75
广东	15.78	111.92	449.56	12.00	8.49	2.07	1.75	124.86	27.17	69 999.22
广西	21.57	61.28	310.06	36.37	25.14	1.12	1.89	95.64	31.66	30 275.63
海南	1.29	8.18	22.73	0.86	0.68	0.17	0.20	8.57	5.89	4 579.12

省（区、市）	SO_2	NO_x	CO	PM_{10}	$PM_{2.5}$	BC	OC	VOCs	NH_3	CO_2
重庆	12.93	36.44	147.49	10.08	6.92	0.85	1.32	39.49	17.20	17 002.65
四川	17.17	66.08	356.63	18.31	12.40	1.90	4.10	82.70	62.42	29 791.45
贵州	45.44	41.43	470.14	36.18	28.68	4.43	8.00	33.34	28.89	29 431.20
云南	22.21	57.29	357.08	25.10	18.27	2.17	4.10	34.91	52.02	27 373.70
西藏	0.05	0.49	3.13	0.11	0.09	0.01	0.03	10.68	20.82	16.18
陕西	14.62	42.71	244.39	13.85	9.76	1.19	2.52	38.65	28.16	39 165.40
甘肃	11.28	30.89	193.57	12.32	9.43	1.24	2.82	36.32	31.41	21 398.67
青海	3.24	10.48	47.50	3.24	2.35	0.30	0.44	47.75	29.02	5 883.75
宁夏	6.80	22.67	191.39	5.29	2.95	0.30	0.50	12.02	10.58	26 391.17
新疆	24.43	66.29	362.03	19.92	15.07	2.48	5.27	67.73	57.63	61 106.16

注：不含香港、澳门、台湾数据。

表 1-9　2020 年我国各省（区、市）大气污染物和 CO_2 单位 GDP 排放量

单位：kg/万元

省（区、市）	SO_2	NO_x	CO	PM_{10}	$PM_{2.5}$	BC	OC	VOCs	NH_3	CO_2/（t/万元）
北京	0.027	0.264	1.416	0.017	0.015	0.003	0.005	0.542	0.047	0.161
天津	0.237	1.342	7.700	0.271	0.160	0.029	0.043	1.835	0.244	0.949
河北	1.376	4.523	43.830	1.515	0.788	0.089	0.199	3.506	1.301	2.529
山西	1.762	4.651	37.132	3.844	2.560	0.136	0.251	4.625	1.082	4.081
内蒙古	2.422	5.444	33.236	2.270	1.611	0.208	0.512	3.519	3.701	5.450
辽宁	0.933	4.338	28.035	1.354	0.888	0.118	0.309	4.064	1.339	2.221
吉林	0.857	3.241	21.914	2.011	1.727	0.251	0.851	2.371	2.130	2.022
黑龙江	1.633	2.877	29.666	2.792	2.477	0.406	1.227	2.857	2.934	2.018
上海	0.027	0.734	3.005	0.047	0.038	0.017	0.007	1.110	0.043	0.381
江苏	0.215	1.224	9.331	0.242	0.135	0.019	0.029	2.282	0.418	0.891

省（区、市）	SO_2	NO_x	CO	PM_{10}	$PM_{2.5}$	BC	OC	VOCs	NH_3	CO_2/（t/万元）
浙江	0.144	0.995	3.352	0.110	0.076	0.018	0.014	1.687	0.169	0.728
安徽	0.284	1.847	11.440	0.640	0.480	0.068	0.164	2.226	1.069	1.057
福建	0.168	1.203	5.524	0.173	0.108	0.020	0.013	1.701	0.407	0.680
江西	0.524	1.838	11.827	0.584	0.418	0.056	0.102	2.045	0.891	0.996
山东	0.601	1.904	12.422	1.437	1.028	0.054	0.139	2.723	0.962	1.432
河南	0.329	1.477	9.496	1.059	0.820	0.065	0.203	1.748	1.475	0.972
湖北	0.685	1.552	11.564	0.653	0.471	0.088	0.161	1.789	0.951	0.718
湖南	0.955	1.347	13.582	0.856	0.659	0.116	0.232	1.754	0.962	0.645
广东	0.142	1.007	4.045	0.108	0.076	0.019	0.016	1.123	0.244	0.630
广西	0.975	2.770	14.017	1.644	1.137	0.050	0.085	4.324	1.431	1.369
海南	0.232	1.470	4.083	0.155	0.122	0.031	0.035	1.539	1.058	0.823
重庆	0.516	1.455	5.890	0.402	0.276	0.034	0.053	1.577	0.687	0.679
四川	0.354	1.362	7.353	0.377	0.256	0.039	0.085	1.705	1.287	0.614
贵州	2.544	2.320	26.323	2.026	1.606	0.248	0.448	1.867	1.618	1.648
云南	0.904	2.333	14.542	1.022	0.744	0.088	0.167	1.422	2.118	1.115
西藏	0.027	0.255	1.648	0.056	0.046	0.004	0.016	5.614	10.943	0.009
陕西	0.562	1.642	9.394	0.532	0.375	0.046	0.097	1.486	1.082	1.506
甘肃	1.256	3.441	21.557	1.372	1.050	0.138	0.314	4.044	3.498	2.383
青海	1.078	3.482	15.783	1.075	0.782	0.100	0.148	15.864	9.642	1.955
宁夏	1.720	5.730	48.375	1.337	0.746	0.075	0.126	3.038	2.674	6.671
新疆	1.770	4.803	26.233	1.444	1.092	0.179	0.382	4.907	4.176	4.428

注：不含香港、澳门、台湾数据。

1.4.2 2023 年我国大气污染物与 CO_2 融合排放清单

基于本研究方法，全国融合排放清单已由 2020 年更新至 2023 年，经核算，2023 年我国 SO_2、NO_x、CO、PM_{10}、$PM_{2.5}$、BC、OC、VOCs、NH_3 和 CO_2 的排放总量分别为 5.93×10^6 t、21.20×10^6 t、127.44×10^6 t、8.32×10^6 t、5.86×10^6 t、0.68×10^6 t、1.44×10^6 t、24.20×10^6 t、10.18×10^6 t 和 14 193.62×10^6 t。各部门的排放量见表 1-10。

表 1-10 2023 年我国大气污染物和 CO_2 融合排放清单 单位：万 t

部门	SO_2	NO_x	CO	PM_{10}	$PM_{2.5}$	BC	OC	VOCs	NH_3	CO_2
电力	58.93	126.27	791.29	11.45	8.68	0.04	0.11	30.73	0.00	657 894.65
工业	301.47	1 131.81	7 124.96	497.53	279.12	5.95	2.32	1 876.94	64.92	579 882.64
生活	194.00	41.77	2 377.49	175.98	155.97	30.38	74.85	162.04	12.64	58 518.64
交通	3.19	781.58	1 671.95	28.78	28.34	15.73	4.90	312.60	17.97	112 275.59
农业	35.76	38.87	778.20	118.06	113.51	16.38	62.20	37.58	922.61	10 790.08
合计/10^6 t	5.93	21.20	127.44	8.32	5.86	0.68	1.44	24.20	10.18	14 193.62

结合本团队之前发布的 2018 年全国清单成果，分别将 2018 年、2020 年和 2023 年排放清单作为本研究的疫情前情景、疫情中情景和疫情后情景。

1.4.3 新冠疫情前后排放分析

图 1-2 显示了新冠疫情前、疫情中、疫情后不同情景下我国大气污染物和 CO_2 排放总量变化情况。由图可知，相较于 2018 年新冠疫情前水平，2020 年多数污染物排放总量有所下降，尤其是 VOCs（下降 32.6%，减排 704.1 万 t）、SO_2（下降 18.1%，减排 104.2 万 t）、CO（下降 8.8%，减排 1 081.3 万 t）等，这一趋势主要归因于疫情期间部分工业活动减少、疫情封控导致车流量下降以及散煤治理政策的有效实施。而 CO_2、NO_x、PM_{10} 等物种排放量有所上升，分别增加 11.6%（增排 14.0 亿 t）、16.8%（增排 309.2 万 t）和 21.9%（增排 167.4 万 t），主要原因是电力需求增加导致火电行业排放上升，以及有色金属行业产量增加导致 PM 排放上升。

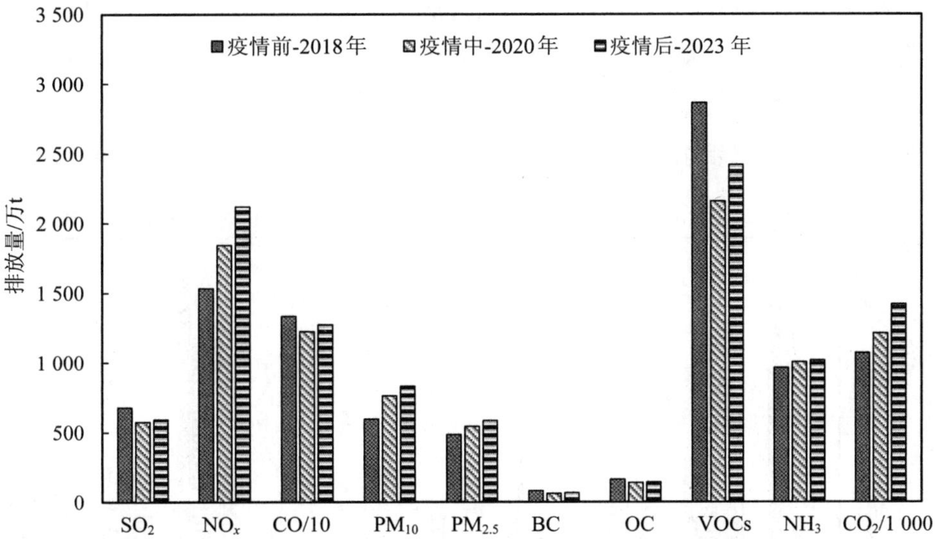

图 1-2　不同排放情景下我国大气污染物和 CO_2 排放量变化情况

2023 年，随着新冠疫情防控的放开和经济活动的恢复，大气污染物及 CO_2 排放相比 2020 年出现了增长。与 2020 年疫情期间相比，2023 年全国 CO_2 排放上升 16.6%，排放量增长了 20.8 亿 t，增长量主要来自工业（10.7 亿 t）和电力部门（7.8 亿 t）。对于大气污染物，SO_2 排放量增长 18.6 万 t（上升 3.2%），其增长量主要来自工业部门（33.2 万 t，上升 12.4%），但生活和农业部门相较 2020 年分别下降 11.1 万 t（下降 5.4%）和 7.2 万 t（下降 16.7%），这主要归因于能源结构调整政策使得相关部门的煤炭消耗量下降；NO_x（上升 15.1%，增排 278.1 万 t）、CO（上升 4.0%，增排 485.2 万 t）、VOCs（上升 12.1%，增排 260.9 万 t）、PM_{10}（上升 9.0%，增排 68.4 万 t）和 $PM_{2.5}$（上升 7.8%，增排 42.6 万 t）排放量相较 2020 年上升，这些污染物的增长主要来自工业和交通部门，其变化主要是受疫情后工业活动恢复、复工后交通流量增长的驱动；其中，CO、PM_{10} 和 $PM_{2.5}$ 受生活部门能源结构调整的影响，导致 CO、PM_{10} 和 $PM_{2.5}$ 在生活部门的排放量相较 2020 年也出现下降。而农业排放占主导地位的 NH_3（上升 1.3%，增排 12.7 万 t）增长相对较缓，这主要是由于疫情对于农业部门的排放影响相对较小。

1.4.4　清单对比与不确定性分析

本节将本研究的 2020 年我国融合排放清单与 MEIC、ABaCAS 和 EDGAR 的 2020 年我国排放清单数据集进行了比较（见图 1-3）。可以看出，除 EDGAR 的 SO_2 远高于其他 3 个数据集外，这些数据集总体范围区间相似，其中本研究排放区间与 ABaCAS 最为接近。相较本研究的清单，MEIC 和 EDGAR 数据集大多数污染物排放量偏高，主要是由于本研究中火电、独立焦化、钢铁、水泥等工业部门排放因子采用 CEMS 数据，该数据考虑了超低排放改造对排放因子的影响，低于指南排放因子，且因子时效性相对更新；对于 NH_3 和 CO_2，本研究的数据集排放量高于其他清单，这主要是由于本研究还计算了固氮植物、人体粪便等其他数据集未纳入计算的氨排放源，CO_2 考虑了更为详细全面的电厂排放。

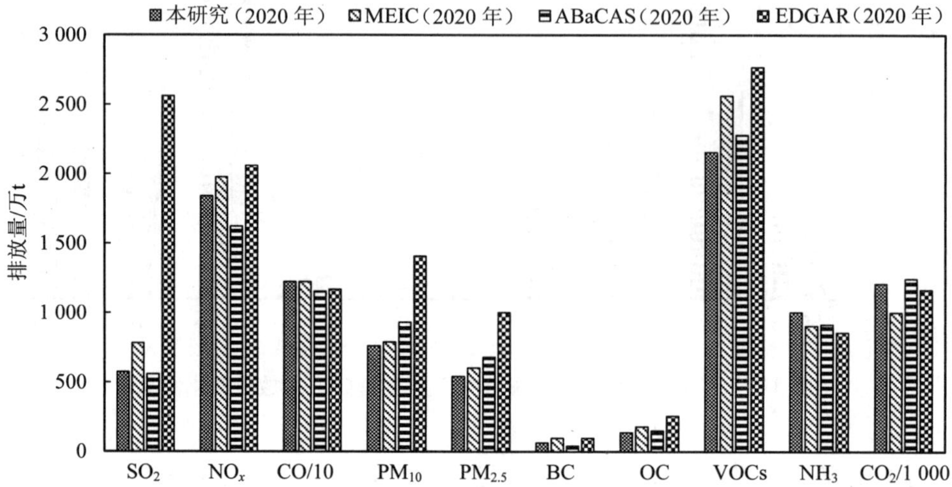

图 1-3 本清单与其他研究的我国排放清单对比

NH_3 不确定性最高，其不确定性主要来自农业氨的面源排放；其次是 VOCs，主要是其排放源复杂，导致活动数据获取和排放因子存在较大不确定性。尽管本研究已尽力涵盖多个行业中使用的不同类型的溶剂，但由于行业结构复杂，有些溶剂的消费量尚无详细的官方统计数据，只能按省级面源尺度计算；对各类溶剂的本地化排放因子测试也较为有限。对于 CO_2，由于碳排放主要是基于海量点源数据建立的 CHRED 数据集和电力等详细点源排放清单集合而成，因此大幅降低了本清单 CO_2 排放量的不确定性。

1.5 结 论

（1）省级研究以新疆维吾尔自治区（不包括新疆生产建设兵团）为案例，建立了新疆维吾尔自治区 2017 年的融合排放清单。清单结果显示，2017 年新疆维吾尔自治区 SO_2、NO_x、CO、PM_{10}、$PM_{2.5}$、BC、OC、VOCs、NH_3 和 CO_2 的排放量分别为 19.00 万 t、40.36 万 t、156.05 万 t、25.07 万 t、17.55 万 t、0.53 万 t、0.76 万 t、36.69 万 t、60.33 万 t 和 34 138.07 万 t。从部门贡献来看，化石燃料固定燃烧源成为 SO_2 和 CO_2 排放的主要来源；工艺过程源是 CO、PM 和 VOCs 排放的主要来源；移动源是 NO_x、BC 和 OC 排放的最大贡献源；农业源是 NH_3 排放的最大来源，占氨排放总量的 94%。从空间分布来看，

大气污染物和 CO_2 排放高度集中在人口和路网密集、企业及能源基地集中的北疆，如乌鲁木齐、昌吉等。具体来说，CO_2、SO_2、NO_x、CO 和 PM 的排放主要集中在昌吉和乌鲁木齐，主要归因于工业活动；VOCs 排放主要集中在喀什；NH_3 排放主要集中在伊犁。

（2）在国家尺度上，本章建立了 2020 年我国融合排放清单并更新至 2023 年，结合 2018 年研究成果，分析了疫情前、疫情中、疫情后全国大气污染物和 CO_2 排放变化。清单结果显示，2020 年我国 SO_2、NO_x、CO、PM_{10}、$PM_{2.5}$、BC、OC、VOCs、NH_3 和 CO_2 的排放总量分别为 5.75×10^6 t、18.42×10^6 t、122.59×10^6 t、7.63×10^6 t、5.43×10^6 t、0.64×10^6 t、1.40×10^6 t、21.59×10^6 t、10.05×10^6 t 和 $12\,109.73\times10^6$ t。从部门贡献来说，2020 年全国 SO_2、CO、PM_{10} 和 $PM_{2.5}$ 排放主要来自工业和生活部门；NO_x 和 VOCs 排放主要来自工业和交通部门；BC 和 OC 排放主要来自生活和农业部门；NH_3 排放主要来自农业部门；对于 CO_2 排放，电力和工业部门排放占比最高。从空间分布来看，2020 年大多数大气污染物和 CO_2 主要集中在工业企业数量众多、人口和路网相对密集的我国中部（河南）、北部（河北、山东、山西、辽宁）和东南沿海（江苏、广东）地区；山西、内蒙古、宁夏和新疆等能源大省（区）的排放强度较高，而北京、上海、广东等经济发达地区和西藏等工业和经济同时落后的地区排放强度较低。疫情前中后排放分析表明，受疫情影响，2020 年 SO_2、VOCs 和 CO 等污染物排放相较 2018 年整体下降，但 CO_2、NO_x、PM_{10} 等因工业和电力需求增长排放量有所上升；2023 年，随着经济复苏，CO_2、NO_x、VOCs 等排放量大幅增长，但能源结构的调整也降低了生活等部门的部分污染物排放。本章不仅揭示了全国不同区域和行业排放特征，也为全国层面的污染物与 CO_2 协同控制提供了科学依据和数据支撑，对我国制定气候与环境政策具有重要意义。

第 2 章
我国火电行业大气污染物与温室气体融合排放清单研究

2.1 引　言

2.1.1 研究背景

我国能源行业体量巨大，能源消费结构呈现多煤高碳的显著特征。从体量来看，2023 年我国能源生产总量达到 48.3 亿 tce，能源消费总量为 57.2 亿 tce，稳居世界能源生产和消费第一大国的位置。从结构方面分析，根据《中国矿产资源报告（2024）》，2023 年我国查明主要能源矿产储量中，煤炭、石油和天然气占比分别约为 96%、1.8%和 2.2%。我国“富煤、贫油、少气”的能源禀赋格局，使得煤炭这种碳排放强度较高的能源依然是我国能源结构的主体。这不仅影响我国能源供应的稳定性，也对节能减排、应对气候变化等工作提出了严峻挑战。

近年来，虽然我国能源消费结构不断优化，2023 年非化石能源占一次能源消费比重已超过 17.9%，水电、风电、太阳能发电等非化石能源发展迅速，在能源供应中的作用日益凸显，但煤炭消费占比仍高达 55.3%，远高于世界平均水平（27%），油气消费占一次能源消费比重仅为 26.8%，显著低于世界平均水平（38%）。2023 年，我国天然气对外依存度为 42.3%，尽管暂未获取到 2023 年我国原油对外依存度的官方权威数据，但近年来原油对外依存度长期维持在 70%以上，冬季经常出现气荒，从能源安全角度考虑，我国能源不能完全依靠进口。因此，我国石油、天然气短期内无法替代煤炭在我国能源消费中的重要地位。

火电是煤炭消费的主要形式，燃煤发电在我国电力供应中长期占主导地位。自 20 世纪 80 年代起，我国电力行业快速发展，火电装机容量持续增长，截至 2023 年底达 13.9 亿 kW。然而，火电装机占比从 2006 年的 77.6%降至 2023 年的 47.6%，发电量占比也从 2007 年的 82.98%降至 2021 年的 66.26%。尽管煤电占全国发电装机的比重和发电量所占比重逐步下降，但其在火电装机中仍占 90%左右，天然气和生物质发电次之，燃油发电基本可以忽略。煤电仍以 43%的装机容量支撑全国超过 60%的电力供应，短期内难以被完全替代。

火电行业的快速发展在保障电力供应的同时，也带来了一系列环境问题。燃煤过程排放的 CO_2 是温室气体的重要来源，对气候变化带来显著影响。尽管近年来我国火电行业通过实施超低排放改造，已大幅削减了烟尘、SO_2 和 NO_x 排放量，但由于煤电机组规模庞大、使用年限较短，CO_2 排放量仍然巨大。据统计，2020 年我国煤电装机容量为 10.8 亿 kW，平均运行年龄仅为 12 年，远低于欧美国家的水平（40 年）。综上所述，我国火电行业在能源供应中仍占据核心地位，短期内难以被完全替代。然而，其高碳排放特性使得减污降碳协同控制成为当前及未来的重要任务。因此，构建高空间分辨率的火电行业排放清单，量化其大气污染物与温室气体排放特征，并评估其对空气质量的影响，对于推动电力行业绿色低碳转型、助力我国碳达峰碳中和目标的实现具有重要意义。

2.1.2 国内排放清单研究现状

2000 年前，我国因排放因子和排放数据统计不完善，火电排放清单多借鉴国外成果，难以精准反映实际排放状况。此后学者积极填补研究空白，如 Zhao 等（2010）通过实测构建我国燃煤电厂排放因子库；崔建升等（2018）根据 CEMS、环境统计及排污许可执行报告等数据建立 2015 年我国火电行业大气污染源排放清单，给出燃煤发电机组部分污染物排放因子与浓度范围并计算各省份排放绩效值；Tang 等（2019）结合多源数据构建了覆盖我国 96%～98%火电容量的机组级小时排放数据集，发现超低排放政策使燃煤电厂 SO_2、NO_x、PM 排放分别下降 65%、60%、72%；屈加豹等（2020）整合了 2018 年全国火电行业的环境统计和 CEMS 数据，构建了高空间分辨率的大气污染源排放清单，通过对污染物排放量、排放因子、排放浓度及排放绩效等多个指标的分析，证实了我国火电行业超低排放改造政策的减排成效；Wu 等（2022）结合我国燃煤电厂排放数据库的信息和 CEMS 的实时测量数据，估算了 2017—2020 年我国燃煤电厂的排放量，反映了典型社会经济事件期间每日电力污染物排放量的突然下降或增加。这些研究从不同角度、不同层面推动了我国火电行业大气污染源排放相关研究的发展。

近年来，基于 CEMS 数据的火电行业排放清单研究逐步深入，提高了排放估算的精准度。然而，现有研究在多污染物协同核算、超低排放政策评估等方面仍有不足，尤其是难以细化新冠疫情前后不同阶段的排放变化特征。因此，构建基于 CEMS 数据、排污许可执行报告、环评报告等多源异构数据的全国火电行业机组尺度排放清单，系统分析 2019 年（新冠疫情前）、2020 年（新冠疫情期间）和 2023 年（新冠疫情后）3 个阶段的排放变化，对于评估火电行业的污染控制成效及低碳转型路径具有重要意义。同时，高质量的火电行业排放清单也可为空气质量模型提供更可靠的输入数据，以支撑后续的大气环境影响评估。

2.1.3 研究目的、意义和内容

火电行业作为我国电力供应的主体，其燃烧过程排放大量大气污染物（如 SO_2、NO_x、PM 等）及温室气体（如 CO_2、N_2O），对区域空气质量和全球气候变化均产生重要影响。近年来，我国大力推进超低排放改造、节能降碳升级，并提出"双碳"目标，推动火电行业绿色低碳转型。然而，火电行业的排放受社会经济活动、能源政策及环境监管的共同影响，尤其在新冠疫情期间，经济活动和能源消费模式发生显著变化，对火电行业的污染物及温室气体排放产生了深远影响。尽管已有研究关注新冠疫情期间的大气污染变化，但针对火电行业排放在新冠疫情前、疫情中、疫情后不同阶段的变化趋势、环境影响及协同减排效应，仍缺乏系统量化分析。

基于此，本研究以全国火电行业为研究对象，基于排污许可执行报告、环评报告、CEMS 数据及相关文献资料，构建高分辨率火电行业活动水平数据库，并编制 2019 年（新冠疫情前）、2020 年（新冠疫情期间）和 2023 年（新冠疫情后）3 个典型年份的大气污染物与温室气体融合排放清单。此外，本研究进一步构建碳达峰（情景Ⅱ）和碳中和（情景Ⅲ）情景，评估火电行业在不同减排路径下的污染物与温室气体协同减排潜力。研究成果将为我国火电行业的精准减排、绿色低碳转型及"双碳"目标的实现提供科学依据和决策支撑。

2.2 融合排放清单构建与大气环境影响研究方法

2.2.1 基于 CEMS 数据的大气污染物融合排放清单编制方法

在数据处理方面，首先对 CEMS 数据进行了严格的质控和清洗，确保数据的准确性与可靠性。依托本团队在火电等行业积累的丰富经验，采用严格的标准和规范［如《固定污染源烟气（SO_2、NO_x、颗粒物）排放连续监测系统技术要求及检测方法》（HJ 76—2017）］，通过烟气氧含量、温度、流速和排放浓度等参数对数据进行修正和清洗，剔除了异常值和超出正常工况波动范围的数据，从而有效降低了分析的不确定性。相关方法和成果已在多个高水平期刊发表，为本研究提供了坚实的数据基础和技术支持。

在数据质控和处理的基础上，本研究以全国火电行业为研究对象，综合利用排污许可执行报告、环评报告等多源异构数据，结合 CEMS 及文献数据，构建了大气污染物与温室气体融合排放清单。本研究涵盖 NO_x、SO_2、PM_{10}、$PM_{2.5}$、CO、VOCs、BC、OC

八类大气污染物，以及 CO_2 和 N_2O 两类温室气体，其中 SO_2、NO_x、PM_{10}、$PM_{2.5}$ 采用基于 CEMS 数据的方法计算，其他污染物和温室气体采用排放因子法估算。

本研究基于 CEMS 数据计算 SO_2、NO_x、PM_{10} 和 $PM_{2.5}$ 排放量，并结合环境统计的排放清单编制方法，已在多个项目中成功应用并取得显著成效。具体流程如下：首先，利用 2019—2020 年 CEMS 年均浓度数据和燃料理论烟气量计算各火电企业的排放因子[式（2-3）]；然后，结合排污许可数据中的燃料消耗量，自下而上估算各企业的污染物排放量。未安装 CEMS 的企业，其排放浓度可参照同类型机组统计数据进行估算。具体公式：

$$E_{\mathrm{m}} = \sum_n \sum_i \mathrm{AC}_{n,i} \times \mathrm{EF}_{n,i} \tag{2-1}$$

$$C_{n,i} = \frac{\sum_k \sum_h C_{k,h}}{\sum_h \mathrm{Oh}_k} \tag{2-2}$$

$$\mathrm{EF}_{n,i} = C_{n,i} \times V_{n,i} \tag{2-3}$$

式中，E_{m} 为污染物年排放量，t/a；n 为省份；i 为企业；C 为污染物年均浓度，$\mathrm{mg/m^3}$；EF 为排放因子；k 为机组；h 为小时数；Oh 为纳入分析的监测小时数；AC 为燃料年消耗量，kg/a 或 $\mathrm{m^3/a}$；V 为理论烟气量，$\mathrm{m^3/kg}$ 燃料或 $\mathrm{m^3/m^3}$ 燃料。燃料理论烟气量主要依据《排放源统计调查产排污核算方法和系数手册》。

2.2.2　其他污染物和温室气体融合排放清单编制方法

由于 CEMS 数据无法覆盖 CO、VOCs、BC、OC 等其他污染物，本研究通过国内外文献及相关资料调研，获取火电行业污染物排放因子，并采用排放因子法估算其排放量。排放量计算公式：

$$E_{\mathrm{p,y}} = A_{\mathrm{y}} \times \mathrm{EF}_{\mathrm{p}} \tag{2-4}$$

式中，E 为大气污染物排放量；p 为排放污染物种类；y 为年份；A 为活动水平，定义为燃料消耗量；$\mathrm{EF_p}$ 为各污染物的排放因子。

本研究中温室气体清单包括 CO_2 和 N_2O，采用自下而上的排放因子法进行估算。该方法是 IPCC 推荐的温室气体排放计算方法之一，即通过活动水平与排放因子的乘积估算排放量。CO_2 和 N_2O 的排放计算公式：

$$E_{\text{温室气体}} = \mathrm{AD}_i \times \mathrm{EF}_i \tag{2-5}$$

式中，$E_{\text{温室气体}}$ 为温室气体的排放量，t；AD_i 为第 i 种燃料的活动数据，GJ；EF_i 为第 i 种燃料的温室气体排放因子，t/GJ。

不同燃料的 CO_2 排放因子依据《企业温室气体排放核算与报告指南　发电设施》中的相关公式进行计算：

$$\mathrm{EF}_i = \mathrm{CC}_i \times \mathrm{OF}_i \times \frac{44}{12} \tag{2-6}$$

式中，CC_i 为第 i 种燃料的单位热值含碳量，tC/GJ；OF_i 为第 i 种燃料的碳氧化率，%；44/12 为 CO_2 与 C 的相对分子质量之比。N_2O 的排放因子见下文，其排放量按照活动水平乘以对应排放因子的方式计算，与 CO_2 方法相同。

2.3 火电行业大气污染物与温室气体融合排放清单模型构建

2.3.1 活动水平（2019 年、2020 年、2023 年）

本研究构建了全国火电行业的活动水平数据库，主要基于排污许可执行报告、环评报告等多源数据，确保数据的完整性和代表性。对于部分公开数据未能全面覆盖的火电企业信息，结合本研究团队的相关研究成果，并参考国家统计局公布的火力发电量数据，补充数据空缺，确保清单的系统性和全面性。

研究区域覆盖我国 30 个省、区、市（不包括香港、澳门、台湾和西藏地区）。为确保空间信息的准确性，火电企业的位置信息来源于环境统计数据，并采用地址坐标识别技术进行初步定位，再结合卫星遥感数据和人工目视检验进行逐一校核，确保地理信息的高精度和高分辨率。

从空间分布来看，火电机组主要集中在东部沿海地区、西部能源基地和北方煤电基地（见图 2-1，彩色插页）。

本研究燃料类型依据相关标准分为燃煤、燃油、燃气、生物质及其他 5 类。多燃料机组按折标煤后占比最高的燃料归类，未明确分类的燃料归入相近类别。为确保数据可比性，CEMS 监测浓度统一折算。依据《火电厂大气污染物排放标准》（GB 13223—2011），燃煤、燃气/燃油锅炉和燃气轮机组基准含氧量分别为 6%、3%和 15%，燃气锅炉折算至 15%，其余未明确燃料类型按 6%折算。下文分析均基于折算后浓度。

2.3.2 2019—2020 年火电行业大气污染物与温室气体排放因子数据库

2.3.2.1 2019—2020 年基于 CEMS 数据的火电机组排放因子分析

1）燃煤机组排放因子分析

燃煤发电为火电行业的主体（2019 年占比 88.2%），本节主要分析燃煤机组的排放因子。2019 年我国燃煤发电机组各个省（区、市）SO_2 年均排放因子为 0.04～1.07 g/kg，平均值为 0.27 g/kg；NO_x 排放因子为 0.13～0.87 g/kg，平均值为 0.40 g/kg；PM_{10} 排放因子为 0.01～0.08 g/kg，平均值为 0.05 g/kg。2020 年，燃煤发电机组的排放因子整体呈下降趋势。SO_2 年均排放因子范围缩小至 0.00～0.64 g/kg，均值下降至 0.21 g/kg，较 2019 年下降 22.2%；NO_x 排放因子范围缩小至 0.08～0.71 g/kg，均值为 0.34 g/kg，较 2019 年下降 15.0%；PM_{10} 排放因子变动区间为 0.00～0.08 g/kg，均值降至 0.03 g/kg，较 2019 年下降 40.0%。

从不同地区来看，各省（区、市）煤电排放因子存在一定差异（见表 2-1）。2019 年，贵州的 SO_2 平均排放因子最高（1.07 g/kg），而 NO_x 和 PM_{10} 的最高值均出现在云南，分别为 0.87 g/kg 和 0.08 g/kg。2020 年，贵州在 SO_2、NO_x 和 PM_{10} 的平均排放因子方面均居全国最高水平，分别为 0.64 g/kg、0.71 g/kg 和 0.08 g/kg。西南地区（如贵州、云南）排放因子普遍较高，主要原因在于该区域以高硫煤为主，燃煤污染物排放浓度较高，从而导致排放因子水平明显高于其他地区。

表 2-1 2019—2020 年各省（区、市）煤电大气污染物的年均排放因子 单位：g/kg

省（区、市）	SO_2		NO_x		PM_{10}	
	2020 年	2019 年	2020 年	2019 年	2020 年	2019 年
北京市	0.00	0.04	0.00	0.13	0.00	0.04
天津市	0.07	0.12	0.20	0.26	0.02	0.03
河北省	0.11	0.13	0.19	0.27	0.02	0.03
山西省	0.11	0.14	0.24	0.28	0.02	0.03
内蒙古自治区	0.31	0.37	0.51	0.61	0.05	0.07
辽宁省	0.14	0.25	0.28	0.39	0.03	0.05
吉林省	0.27	0.29	0.42	0.41	0.05	0.06
黑龙江省	0.25	0.30	0.36	0.42	0.04	0.06
上海市	0.05	0.07	0.19	0.18	0.01	0.01
江苏省	0.10	0.15	0.21	0.30	0.01	0.03
浙江省	0.08	0.13	0.26	0.30	0.01	0.02
安徽省	0.12	0.15	0.28	0.29	0.03	0.03
福建省	0.15	0.21	0.35	0.41	0.04	0.04
江西省	0.23	0.26	0.39	0.43	0.04	0.05
山东省	0.08	0.09	0.23	0.33	0.01	0.02
河南省	0.09	0.13	0.25	0.28	0.02	0.03
湖北省	0.13	0.19	0.33	0.37	0.02	0.04
湖南省	0.16	0.22	0.27	0.34	0.03	0.04
广东省	0.12	0.19	0.31	0.39	0.03	0.05
广西壮族自治区	0.56	0.60	0.55	0.57	0.06	0.07
海南省	0.22	0.21	0.33	0.42	0.03	0.04

省（区、市）	SO_2		NO_x		PM_{10}	
	2020 年	2019 年	2020 年	2019 年	2020 年	2019 年
重庆市	0.33	0.51	0.43	0.46	0.04	0.06
四川省	0.39	0.61	0.46	0.55	0.05	0.07
贵州省	0.64	1.07	0.71	0.85	0.08	0.07
云南省	0.40	0.45	0.67	0.87	0.06	0.08
陕西省	0.19	0.22	0.33	0.39	0.04	0.04
甘肃省	0.18	0.27	0.34	0.40	0.03	0.06
青海省	0.35	0.32	0.54	0.52	0.06	0.06
宁夏回族自治区	0.17	0.20	0.33	0.36	0.03	0.04
新疆维吾尔自治区	0.20	0.21	0.36	0.38	0.04	0.04
新疆生产建设兵团	0.23	0.23	0.34	0.36	0.06	0.05
平均值	0.21	0.27	0.34	0.40	0.03	0.05

2）非燃煤机组排放因子分析

非燃煤机组主要包括生物质发电和燃气发电等类型，近年来随着我国可再生能源和清洁能源的发展，其装机规模不断增长。本研究对非燃煤机组的排放因子进行了测算，具体结果见表 2-2。由于非燃煤机组在全国范围内的 CEMS 数据相对较少，故未进行分省统计分析。

表 2-2 非燃煤机组污染物的平均排放因子

非煤燃料类型	SO_2		NO_x		PM_{10}	
	2019 年	2020 年	2019 年	2020 年	2019 年	2020 年
燃气/（g/m^3）	0.09	0.06	0.31	0.29	0.03	0.016
生物质/（g/kg）	0.15	0.11	0.42	0.36	0.05	0.05
其他/（g/kg）	0.11	0.11	0.82	0.80	0.03	0.03

研究结果表明，非燃煤机组的排放因子整体呈下降趋势，这表明我国生物质发电和燃气发电的污染控制措施取得了显著成效。在燃煤机组超低排放改造逐步完成的同时，非燃煤机组的清洁化发展也有助于进一步降低火电行业的整体污染物排放水平。

2.3.2.2 2019—2020 年其他大气污染物与温室气体排放因子

本研究未获取 CEMS 监测的其他污染物（如 CO、VOCs、BC、OC 等），采用文献及相关技术指南中的数据进行估算，其中 CO 和 VOCs 的排放因子参考《大气污染物与温室气体融合排放清单编制技术指南（试行）》（以下简称《指南》）；BC 和 OC 的粒径分布则参考《指南》中的数据。火电行业不同燃料类型的大气污染物排放因子详见表 2-3。

表 2-3　其他污染物的排放因子（BC 和 OC 为在 $PM_{2.5}$ 中的占比）

燃料类型	VOCs/（kg/t）	CO/（kg/t）	BC/%	OC/%
燃煤	0.04	2.00	0.2	0
天然气	0.02	1.30	0	0
煤气	0.05	1.30	0	0
生物质	1.13	6.22	14	57
垃圾	0.74	0.05	0	0

为准确测算火电厂的 CO_2 排放量，本研究采用了生态环境部发布的《企业温室气体排放核算与报告指南　发电设施》中提供的燃料燃烧排放计算公式。根据该方法，结合不同燃料类型的相关参数，计算得出了各类燃料的 CO_2 排放因子（见表 2-4）。

表 2-4　不同燃料机组 CO_2 排放因子　　单位：tCO_2/t

燃料类型		排放因子
固体燃料	无烟煤	1.97
	烟煤	1.86
	褐煤	2.06
	炼焦煤	1.91
	型煤	2.32
	焦炭	2.86
	煤炭	2.06
	煤矸石	2.06
	煤泥	2.06
	低热值煤	2.06
	贫煤	2.06
液体燃料	油	3.17
气体燃料/（tCO_2/万 m^3）	混合煤气	8.77
	高炉煤气	8.77
	煤气	8.77
	转炉煤气	8.77
	焦炉煤气	8.77
	天然气	21.62
	沼气	0.00
其他	生物质	0.00
	垃圾	0.27

对于 N_2O 的排放因子，本研究参考了《指南》中的建议，并采用《2006 年 IPCC 国家温室气体清单指南》提供的缺省值。具体如下：燃煤流化床锅炉的 N_2O 排放因子为 61 kg/TJ，其他燃煤锅炉为 1.4 kg/TJ，燃油锅炉和燃气锅炉分别为 0.4 kg/TJ 和 1 kg/TJ。

2.3.3　2023 年火电行业大气污染物与温室气体排放因子数据库

本研究在估算 2023 年火电行业 SO_2、NO_x 和 PM_{10} 排放量时，充分考虑了近年来超低排放改造的推进情况及政策标准的约束。根据国务院新闻办公室于 2024 年 8 月 29 日发布的《中国的能源转型》白皮书，截至 2023 年底，全国 95%以上的煤电机组已完成超低排放改造，整体排放水平显著降低。因此，在排放因子估算过程中，本研究充分结合政策要求及行业排放控制现状，对火电机组的排放水平进行了合理推算，以更准确地反映政策实施后的减排成效。

具体而言，对于东部地区［包括辽宁、北京、天津、河北、山东、上海、江苏、浙江、福建、广东、海南等省（市）］的燃煤机组，结合近年来的排放控制措施，假设其排放水平符合超低排放标准；对于中西部地区（包括黑龙江、吉林、山西、安徽、湖北、湖南、河南、江西等省），则考虑燃煤电厂的不同技术水平及改造进度，假设其排放水平接近更严格的排放限值。排放因子的选取充分参考了《煤电节能减排升级与改造行动计划（2014—2020 年）》及近年来相关政策文件，确保估算结果能够合理体现火电行业减排政策的实际成效。

对于 CO_2 排放因子，本研究针对燃煤发电采用了清华大学的实测数据，而燃气等发电的排放因子则参考了生态环境部环境规划院等的文献，以确保不同年度排放清单的可比性。2023 年的 CO、VOCs、BC、OC 及 N_2O 的排放因子均沿用 2019—2020 年的数据，以保证计算方法的一致性。

2.3.4　火电行业大气污染物及温室气体排放特征分析

2.3.4.1　2019 年（新冠疫情前）排放分析

2019 年我国火电行业大气污染物（SO_2、NO_x、PM_{10}、CO、$PM_{2.5}$、VOCs、BC、OC）及温室气体（CO_2、N_2O）排放的空间分布见表 2-5，2019 年我国火电行业 SO_2、NO_x、PM_{10}、CO、$PM_{2.5}$、VOCs、CO_2、N_2O 分别排放了 67.25 万 t、128.45 万 t、12.76 万 t、636.68 万 t、10.21 万 t、25.41 万 t、558 427.36 万 t、9.59 万 t，BC、OC 分别排放了 358.01 t、748.40 t。

表 2-5　2019 年各省（区、市）火电大气污染物及温室气体的排放量

单位：万 t

省（区、市）	SO_2	NO_x	PM_{10}	CO	$PM_{2.5}$	VOCs	BC/t	OC/t	CO_2	N_2O
安徽省	1.78	3.93	0.35	26.61	0.28	1.52	24.24	78.94	21 625	0.39
北京市	0.09	0.52	0.03	1.31	0.02	0.40	0.05	0.00	1 989	0.04
福建省	1.20	2.94	0.28	14.89	0.22	0.84	10.49	27.41	13 257	0.22
甘肃省	1.30	2.07	0.31	9.81	0.25	0.28	5.42	2.46	9 232	0.15
广东省	3.14	7.92	1.08	37.02	0.86	2.01	15.00	10.52	35 152	0.58
广西壮族自治区	3.30	3.75	0.39	12.94	0.31	0.58	11.25	25.67	10 026	0.19
贵州省	6.02	5.14	0.42	12.70	0.34	0.34	6.54	0.08	11 844	0.19
海南省	0.16	0.44	0.04	1.71	0.03	0.10	0.55	0.00	1 660	0.03
河北省	2.98	6.06	0.61	40.91	0.49	1.78	47.80	170.14	26 287	0.59
河南省	2.00	4.35	0.37	30.33	0.30	0.95	12.75	29.18	27 451	0.45
黑龙江省	2.19	3.57	0.44	19.06	0.35	0.90	34.82	115.47	15 442	0.28
湖北省	1.17	2.60	0.23	13.51	0.18	0.72	6.87	17.99	10 524	0.20
湖南省	0.65	1.28	0.11	7.00	0.09	0.38	4.03	9.47	6 193	0.10
吉林省	1.96	3.09	0.43	16.00	0.35	0.63	15.12	35.12	14 244	0.24
江苏省	4.66	10.73	0.89	57.86	0.71	2.60	22.93	54.80	48 147	0.88
江西省	0.89	1.77	0.19	10.21	0.15	0.30	3.86	4.04	9 629	0.15
辽宁省	2.47	4.79	0.53	23.56	0.42	0.70	10.30	14.36	20 527	0.36

省（区、市）	SO_2	NO_x	PM_{10}	CO	$PM_{2.5}$	VOCs	BC/t	OC/t	CO_2	N_2O
内蒙古自治区	10.19	17.47	1.96	61.79	1.57	1.33	34.63	15.17	57 575	0.93
宁夏回族自治区	1.77	3.35	0.35	17.72	0.28	0.41	5.42	0.00	16 913	0.27
青海省	0.30	0.46	0.06	1.86	0.04	0.04	0.89	0.00	1 771	0.03
山东省	3.49	11.44	0.83	64.55	0.67	2.78	27.37	66.02	56 108	0.96
山西省	2.88	6.40	0.57	43.02	0.46	1.09	10.06	8.05	39 899	0.65
陕西省	2.18	4.00	0.44	21.25	0.35	0.45	6.90	1.35	19 406	0.32
上海市	0.28	0.97	0.06	8.21	0.05	0.40	1.52	4.31	6 853	0.13
四川省	1.78	2.39	0.26	7.12	0.21	0.83	15.15	50.90	5 533	0.10
天津市	0.35	1.07	0.09	6.24	0.07	0.21	1.15	0.00	5 779	0.10
新疆生产建设兵团	0.80	1.54	0.17	7.07	0.14	0.14	2.71	0.00	6 745	0.11
新疆维吾尔自治区	2.73	4.94	0.52	21.76	0.41	0.44	8.17	0.00	20 653	0.33
云南省	1.49	2.71	0.29	6.60	0.23	0.33	3.89	0.00	5 990	0.10
浙江省	1.86	4.97	0.31	27.95	0.25	1.53	5.31	5.24	26 861	0.43
重庆市	1.20	1.79	0.18	6.12	0.14	0.40	2.82	1.70	5 115	0.09
总计	67.25	128.45	12.76	636.68	10.21	25.41	358.01	748.40	558 427	9.59

在大气污染物排放方面，SO_2 排放量位列前三的省（区）分别是内蒙古自治区、贵州省、江苏省，排放量（全国占比）分别为 10.19 万 t（15.15%）、6.02 万 t（8.96%）、4.66 万 t（6.93%）；NO_x 排放量位列前三的省（区）分别是内蒙古自治区、山东省、江苏省，排放量分别为 17.47 万 t（13.60%）、11.44 万 t（8.91%）、10.73 万 t（8.35%）；PM_{10} 排放量位列前三的省（区）分别是内蒙古自治区、广东省、江苏省，排放量分别为 1.96 万 t（15.36%）、1.08 万 t（8.44%）、0.89 万 t（6.95%）；CO 排放量位列前三的省（区）分别是山东省、内蒙古自治区、江苏省，其排放量分别为 64.55 万 t（10.14%）、61.79 万 t（9.71%）和 57.86 万 t（9.09%）；$PM_{2.5}$ 排放量位列前三的省（区）分别是内蒙古自治区、广东省、江苏省，其排放量分别为 1.57 万 t（15.36%）、0.86 万 t（8.44%）、0.71 万 t（6.95%）；VOCs 排放量位列前三的省（区）分别是山东省、内蒙古自治区、江苏省，其排放量分别为 2.78 万 t（10.92%）、2.60 万 t（10.24%）、2.01 万 t（7.89%）。此外，BC 排放量位列前三的省（区）分别是河北省、黑龙江省、内蒙古自治区，其排放量分别为 47.80 t（13.35%）、34.82 t（9.73%）、34.63 t（9.67%）；OC 排放量位列前三的省份分别是河北省、黑龙江省、安徽省，其排放量分别为 170.14 t（22.73%）、115.47 t（15.43%）、78.94 t（10.55%）。

在温室气体方面，CO_2 排放量位列前三的省（区）分别是内蒙古自治区、山东省、江苏省，其排放量分别为 57 574.95 万 t（10.31%）、56 107.59 万 t（10.05%）、48 147.27 万 t（8.62%）；N_2O 排放量与 CO_2 排放趋势相似，位列前三的省（区）分别是山东省、内蒙古自治区、江苏省，其排放量分别为 0.96 万 t（10.02%）、0.93 万 t（9.70%）、0.88 万 t（9.13%），这主要由于火电行业煤炭燃烧。

总体来看，2019 年为新冠疫情前的最后一年，全国经济保持平稳增长，电力需求较旺盛，这也导致火电机组利用小时数有所上升，对部分污染物排放产生一定影响。

2.3.4.2　2020 年（新冠疫情期间）排放分析

2020 年（新冠疫情期间）我国火电行业大气污染物（SO_2、NO_x、PM_{10}、CO、$PM_{2.5}$、VOCs、BC、OC）及温室气体（CO_2、N_2O）排放呈现显著的空间分布差异（见表 2-6）。2020 年我国火电行业 SO_2、NO_x、PM_{10}、CO、$PM_{2.5}$、VOCs、CO_2、N_2O 分别排放了 56.22 万 t、116.09 万 t、10.13 万 t、682.57 万 t、8.11 万 t、26.11 万 t、648 326 万 t、9.95 万 t，BC、OC 分别排放了 341.55 t、824.54 t。相较 2019 年，SO_2、PM_{10} 和 NO_x 排放量分别减少了 16.41%、20.58%和 9.65%。

表 2-6 2020 年各省（区、市）火电大气污染物及温室气体的排放量

单位：万 t

省（区、市）	SO_2	NO_x	PM_{10}	CO	$PM_{2.5}$	VOCs	BC/t	OC/t	CO_2	N_2O
安徽省	1.50	3.73	0.34	25.94	0.27	1.46	31.41	109.12	22 850	0.37
北京市	0.04	0.48	0.01	1.48	0.01	0.39	0.00	0.00	2 093	0.03
福建省	1.18	3.11	0.31	16.80	0.25	0.93	13.68	38.22	16 330	0.25
甘肃省	0.98	1.98	0.18	11.28	0.14	0.31	3.85	4.33	11 094	0.16
广东省	2.42	7.31	0.56	42.49	0.45	2.10	11.22	18.04	40 747	0.62
广西壮族自治区	3.27	3.77	0.36	13.69	0.28	0.62	13.04	35.03	12 549	0.20
贵州省	3.59	4.45	0.51	12.63	0.40	0.33	7.93	0.07	12 910	0.19
海南省	0.15	0.32	0.02	1.71	0.02	0.10	0.31	0.00	1 814	0.03
河北省	2.38	5.24	0.50	50.76	0.40	1.81	35.71	125.60	35 208	0.60
河南省	1.48	3.97	0.32	29.87	0.26	0.94	12.27	30.39	29 462	0.45
黑龙江省	1.98	3.26	0.36	19.28	0.29	0.91	39.24	138.48	16 871	0.28
湖北省	0.75	1.92	0.14	11.32	0.12	0.60	4.81	14.18	10 493	0.17
湖南省	0.53	1.08	0.10	6.52	0.08	0.35	5.46	16.43	6 279	0.10
吉林省	2.00	3.47	0.38	16.56	0.30	0.66	13.54	32.44	16 110	0.25
江苏省	3.08	7.69	0.54	61.72	0.43	2.58	25.53	81.61	55 067	0.87
江西省	0.97	1.96	0.18	10.82	0.15	0.32	3.68	3.40	11 043	0.16
辽宁省	1.78	4.55	0.42	26.01	0.33	0.72	8.53	14.67	23 507	0.36

省（区、市）	SO_2	NO_x	PM_{10}	CO	$PM_{2.5}$	VOCs	BC/t	OC/t	CO_2	N_2O
内蒙古自治区	8.33	15.37	1.50	64.91	1.20	1.40	28.24	19.55	65 927	0.98
宁夏回族自治区	1.55	3.09	0.28	19.08	0.23	0.44	4.43	0.00	19 390	0.28
青海省	0.30	0.45	0.06	1.81	0.05	0.04	0.90	0.00	1 864	0.03
山东省	3.02	8.72	0.44	64.15	0.35	2.86	22.14	71.57	60 833	0.93
山西省	2.55	5.83	0.39	44.37	0.31	1.12	7.88	8.54	44 672	0.67
陕西省	2.38	3.99	0.47	23.32	0.37	0.49	7.64	1.88	23 556	0.35
上海市	0.24	1.09	0.04	8.55	0.04	0.41	1.54	5.22	8 258	0.14
四川省	1.22	1.96	0.19	7.40	0.15	0.86	14.24	49.67	6 893	0.11
天津市	0.28	0.89	0.06	6.86	0.05	0.22	0.83	0.00	6 789	0.10
新疆生产建设兵团	1.05	1.73	0.26	10.09	0.21	0.21	4.11	0.00	10 393	0.15
新疆维吾尔自治区	3.01	5.55	0.60	31.08	0.48	0.63	9.49	0.00	31 942	0.47
云南省	1.88	3.05	0.29	8.74	0.23	0.44	4.03	0.00	8 921	0.13
浙江省	1.55	4.52	0.22	27.35	0.17	1.49	3.71	3.43	28 588	0.42
重庆市	0.77	1.57	0.12	5.97	0.10	0.40	2.15	2.67	5 873	0.09
总计	56.22	116.09	10.13	682.57	8.11	26.11	341.55	824.54	648 326	9.95

从全国空间分布来看，在大气污染物排放方面，SO_2排放量位列前三的省（区）分别是内蒙古自治区、贵州省、广西壮族自治区，排放量（全国占比）分别为 8.33 万 t（14.82%）、3.59 万 t（6.38%）、3.27 万 t（5.82%）；NO_x排放量位列前三的省（区）分别是内蒙古自治区、山东省、江苏省，排放量分别为 15.37 万 t（13.24%）、8.72 万 t（7.51%）、7.69 万 t（6.62%）；PM_{10}排放量位列前三的省（区）分别是内蒙古自治区、新疆维吾尔自治区、广东省，排放量分别为 1.50 万 t（14.76%）、0.60 万 t（5.92%）、0.54 万 t（5.32%）；CO 排放量位列前三的省（区）分别是山东省、内蒙古自治区、江苏省，其排放量分别为 64.91 万 t（9.51%）、64.15 万 t（9.40%）、61.72 万 t（9.04%）；$PM_{2.5}$排放量位列前三的省（区）分别是内蒙古自治区、新疆维吾尔自治区、广东省，其排放量分别为 1.20 万 t（14.76%）、0.48 万 t（5.92%）、0.43 万 t（5.32%）；VOCs 排放量位列前三的省份分别是山东省、江苏省、河北省，其排放量分别为 2.86 万 t（10.96%）、2.58 万 t（9.89%）、2.10 万 t（8.05%）；另外，BC 排放量位列前三的省份分别是黑龙江省、河北省、安徽省，其排放量分别为 39.24 t（11.49%）、35.71 t（10.45%）、31.41 t（9.20%）；OC 排放量位列前三的省份分别是黑龙江省、河北省、安徽省，其排放量分别为 138.48 t（16.79%）、125.60 t（15.23%）、109.12 t（13.23%）。在温室气体方面，CO_2排放量位列前三的省（区）分别是内蒙古自治区、山东省、江苏省，其排放量分别为 60 479.61 万 t（10.43%）、54 503.20 万 t（9.40%）、47 771.25 万 t（8.24%）；N_2O排放量位列前三的省（区）分别是内蒙古自治区、山东省、江苏省，其排放量分别为 0.98 万 t（9.83%）、0.93 万 t（9.38%）、0.87 万 t（8.73%）。

2020 年火电行业排放区域分布特征，反映各地火电产业布局、能源结构、污染控制水平差异。内蒙古、山东等高排放区需优化排放控制技术、推动能源转型，未来要推进火电超低排放改造、加快新能源替代、优化电力调度与智能电网建设，实现空气质量与温室气体减排协同增效。

2.3.4.3 2023 年（新冠疫情后）排放分析

2023 年（新冠疫情后）我国火电行业大气污染物（SO_2、NO_x、PM_{10}、CO、$PM_{2.5}$、VOCs、BC、OC）及温室气体（CO_2、N_2O）排放呈现显著的空间分布差异。根据表 2-7 结果，2023 年我国火电行业 SO_2、NO_x、PM_{10}、CO、$PM_{2.5}$、VOCs、CO_2、N_2O 排放量分别为 58.93 万 t、126.27 万 t、11.45 万 t、791.29 万 t、8.68 万 t、30.73 万 t、657 895 万 t、11.57 万 t，BC、OC 分别排放了 409.24 t、1 087.55 t。

表 2-7　2023 年各省（区、市）火电大气污染物及温室气体的排放量

单位：万 t

省（区、市）	SO_2	NO_x	PM_{10}	CO	$PM_{2.5}$	VOCs	BC/t	OC/t	CO_2	N_2O
安徽省	1.75	4.32	0.40	30.78	0.30	1.73	41.37	148.65	23 482	0.44
北京市	0.04	0.49	0.01	1.50	0.01	0.40	0.00	0.00	1 948	0.04
福建省	1.31	3.48	0.35	19.18	0.26	1.06	16.65	50.11	16 338	0.28
甘肃省	1.15	2.31	0.21	13.38	0.15	0.37	4.38	5.90	11 928	0.19
广东省	3.27	9.73	0.74	58.30	0.58	2.88	15.48	29.77	49 622	0.85
广西壮族自治区	2.23	3.70	0.46	18.07	0.36	0.81	18.23	53.08	13 527	0.27
贵州省	3.07	3.82	0.62	15.83	0.45	0.42	8.83	0.09	14 513	0.24
海南省	0.19	0.46	0.03	2.46	0.02	0.14	0.40	0.00	2 351	0.04
河北省	2.36	5.21	0.50	51.09	0.41	1.82	40.02	145.24	25 680	0.61
河南省	1.54	4.07	0.33	31.48	0.24	0.99	13.58	37.33	27 680	0.47
黑龙江省	1.58	2.89	0.34	19.57	0.25	0.93	44.07	161.37	14 208	0.29
湖北省	0.90	2.30	0.18	13.85	0.15	0.73	6.34	19.92	10 432	0.20
湖南省	0.68	1.41	0.13	8.60	0.09	0.47	7.75	24.88	7 397	0.13
吉林省	1.65	2.91	0.33	15.73	0.25	0.62	13.10	35.37	13 290	0.23
江苏省	3.39	8.49	0.60	68.90	0.49	2.88	31.12	104.59	51 671	0.97
江西省	1.12	2.28	0.21	13.05	0.16	0.38	4.13	4.70	12 072	0.20
辽宁省	1.51	3.91	0.37	23.24	0.29	0.64	7.60	15.05	18 232	0.32

省（区、市）	SO_2	NO_x	PM_{10}	CO	$PM_{2.5}$	VOCs	BC/t	OC/t	CO_2	N_2O
内蒙古自治区	8.70	15.92	1.58	79.58	1.15	1.71	28.14	23.77	72 774	1.20
宁夏回族自治区	1.71	3.41	0.31	21.43	0.23	0.49	4.42	0.00	19 800	0.32
青海省	0.32	0.46	0.07	2.78	0.05	0.06	0.97	0.00	2 600	0.04
山东省	2.94	8.47	0.43	63.26	0.34	2.82	24.27	79.12	52 001	0.92
山西省	3.06	6.99	0.47	54.19	0.35	1.36	9.22	11.97	48 858	0.81
陕西省	2.58	4.49	0.56	29.26	0.41	0.61	8.45	2.78	26 202	0.44
上海市	0.26	1.17	0.05	9.51	0.04	0.46	6.36	24.85	7 627	0.15
四川省	1.61	2.85	0.32	12.87	0.25	1.50	27.38	99.10	9 607	0.19
天津市	0.28	0.91	0.06	7.06	0.05	0.22	0.76	0.00	6 137	0.11
新疆维吾尔自治区	4.45	8.35	0.90	47.82	0.65	0.97	12.91	0.00	44 676	0.72
云南省	2.31	3.62	0.44	13.49	0.33	0.68	5.53	0.00	11 927	0.21
浙江省	1.99	5.77	0.28	35.75	0.21	1.95	4.56	5.14	33 693	0.55
重庆市	0.98	2.04	0.19	9.30	0.15	0.61	3.23	4.78	7 622	0.14
总计	58.93	126.27	11.45	791.29	8.68	30.73	409.24	1 087.55	657 895	11.57

在 SO_2 排放方面，排放量前三的省（区）分别是内蒙古（8.70 万 t，14.76%）、新疆（4.45 万 t，7.55%）和江苏（3.39 万 t，5.75%）。内蒙古作为全国煤炭资源最丰富的地区之一，火电机组规模大，燃煤消耗量高，同时该地区仍存在部分老旧机组，污染控制水平相对较低，导致 SO_2 排放量居全国首位。在 NO_x 排放方面，排放量前三的省（区）分别为内蒙古（15.92 万 t，12.61%）、广东（9.73 万 t，7.71%）和江苏（8.49 万 t，6.73%）。内蒙古、广东、江苏均为我国重要的火电发电大省，燃煤机组装机容量大，同时这些地区承担了大量跨省电力输送任务，使得火电机组利用小时数较高，从而导致 NO_x 排放量较大。在 PM_{10} 排放方面，排放量前三的省（区）分别是内蒙古（1.58 万 t，13.81%）、新疆（0.90 万 t，7.89%）和广东（0.74 万 t，6.46%）。内蒙古的 PM_{10} 排放量最高，主要是由于该地区燃煤消耗量大，煤质波动较大，部分机组仍存在低效除尘问题。新疆由于近年来煤电发展较快，排放控制措施相较东部发达省份仍有提升空间。广东虽然火电占比相对较低，但由于全省用电负荷高，机组运行时间长，因此 PM_{10} 排放量仍处于全国前列。在 CO_2 排放方面，排放量前三的省（区）分别是内蒙古（72 774 万 t，11.06%）、山东（52 001 万 t，7.90%）和江苏（51671 万 t，7.85%）。内蒙古的 CO_2 排放量最高，主要是由于该地区燃煤消耗量大。特别值得注意的是，2023 年四川和重庆的火力发电量较 2020 年大幅增加，这一变化对污染物排放产生了显著影响。四川是全国最大的外送电力省份之一，主要向华东、华中和南方电网输送电力。该省以水电为主，但 2022 年起西南地区经历了严重干旱，导致水电出力显著下降。例如，2022 年 8 月，四川水电出力同比下降 51%，导致该省出现大面积限电。尽管 2023 年水情有所恢复，但仍未达到 2020 年的水平，导致火电被迫增加发电量以填补水电缺口，进而推高了四川和重庆的火电污染物排放量。

此外，新冠疫情前后火电行业的运行情况也影响了污染物排放的变化。2020 年受新冠疫情影响，尽管全国经济活动一度放缓，工业用电需求短期下降，但火电发电总量并未显著减少，部分地区甚至出现增长。然而，主要大气污染物（如 SO_2、NO_x、PM_{10}）的排放量仍出现明显下降。造成这一现象的主要原因在于超低排放改造（ULE）标准的持续推进，使得排放因子显著降低。经济活动一度放缓，工业用电需求降低，火电机组利用小时数减少，使得该年度的污染物排放量相对较低。

2023 年经济全面复苏，用电需求增长明显，火电机组运行负荷提高。在此背景下，我国火电行业大气污染物排放呈上升趋势。SO_2、NO_x、PM_{10} 等多项污染物排放量均有不同程度上升，其中，VOCs、CO_2 因电力需求攀升，火电厂燃料消耗量增加，加之现阶段对 CO、VOCs 等污染物缺乏完善的治理标准，较 2020 年分别上升 15.03%、16.54%。与 2019 年疫情前相比，尽管 2023 年经济回暖，电力需求持续上升，但因火电行业推行超低排放改造，实施燃煤机组优化调度，SO_2、NO_x、PM_{10} 和 $PM_{2.5}$ 排放量显著下降，降幅分别为 14.12%、1.72%、11.42%和 17.66%。然而，由于经济发展持续带动电力需求维持高位，且部分污染物治理标准尚不完善，缺乏针对性治理措施，CO、VOCs、CO_2 和 N_2O 排放量相较 2019 年仍呈上升态势，升幅范围在 12.52%～31.18%。

总体来看，2023 年我国火电行业大气污染物排放受地区能源结构、燃煤电厂装机规模、跨省电力调度、水电产能波动以及经济周期等多种因素影响。为实现区域空气质量改善与碳中和目标，在火电污染物高排放区域，需进一步加大燃煤电厂超低排放改造力度，提升污染治理设施运行效能。与此同时，加速可再生能源开发利用，降低对燃煤发电的依赖，构建清洁低碳、安全高效的能源体系。

2.3.4.4 不确定性分析

本研究运用蒙特卡罗方法，分别对 2019 年、2020 年及 2023 年我国火电行业的大气污染物和 CO_2 排放清单开展不确定性分析。蒙特卡罗方法是通过生成随机数来表征关键输入参数（即活动水平和排放因子）的概率分布，通过在不同参数值下计算活动水平，得出其分布情况，进而确定不确定性范围。本研究基于参考文献，假定火电企业的活动水平服从正态分布，其变异系数（定义为标准差除以均值）为 5%。借助蒙特卡罗方法，针对各火电企业的活动水平与排放因子进行 10 000 次随机取值，在 95%置信区间下实施不确定性分析。

本研究清单的不确定性主要源于数据样本存在波动，部分数据样本较少的省份可能导致分析结果存在偏差。不同年份的蒙特卡罗分析结果显示，我国火电行业 SO_2、NO_x、PM_{10}、CO、VOCs 和 CO_2 排放量的不确定性范围分别为−2.81%～2.90%、−2.30%～2.33%、−2.94%～3.00%、−2.26%～2.21%、−2.71%～2.75%和−2.14%～2.14%（见表 2-8）。与其他有关火电行业大气污染物排放量核算的研究相比，本研究的不确定性范围处于可接受区间。

表 2-8 我国火电行业 2019 年、2020 年及 2023 年大气污染物及 CO_2 排放估算不确定性

年份	SO_2	NO_x	PM_{10}	CO	VOCs	CO_2
2019	−2.81%～2.90%	−2.30%～2.33%	−2.62%～2.66%	−1.94%～1.92%	−2.61%～2.75%	−2.09%～2.14%
2020	−2.64%～2.65%	−2.17%～2.18%	−2.89%～2.91%	−2.22%～2.21%	−2.65%～2.66%	−2.14%～2.14%
2023	−2.72%～2.73%	−2.15%～2.15%	−2.94%～3.00%	−2.26%～2.21%	−2.71%～2.71%	−2.11%～2.12%

2.4 火电行业大气污染物与 CO_2 协同减排研究

2.4.1 情景设置

电力行业的电源结构调整是实现碳达峰的重要环节。目前，我国依然以煤电等化石能源为主导，但非化石能源的发电装机容量和发电量均在不断增长。本研究基于火电行业大气污染物和温室气体融合排放清单，结合国家相关政策，分析了 2030 年和 2050 年各类电源的结构变化，确定了各类电源的装机容量和发电量等。通过评估碳达峰和碳中和情景下火电行业的大气污染物及 CO_2 排放情况，进一步预测了大气污染物减排与 CO_2 减排之间的协同效应。本研究还提出了针对火电行业大气污染与气候变化协同治理的政策建议，以应对未来的环境挑战。

2.4.1.1 用电量预测

根据《中国统计年鉴 2021》，2000—2020 年我国 GDP 增速、电力消费增速及电力消费弹性系数呈现规律性变化（见表 2-9）。电力消费弹性系数衡量电力消费增速与经济增长的关系，受产业结构变化影响。

表 2-9　分经济周期的电力消费增速、弹性系数数据表（1991—2022 年）

周期	经济年份增速/%	电力消费平均增速/%	电力弹性系数
1991—1999 年	10.67	7.88	0.72
2000—2009 年	10.34	11.69	1.13
2010—2019 年	7.67	7.35	0.93
2020—2022 年	3.53	5.70	1.35

我国电力消费弹性系数演变呈现显著阶段性特征，1991—1999 年以轻工业为主（0.82），2000—2009 年重工业化（1.10），2010—2019 年进入工业化中后期回落（0.92），2020 年后趋于稳定。国际经验表明，工业化前期电力弹性系数小于 1，中期大于 1，后期再次降至 1 以下。例如，美国 1931—1948 年电力弹性系数为 2.0，1951—1960 年升至 2.5，1960—1980 年降至 1.6，1980—1993 年仅为 0.5，1994 年后稳定在 0.3 左右。借鉴国际趋势，我国 2030 年前仍处于工业化后期，预计 2020—2030 年电力弹性系数为 0.7，2030—2040 年降至 0.6，2040—2050 年进一步下降至 0.5。随着工业增加值占比减少，电力弹性系数呈下降趋势。

本章以经济发展新常态为基本立足点，预测我国“十四五”至今后更长时间段的经济增长速度。现以 2020 年为基础，预设 2020—2030 年 GDP 增长率为 5%，预设 2030—2040 年 GDP 增长率为 4%，预设 2040—2050 年 GDP 增长率为 3%。基于我国电力需求弹性系数和经济发展增速，预测全社会用电量。计算公式：

$$\mathrm{El}(t)=\mathrm{El}(t-1)+\mathrm{coef}\times\mathrm{GDP}_{\mathrm{rate}} \tag{2-7}$$

式中，$\mathrm{El}(t)$ 为 t 年电力需求总量，kW·h；coef 为电力弹性系数；$\mathrm{GDP}_{\mathrm{rate}}$ 为 GDP 增长率，%。根据上式计算，到 2030 年、2050 年全社会用电量分别为 11.5×10^{12} kW·h、16.8×10^{12} kW·h。

2.4.1.2 基准情景（情景 I）

基准情景（情景 I）为 2020 年我国火电行业大气污染物和 CO_2 排放的现状情景。2020 年新冠疫情期间，我国火电行业排放因防控措施短暂下降，但随着“六稳”“六保”政策推动经济复苏，排放迅速回升并趋于常态化。基准情景（情景 I）反映了这一波动过程，为评估突发事件对能源领域排放的短期扰动及长期趋势提供了基准参考。

2.4.1.3 碳达峰排放情景（情景 II）

碳达峰情景（情景 II）为 2030 年我国火电行业碳达峰情景。本情景的预测依据与方法主要是参考了国务院印发的《2030 年前碳达峰行动方案》（以下简称《行动方案》）、我国核电中心、国网能源研究院发布的《我国核电发展规划研究》（以下简称《规划》）及相关参考文献。本情景综合考虑了 3 个方面的影响因素。

第一方面主要是能源结构清洁化重构。通过《行动方案》系统性推进可再生能源替代，计划 2030 年实现风电与光伏装机超 12 亿 kW，同步建设 1.2 亿 kW 抽水蓄能及 8 000 万 kW 水电，形成多能互补格局。生物质与核电分别规划装机 0.7 亿 kW 和 1.31 亿 kW，全面降低化石能源依赖度。

第二方面主要是加快煤电机组节能降碳。按照《行动方案》的要求，为加强煤炭清洁高效利用，加快煤电机组节能降碳改造，到 2025 年，煤电机组正常工况下平均供电煤耗降至 300 g 标准煤/（kW·h）以下。本研究假设到 2030 年，平均供电煤耗降至 290 g 标准煤/（kW·h），到 2050 年，平均供电煤耗降至 260 g 标准煤/（kW·h）。

第三方面主要是污染物排放标准。2020 年我国大部分火电企业烟气 PM_{10}、SO_2、NO_x 的排放浓度已经远低于超低排放限制要求，因此在碳达峰情景（情景 II）下假设在 2030 年时，所有火电企业完成超低排放改造（达标的维持现状）。

$$G=I\times H \tag{2-8}$$

$$\mathrm{AC}=G\times\mathrm{GC} \tag{2-9}$$

$$\mathrm{EF}=C\times V \tag{2-10}$$

$$E=\mathrm{AC}\times\mathrm{EF} \tag{2-11}$$

式中，G 为碳达峰不同发电类型的发电量，亿 kW·h；I 为碳达峰不同发电类型的装机容量，万 kW；H 为碳达峰不同发电设备的年利用小时数，h；GC 为煤耗，g 标准煤/（kW·h）；EF 为排放因子，g/kg；C 为排放浓度，mg/m^3；V 为理论烟气量，m^3/kg 燃料或 m^3/m^3 燃料；E 为污染物年排放量，t/a；AC 为燃料年消耗量，kg/a 或 m^3/a。

2.4.1.4　碳中和排放情景（情景Ⅲ）

碳中和情景（情景Ⅲ）为 2050 年我国火电行业碳中和情景。本情景的预测依据与方法主要是参考了我国核电发展中心、国网能源研究院发布的《规划》及相关参考文献，基于上述参考，确定了本研究火电行业的碳中和目标年为 2050 年。以下是本情景综合考虑的 3 个方面影响因素。

第一方面是电源结构的改变。截至 2020 年，我国水电装机容量 3.8 亿 kW，可开发资源基本枯竭，据统计开发极限为 4.32 亿 kW。根据国家能源局发布的 2023 年全国电力工业统计数据，核电的装机容量 5 691 万 kW。受核安全及燃料资源限制，难以大规模扩张，根据《规划》，预计到 2050 年我国核电将增至 3.35 亿 kW。生物质发电因地制宜发展，预计到 2050 年达 1.2 亿 kW。在 2050 年碳中和目标下，燃气发电装机容量规划达 2 亿 kW，风电与太阳能发电等可再生能源总装机规模突破 50 亿 kW，共同支撑全社会用电需求。

第二方面主要是加快煤电机组节能降碳。按照《煤炭清洁高效利用重点领域标杆水平和基准水平（2022 年版）》的要求，新建湿冷机组标杆水平煤耗为 270 g 标准煤/（kW·h），因此本研究假设到 2050 年，平均供电煤耗降至 260 g 标准煤/（kW·h）。

第三方面主要是污染物排放标准。2020 年我国大部分火电企业烟气 PM_{10}、SO_2、NO_x 的排放浓度已经远低于超低排放限制要求，因此在碳中和情景（情景Ⅲ）下假设在 2050 年时，火电烟气 PM_{10}、SO_2、NO_x 的排放浓度分别为 2 mg/m^3、10 mg/m^3、20 mg/m^3。

年发电量是相应年份的发电装机容量与年利用小时数的乘积，本研究年利用小时数预测依据主要是《中国电力行业低碳化发展研究》（见表 2-10）。再结合前文用电量预测内容，2030 年碳达峰（情景Ⅱ）我国发电结构将呈现以下特征，全国总装机容量达 34 亿 kW，其中非化石能源装机 18.2 亿 kW（占比 53.55%），燃煤发电装机 14.3 亿 kW（占比 42.03%），包含生物质与燃气的火电总装机 16.50 亿 kW（占比 48.50%）。在发电量方面，全国总发电量约 11.51 万亿 kW·h，其中燃煤发电量为 64 413 亿 kW·h，非化石能源发电占比 38.17%。与基准情景（情景Ⅰ）相比，该阶段燃煤发电量仍维持较高水平，同时非化石能源发电占比显著提升。

2050 年碳中和（情景Ⅲ），能源结构将发生深度变革。全国发电总装机容量增至 68.47 亿 kW，非化石能源装机占比跃升至 85.99%（58.87 kW），燃煤发电装机容量降至 7.6 亿 kW（占比 11.09%），包括生物质与燃气的火电总装机 10.80 亿 kW（占比 15.77%）。发电量方面，全国总发电量近 16.80 万亿 kW·h，非化石能源发电占比达 81.06%，燃煤发电量降至 22 785 亿 kW·h。相较基准情景，该阶段火力发电量显著下降，燃煤机组将逐步转向能源安全保障角色，成为电力系统稳定运行的调节电源。

表 2-10 我国碳达峰碳中和情景下电源结构的比较

<table>
<tr><th>发电类型</th><th>情景Ⅱ装机容量/万 kW</th><th>情景Ⅱ年利用小时数/h</th><th>情景Ⅱ发电量/（亿 kW·h）</th><th>情景Ⅱ发电量占比/%</th><th>情景Ⅲ装机容量/万 kW</th><th>情景Ⅲ年利用小时数/h</th><th>情景Ⅲ发电量/（亿 kW·h）</th><th>情景Ⅲ发电量占比/%</th></tr>
<tr><td>煤电</td><td>142 928</td><td>4 507</td><td>64 413</td><td>55.96</td><td>81 950</td><td>3 000</td><td>22 785</td><td>13.57</td></tr>
<tr><td>气电</td><td>15 000</td><td>4 507</td><td>6 760</td><td>5.87</td><td>20 000</td><td>4 500</td><td>9 000</td><td>5.36</td></tr>
<tr><td>生物质</td><td>7 000</td><td>4 507</td><td>3 155</td><td>2.74</td><td>12 000</td><td>4 500</td><td>5 400</td><td>3.22</td></tr>
<tr><td>风电</td><td rowspan="2">120 000</td><td rowspan="2">1 500</td><td rowspan="2">18 000</td><td rowspan="2">15.64</td><td rowspan="2">500 000</td><td rowspan="2">1 800</td><td rowspan="2">90 000</td><td rowspan="2">53.62</td></tr>
<tr><td>太阳能</td></tr>
<tr><td>核能</td><td>13 100</td><td>7 614</td><td>9 974</td><td>8.66</td><td>33 500</td><td>7 500</td><td>25 125</td><td>14.97</td></tr>
<tr><td>水电</td><td>42 000</td><td>3 050</td><td>12 812</td><td>11.13</td><td>43 200</td><td>3 600</td><td>15 552</td><td>9.26</td></tr>
<tr><td>总计</td><td>340 028</td><td>—</td><td>115 114</td><td>100</td><td>690 650</td><td>—</td><td>167 862</td><td>100</td></tr>
</table>

2.4.2 情景分析

本研究通过对未来用电量的预测，结合《2030 年前碳达峰行动方案》《煤电节能减排升级与改造行动计划（2014—2020 年）》等政策，建立了碳达峰情景（情景Ⅱ）和碳中和情景（情景Ⅲ），分别估算了 2030 年和 2050 年火电行业的大气污染物和 CO_2 排放量。

在碳达峰目标约束（情景Ⅱ）下，2030 年火电行业 SO_2、NO_x、PM_{10}、$PM_{2.5}$ 和 CO_2 排放量均有所上升，分别达到 66.46 万 t、133.8 万 t、13.32 万 t、10.66 万 t 和 514 067 万 t。这一增长主要源于电力需求增加，导致燃料消耗上升，使污染物和温室气体排放同步增加。而在碳中和目标约束（情景Ⅲ）下，2050 年火电行业排放量显著下降，SO_2、NO_x、PM_{10}、$PM_{2.5}$ 和 CO_2 排放量分别降至 18.81 万 t、34.08 万 t、3.59 万 t、2.87 万 t 和 206 638 万 t。排放削减的关键因素在于电源结构的优化，供电标准煤耗降低，以及火电企业执行比超低排放更严格的环保标准。相较 2020 年，2050 年火电行业 SO_2、NO_x、PM_{10}、$PM_{2.5}$ 和 CO_2 排放量分别减少 66.97%、71.28%、65.65%、65.65%和 68.46%，体现出能源结构调整和深度减排政策对控制污染物和温室气体排放的显著成效。

2.5 结　论

本研究基于排污许可、环评、竣工验收等多源异构数据，结合 CEMS（连续排放监测系统）数据及文献资料，分别构建了 2019 年（新冠疫情前）、2020 年（新冠疫情期间）

及 2023 年（新冠疫情后）我国火电行业大气污染物与温室气体融合排放清单，系统分析了不同时期排放特征及变化趋势。通过设定不同情景，分析了碳达峰与碳中和目标下的减排潜力及污染物与 CO_2 的协同控制效应。研究成果可为精细化减排政策、电力行业优化调整及绿色低碳转型提供科学支撑。主要结论如下：

（1）2019 年（新冠疫情前）：火电行业污染物排放量处于高位，区域差异明显。2019 年，全国火电行业 SO_2、NO_x、PM_{10}、CO、VOCs、CO_2 等污染物排放量均处于峰值。其中，SO_2、NO_x、PM_{10} 排放量最高的省（区）为内蒙古，CO_2、VOCs、N_2O 排放量最高的省份为山东，主要受燃煤消耗量大、电力需求高及污染治理水平等因素影响。

（2）2020 年（新冠疫情期间）：火电污染物排放普遍下降，不同燃料类型排放特征差异显著。全国火电行业 SO_2、NO_x、PM_{10} 排放量同比下降 16.41%、9.65%、20.58%，湖北等新冠疫情严重地区降幅尤为明显。燃煤发电仍是主要污染源，贡献 NO_x、SO_2、PM_{10} 排放的 82.00%、90.73%、86.02%，CO_2 和 N_2O 排放也以燃煤机组为主。燃气和生物质发电对 VOCs 的贡献率分别达 57.44%和 28.55%。

（3）2023 年（新冠疫情后）：经济复苏推动火电排放回升，但 SO_2、NO_x、PM_{10} 等污染物排放量仍低于 2019 年水平。2023 年，全国火电行业 CO_2 排放量达 657 894 万 t，较 2020 年有所回升。空间分布上，内蒙古、山东、江苏等地仍是主要排放区域，西南地区因水电出力下降，火电补充发电量增加，污染物排放压力加大。2023 年经济回暖，电力需求上升，而燃煤机组持续推进超低改造，SO_2、NO_x、PM_{10} 排放量下降 1.72%～14.12%，但部分未改造污染物（CO、VOCs、CO_2 和 N_2O）排放量上升 12.52%～31.18%。

（4）不同情景下的协同减排分析：碳达峰阶段污染物排放上升，碳中和阶段污染物排放大幅下降，减排潜力显著。2030 年全国发电装机容量 34 亿 kW，非化石能源发电装机占比 53.55%，发电量中其占比 38.17%。2050 年装机容量达 68.47 亿 kW，非化石能源发电装机占比 85.99%，发电量占比 81.06%。污染物排放方面，2030 年碳达峰情景下污染物排放量上升，2050 年碳中和情景下污染物大幅下降，如 SO_2 降至 18.81 万 t，较 2020 年减少 66.97%。大气污染物与 CO_2 协同减排效果良好，CO_2 减排潜力大，体现我国能源结构向绿色低碳转型。

综上所述，本研究通过 2019 年、2020 年及 2023 年火电行业排放清单的系统分析，揭示了火电行业在不同阶段的排放变化趋势及影响因素。

第 3 章
我国民用航空机场大气污染物及碳融合排放清单研究

3.1 引　言

近年来，我国航空业飞机起降架次迅速增长，污染物排放量显著增加。据统计，全球每年航空业的碳排放占全球人为碳排放的 2.0%～2.5%，其增长速度超过了公路、铁路和航运。为准确评估民用航空机场污染物及碳排放影响，本研究建立了最新的我国民用航空器机场融合排放清单。

目前一般以两个标准化循环阶段（起降循环和巡航循环）来开展机场清单的编制，该标准化循环由国际民航组织（International Civil Aviation Organization，ICAO）划分。包括起飞、爬升、进近和滑行 4 个阶段的单次起降活动被称为一次起降循环（Landing and Take-off，LTO），该阶段对低空大气环境的负面影响较为突出，其主要原因是单位里程排放量最大。近年来，部分学者在机场大气污染物排放清单编制、排放特征分析及本地化排放因子研究方面主要依据该循环量化计算。然而，当前航空排放研究领域缺少最新年份的高时空分辨率的机场污染物和碳排放清单，民用航空机场排放清单方法学验证体系研究较少。

针对上述问题，本研究结合机队构成数据和国内机场航班起降架次，构建了排放因子数据库，编制了 2023—2024 年我国（不含港澳台）民航机场 LTO 循环阶段的融合排放清单（NO_x、CO、HC、SO_2、PM 及 CO_2），对其时空分布特征进行了系统分析，结合 CHAP 数据集中的污染物浓度构建实证模型，以验证民航部门融合排放清单的准确性。

3.2 材料与方法

3.2.1 数据来源

本研究收集我国 31 个省（区、市）的 2023—2024 年运输机场数据（不含港澳台），基于我国民用航空局官方统计数据获取航班起降架次，依据《从统计看民航 2022》确定全国民航机队构成，通过飞机制造商官网及文献调研建立机型-发动机匹配数据库，引用ICAO 飞机发动机排放数据库获取发动机燃油消耗率、排放因子及烟度等关键参数。

3.2.2　大气污染物排放量计算方法

飞机的 LTO 循环阶段的排放尾气占机场区域大气污染总排放的 80%，故飞机的 LTO 循环阶段为本书研究焦点。鉴于我国民航运营存在全国范围内航空器起降时序数据可获取性受限、多机型混编运行且发动机与机型非完全匹配，故本研究采用 ICAO 标准排放模型构建核算框架。该方法通过整合机型运行频次统计与标准化排放参数，已在国内多个航空环境评估项目中实现有效验证。本研究依据各机型占比（见表 3-1），计算了该循环阶段的加权排放因子和航空煤油的加权消耗率。本研究覆盖了我国 4 054 架注册航空运输飞机中 96.62%的排放因子核算；参考本团队之前发表的研究成果来计算各污染物的烟度、加权燃油消耗率、加权排放因子及 NO_x、CO、HC、SO_2、PM 及 CO_2 排放量。

表 3-1　2023 年及 2024 年我国全行业运输飞机架数及占比

机型	期末架数/架	发动机	比例/%	机型	期末架数/架	发动机	比例/%
B737-800	1 190	CFM56-7B24	29.35	B787-8	7	GEnx-1B	0.17
A320	788	V2527-A5	19.44	B777F	30	GE90-77B	0.74
A321	334	CFM56-5B3/3	8.24	A321NEO	109	CFM56-5B3/3	2.69
A319	174	CFM56-5B7/P	4.29	B747-400F	13	PW4056	0.32
B737-700	143	CFM56-7B22	3.53	A350-900	45	Trent XWB-84	1.11
A330-300	129	Trent 700	3.18	B737-300F	0	CFM56-3B	0.00
A330-200	104	Trent 700	2.57	EMB-145	8	AE3007A1	0.20
EMB-190	85	AE3007A1	2.10	B747-8	7	GEnx-2B	0.17
B737MAX8	97	LEAP-1B	2.39	A300-600F	6	CF6-80C2A8	0.15
B777-300ER	63	GE90-115BL	1.55	B737-900ER	6	CFM56-7BE	0.15
B787-9	83	GEnx-1B	2.05	A380	5	Trent 900-84	0.12
B737F	74	CFM56-7B22	1.83	B767-300F	13	CF6-80C2A1	0.32
A320NEO	341	PW1100G-JM	8.41	B737-900	5	CFM56-7B27	0.12
B757-200F	58	RB211-535E4	1.43	其他	137	—	3.38

3.2.3　CHAP 数据集和处理

中国高分辨率高质量近地表空气污染物数据集（China High Air Pollutants，CHAP）融合了多光谱卫星遥感技术、地面观测、大气再分析技术、排放清单和模型模拟结果，特点是时间序列长、覆盖面广、时空分辨率高。本研究依据 CHAP 数据集，采用 GIS 技术提取不同民用航空机场的空气污染物表面浓度。具体提取空间分辨率为 1 km×1 km 范围内的 NO_2 浓度信息，并对所得数据进行统计分析。

3.2.4 经验模型

本研究主要聚焦于机场典型大气污染物 NO_x，通过构建经验模型，系统探讨我国民用航空机场污染物排放量与大气中污染物浓度之间的关系，分析结果揭示了二者之间的相关性特征，所得经验模型如下所示。

$$\ln y = k \ln x + c \tag{3-1}$$

式中，x 是排放清单中污染物的排放量；y 是从空气质量数据集中提取的空气污染物的浓度；k 和 c 是系数。

3.3 结果与讨论

3.3.1 我国民航机场 LTO 循环排放清单（2023—2024 年）

机场大气污染物及碳排放见表 3-2，相较 2023 年，2024 年我国民航飞机起降架次升高，导致 LTO 循环大气污染物及碳排放总量升高了 5.91%，其中 NO_x、CO、HC、SO_2 和 CO_2 排放量分别升高了 5.95%、5.94%、5.95%、5.41%和 5.91%，PM 排放量保持不变。

表 3-2 2023—2024 年我国民航飞机 LTO 循环大气污染物及碳排放量 单位：万 t

年份	NO_x	CO	HC	SO_2	PM	CO_2	排放总量
2023	12.77	10.10	0.84	0.37	0.10	1 767.39	1 791.57
2024	13.53	10.70	0.89	0.39	0.10	1 871.89	1 897.50

3.3.2 大气污染物排放量的时间变化（2023—2024 年）

2023 年与 2024 年大气污染物及碳排放量的变化趋势相似。整体上在 7—8 月排放量较高，冬季排放量较低。值得关注的是，2023 年 1 月月排放量最低，为 6.23%。这主要与《中华人民共和国传染病防治法》甲类传染病防控措施于 2023 年 1 月 8 日正式解除（国家卫生健康委 2022 年第 7 号公告）有关，在此之前，民航运输量仍处于疫情管控期水平，导致当月机场大气污染物排放强度显著低于基准年份。此外，由于 2023 年国庆假期与中秋假期连休（9 月 29 日至 10 月 6 日），而 2024 年国庆假期为 10 月 1 日至 10 月 7 日，节假日期间飞机起降架次存在差异，进而引发两年 9—10 月机场排放量的差别。综上，航空出行活动强度是影响机场污染物排放变化的主要因素之一。

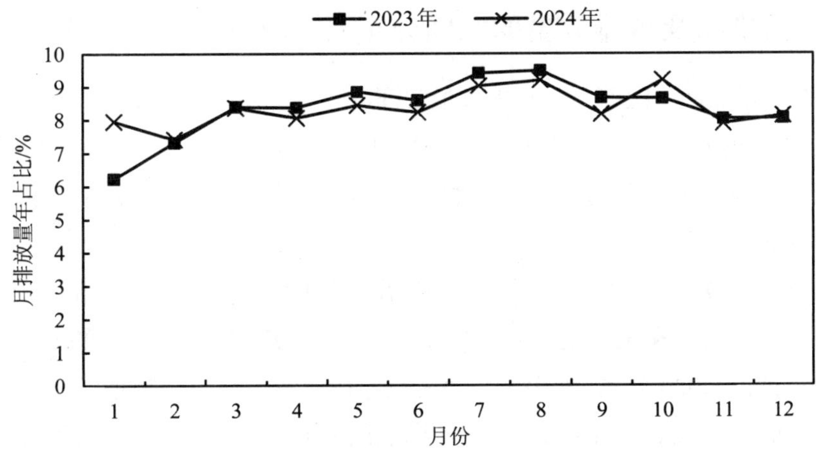

图 3-1　2023—2024 年机场大气污染物及碳月排放量的年占比

3.3.3　不同飞行模式下排放特征

结果表明，CO（排放量占总排放量的 92.55%）、HC（排放量占总排放量的 89.76%）是滑行阶段的主要污染物（见图 3-2）。由于飞机在 LTO 循环的滑行阶段（7%标准推力）和进近阶段（30%标准推力）是处于特殊工况，燃烧室压力与温度较低，燃油无法完全燃烧，所以 HC、CO 在滑行阶段的排放占比最高。而 SO_2、CO_2 的排放量是严格遵循燃油消耗量线性关系，在 LTO 循环四阶段中的滑行阶段时间占比最长，而持续的低速滑行导致燃油累积消耗量显著高于其他阶段，所以在滑行阶段这两种污染物的排放占比较高。而 NO_x、PM 的峰值阶段处在爬升阶段，飞机在爬升阶段的推动力较大，燃烧室温度骤增，加剧了热力型 NO_x 的生成，同时高温高压的环境加剧了燃油裂解过程，从而导致碳烟颗粒成核速率提升，从而导致 PM 的排放量也相应增多。

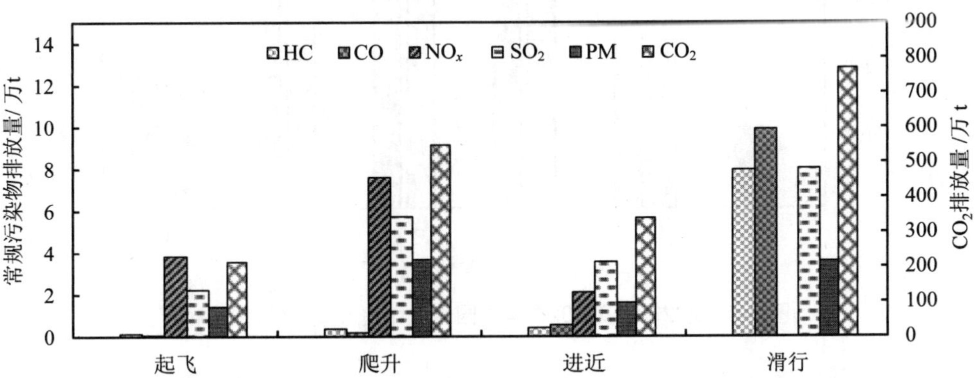

图 3-2　2024 年我国民航机场飞机 LTO 循环大气污染物及碳排放量

注：图中 HC 排放量乘 10，SO_2 排放量乘 50，PM 排放量乘 100。

3.3.4 大气污染物及碳排放量的空间分布（2023—2024 年）

基于 2023 年和 2024 年民航 CO_2 排放量空间异质性分析，研究表明区域碳排放量存在着较大的差异。我国东部、南部及中部川渝地区的人员密集，区域经济发展情况好，人口流动需求大，运输需求强度高，对应的 CO_2 排放量高，相较 2023 年，2024 年机场碳排放量无明显区域差异。

我国六大地区 CO_2 排放量结果如图 3-3 所示。我国六大地区中华东和中南地区 CO_2 排放量占主导地位，西北和东北地区 CO_2 排放量较低。2023 年华东地区的 CO_2 排放量占总排放量的 26.39%，2024 年占 26.61%，均为全年排放量最高；中南地区次之，2023 年排放量占比 25.00%，2024 年占比 24.87%。华东地区的地区生产总值总量居全国之首，其 CO_2 排放量与经济社会发达程度形成空间耦合。其中华东地区（以上海浦东机场、上海虹桥机场为例）航班派送频繁，导致当地 CO_2 排放量较高。中南地区（包含河南、湖北等人口大省和广东等经济发达大省）常住人口和地区生产总值总量在六大地区中排名第二，航班需求旺盛导致起降架次高位运行。因此 2023 年及 2024 年华东和中南地区 CO_2 排放量处于较高水平。CO_2 低排放区域为我国西北和东北地区，2023 年排放量仅分别占 11.78% 和 6.88%；2024 年分别占 10.82%和 6.12%。两个地区的经济发展相对滞后，4C 级的支线机场占比 70%，因此污染的程度也随之减轻。由此可知，区域航空碳排放主要受经济规模、人口密度和航空基础设施水平等要素驱动。

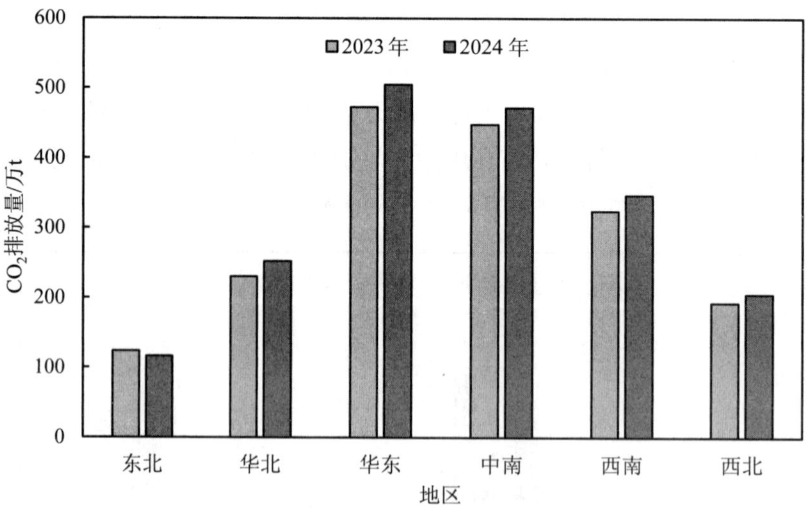

图 3-3 2023 年及 2024 年我国六大地区 CO_2 排放量分布

民用机场大气污染物排放的空间分布特征表现出明显的区域差异。本研究选取了 2023—2024 年民用航空机场放量较大的污染物（CO 和 NO_x）开展研究，这些排放倾向于集中在我国的东部、中部和南部地区，东北和西部地区的污染物排放量相对较低。这一规律在 CHAP 数据集污染物浓度分布中也很明显。机场排放高值区与 CHAP 数据集污染物浓度高值区重合。通常高排放地区人口密集，经济总量大，航空运输基础设施发达，机场众多，飞行活动频繁，航空排放负担较重，而东北、新疆等地超过 70%的机场被列为 4C 级支线机场，起降量少，排放量减少。此外，研究表明，鉴于机场和航线的密集集中，民航对我国东部和中部地区的影响最大。

3.3.5　经验模型

本研究建立了一个经验模型，以验证 CHAP 污染物浓度数据集与本清单污染物 NO_x 排放量之间的关系。如图 3-4 所示，NO_x 呈现较好的相关性。相较 2023 年的相关性 R=0.46，2024 年相关性 R=0.50 有略微升高，这种相关性的升高可能是由于机场起降架次升高，从而污染物排放量升高。伯鑫等（2017）建立了 2012 年北京首都机场的排放清单并进行模拟从机场到周围环境的空气污染情况。根据污染物扩散的模拟结果，机场的 NO_x 排放对机场周围环境产生了显著影响。因此，NO_2 浓度的波动在 CHAP 数据集中与 NO_x 排放量密切相关。

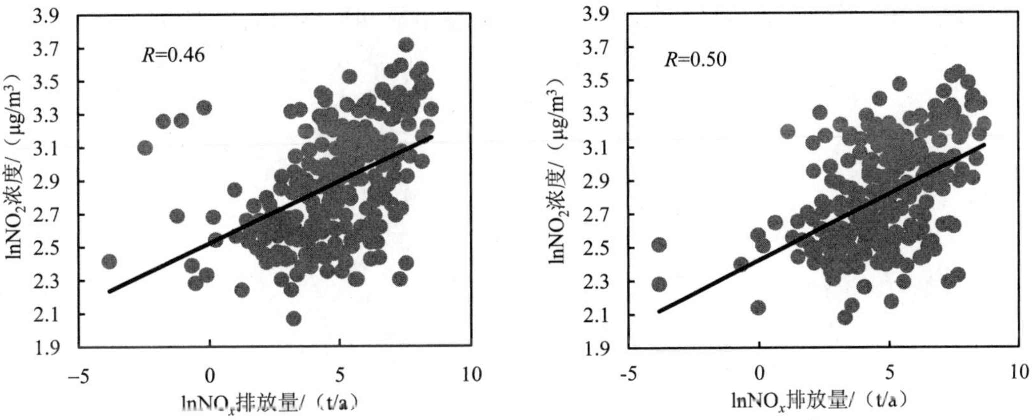

（a）2023 年　　（b）2024 年

图 3-4　CHAP 数据集中的 NO_2 浓度与空气污染排放清单中的 NO_x 排放构建经验模型

3.3.6　不确定性分析

（1）民用航空的排放估算依赖于国际民用航空组织（ICAO）发动机数据库推荐的发动机排放因子，受到发动机排放、飞机发动机类型、实际操作条件和环境因素影响的操作参数可能与现实情况偏离。

（2）用于确定各种飞机类型航空燃料消耗的发动机加权方法，可能无法准确反映每架飞机的实际起降比。

3.4 结 论

（1）2024 年我国民航机场 LTO 循环 NO_x、CO、HC、SO_2、PM 和 CO_2 排放量分别为 13.53×10^4 t、10.70×10^4 t、0.89×10^4 t、0.39×10^4 t、0.10×10^4 t 和 $1\,871.89\times10^4$ t。与 2023 年相比，2024 年我国民航飞机 LTO 循环大气污染物及碳排放总量增加了 5.91%。机场排放量在一定程度上与经济发展水平有关联。随着新冠疫情管控的放开，我国经济形势回暖，机场排放有一定程度上升。

（2）2023 年及 2024 年我国各区域机场 CO_2 排放量呈现显著的空间异质性特征。区域经济结构、人口集聚效应及地理区位要素构成关键驱动因素：东部经济带依托其高度城市化进程、密集的航空运输网络及活跃的产业经济活动，其机场碳排放强度呈现显著高值特征；西部地区受制于地理屏障阻隔、区域经济发展梯度差异及人口分布稀疏等复合因素，机场碳排放强度相对处于低位状态。

（3）通过 CHAP 数据集对本团队建立排放清单进行验证，评估了民航污染物排放清单的准确性和全面性，为航空业的环境管理提供更可靠和准确的数据支持。

第 4 章
我国独立焦化行业融合排放清单研究

4.1 引　言

4.1.1 研究背景

4.1.1.1 我国独立焦化行业发展现状

焦化行业在钢铁、化工等行业的发展推动下实现了迅速发展。我国是世界上最大的焦炭生产国和焦炭出口国。2021 年、2020 年和 2019 年，我国分别生产焦炭 46 446 万 t、47 116 万 t 和 47 126 万 t，出口焦炭 644.93 万 t、348.91 万 t 和 652.51 万 t。焦炭是煤炭产业链中的关键角色，是连接上游煤炭和下游煤化工产品的桥梁。它作为还原剂，广泛应用于高炉炼铁和有色金属冶炼过程，同时在合成化学和电石生产等领域也发挥着重要作用。焦炭产业链的下游需求中，钢铁行业应用最多，约 85%的焦炭产品供钢铁行业消耗。基于国家统计局数据，2001—2022 年我国焦炭产量呈现先上升、后波动的趋势（见图 4-1）。2001—2013 年，焦炭产量从 1.31 亿 t 迅速上涨到 4.81 亿 t，随后焦炭产量出现负增长，产量出现波动，至 2022 年，焦炭产量为 4.73 亿 t。焦化行业可分为钢铁联合焦化行业与独立焦化行业，钢铁联合焦化行业主要包括附属在钢铁企业下的焦化企业，为钢铁企业提供作为原材料之一的焦炭；独立焦化行业包括除钢铁联合焦化企业外的所有焦化企业。2020 年，独立焦化企业占整个焦化行业的 65%，且大部分为民营企业。独立焦化行业在 20 年的时间里从小机焦更新换代到大型机械化炼焦，在炼焦规模、产品产能、工业设备方面有了较大的提升。总体来说，独立焦化行业已经发展到一个较大的规模，但企业仍存在布局集中度较低、减排效率低、大容积焦炉占比低以及产能过剩的问题。

4.1.1.2 独立焦化行业的环境影响及污染控制

独立焦化行业迅速发展的同时，行业的高能耗、高污染问题也持续引发关注，企业在炼焦过程中产生大量的大气污染物与 CO_2，其排放确实会导致雾霾天气和酸雨等，大气环境退化；焦炉中产生的多环芳烃具有剧毒和致癌性，引起人类健康问题；排放的挥发性有机物（VOCs），长期处在该环境下对呼吸道与肺部有着显著的影响。

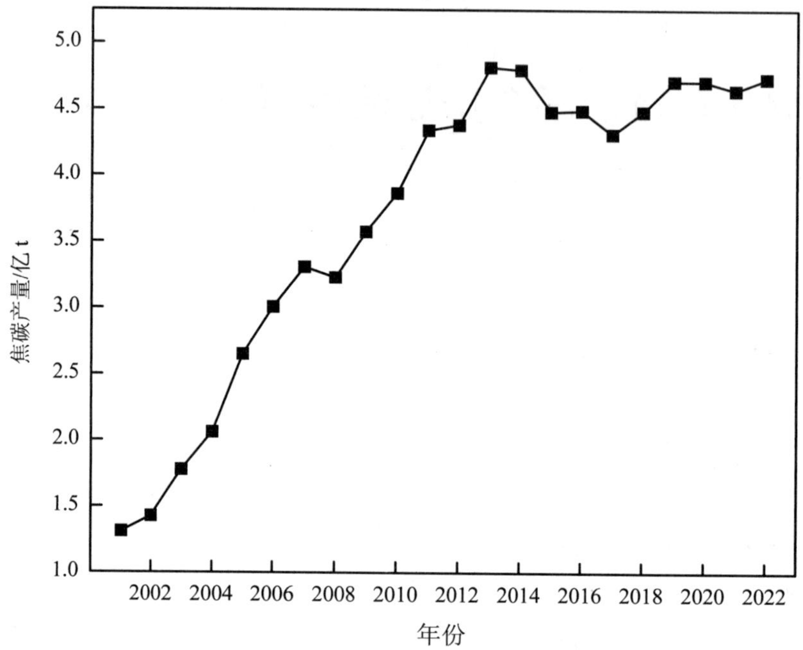

图 4-1　2001—2022 年我国焦炭产量

因此，我国相关部门实施了一系列的综合措施降低炼焦设施的能源需求并控制排放，从而有效控制各种大气污染物与 CO_2 的排放。例如，1996 年通过的《中华人民共和国煤炭法》规定，炼焦设施必须升级锅炉系统、提高能源利用率；同年生态环境部发布的《炼焦炉大气污染物排放标准》（GB 16171—1996），规定了焦化行业各排放环节排放污染物的浓度限值；2003 年，国家环境保护总局发布了《清洁生产标准　炼焦行业》（HJ/T 126—2003），确定了生产工艺、装备要求及污染物产生指标（吨焦污染物产生量）；2012 年，环境保护部修订了焦化行业排放标准（GB 16171—2012），加强了对各环节污染物排放的控制力度；2014 年，工业和信息化部发布《焦化行业准入条件（2014 年修订）》，对焦化企业的生产工艺、生产布局、加工设备等提出限制，要求焦化企业规范污染物排放，并要求焦炉烟囱按照规定配备与环境保护部门相连的连续污染物排放监测系统（CEMS）；河北省与河南省针对当地的焦化企业污染排放情况分别在 2018 年与 2020 年发布了地方炼焦污染物排放标准，较国家标准更为严格；2022 年，中国炼焦行业协会官网发布了《焦化行业碳达峰碳中和行动方案》，制定了行业碳达峰及碳中和目标，提供碳减排路径；2024 年，生态环境部印发了《关于推进实施焦化行业超低排放的意见》（以下简称《意见》），继钢铁与火电行业之后，焦化行业也即将开展超低排放改造。

4.1.2　国内外研究现状

4.1.2.1　焦化行业大气污染物排放核算及因子研究现状

了解独立焦化行业的空间分布和排放特征非常重要，然而很少有研究全国范围内我国独立焦化行业的排放情况。Wang 等（2018）第一个使用自下而上的排放系数法来估算 2015 年我国焦化行业各种污染物的排放量，并预测了 2020 年我国焦炭产量，分析了典型污染物的减排潜力。Tian 等（2011）通过文献调研获得 2007 年的焦炭产量与 SO_2 排放量，并在焦化技术进步、工艺改进和产业结构调整基础上分析了未来焦化 SO_2 排放的减排潜力。Mu 等（2021）调查碳质气溶胶的来源时，考虑了不同排放途径的 EC/OC 比率以及焦炭生产的碳同位素特征，估算了我国 2017 年焦炭生产的 EC 和 OC 排放总量分别为 0.39 万 t 和 0.57 万 t。Cheng 等（2010）对几个典型工厂进行了现场测量，制定了一套针对各个排放单元的 VOCs 排放标准，并计算了 2015—2019 年焦炭产量从 4.11 亿 t 增加到 4.18 亿 t，但我国焦化行业的 VOCs 排放量从每年 62.35 万 t 略有下降到 57.82 万 t，且仍有 33.69 万 t 的减排潜力。李宏艳等（2023）基于各地级市的焦炭产量，采用排放因子法计算了我国 2020 年焦化行业大气污染物排放信息，通过收集焦化区的空气质量检测数据分析其对空气质量的影响。然而，这些研究中因子数据库来源单一，有较大的局限性。在研究空气污染物的排放特征时，部分焦化厂被认为是钢铁行业的附属工厂进行研究，这意味着此类研究无法覆盖独立焦化行业。

对于独立焦化行业各大气污染物排放因子的研究，美国的 AP-42 因子库中提供了炼焦过程中排放各污染物的排放因子，包括 SO_2、CO、NO_x、VOCs 以及重金属等。欧洲的 EMEP/EEA 也提供了相关排放因子。我国发布的《工业污染物产生和排放系数手册》，包含了炼焦过程的部分排放因子。2018 年，《城市大气污染物排放清单编制技术手册》也提供了关于土法炼焦与机械炼焦过程中各污染物（CO、NO_x、SO_2、NH_3、VOCs、$PM_{2.5}$、PM_{10}、BC、OC）的排放因子。2016 年，伯鑫等（2016）利用 AERMOD 模型，在获取焦化企业的焦炭产量与周围空气质量监测数据后反演得到 B[*a*]P 的排放因子为 14.71 mg/t 焦炭。2020 年，Mu 等（2021）测量了山西典型焦化厂的 OC 和 EC 排放因子，发现焦炭生产工艺条件影响 OC 和 EC 的排放，测得 OC 和 EC 的无组织排放因子分别为 7.43 g/t 和 9.54 g/t。2020 年，Li 等（2021）同样对山西省两个典型焦化厂的 VOCs 进行分析，测得非回收焦化厂和机械焦化厂的烟道气 VOCs 排放因子分别为 96 g/Mg 焦和 0.4 g/Mg 焦，有着明显的差异。2023 年，Mu 等（2023）对山西四家焦化厂排放中的 VOCs 进行了表征，发现装煤环节的 VOCs 排放因子最高，预计 2019—2021 年我国焦化厂 VOCs 年均排放量为 3.29 万 t。

4.1.2.2 CO_2排放核算及其与大气污染物的协同减排研究

目前，工业部门是我国 CO_2 排放与大气污染物（硫化物、氮氧化物、颗粒物等）排放的主要来源，主要的能源消费为煤炭（占比 57%），这使得工业部门的大气污染物与 CO_2 排放具有同源性。推动工业污染物与碳的协同减排对于改善我国大气环境质量、实现 CO_2 达峰目标具有重要意义。独立焦化行业作为工业部门的重要部分，每年消耗大量燃料、产生大量污染物。2022 年，中国炼焦行业协会官网发布了《焦化行业碳达峰碳中和行动方案》，制定了独立焦化行业碳达峰及碳中和目标，提供碳减排路径；2024 年，生态环境部印发的《意见》也以焦化行业的大气污染物与 CO_2 的协同减排为焦点，独立焦化行业存在大量排放大气污染物与 CO_2 的问题，而政策层面的推动将使得独立焦化行业的大气污染与碳协同减排研究在未来具有良好的前景与重大的意义。

近年来，国内外学者关于大气污染物与 CO_2 协同减排进行大量深入的研究。焦化行业 CO_2 排放核算方面，Ge 等（2016）通过对我国 10 家代表性焦化企业进行碳排放强度分析，结果显示，10 家焦化企业的碳排放强度分别为 128～904 kg CO_2/t 焦，而大多数焦化企业的碳排放强度为 150～300 kg CO_2/t 焦。

4.1.3 研究目的、意义和内容

4.1.3.1 研究目的和意义

我国独立焦化行业目前仍存在产业集中度较低、布局分散，焦炭产能过剩的问题，高消耗高排放也是独立焦化行业不能忽视的特点。随着 2024 年对于焦化企业超低排放的推进，焦化也成为第三个即将实施超低排放的行业。因此，本研究旨在构建独立焦化行业典型大气污染物排放模型，并深入研究典型大气污染物与 CO_2 的协同减排效应。获取不同时间、不同区域的行业典型大气污染物排放信息，分析其在时间、空间及各排放环节的排放特征；研究独立焦化行业典型大气污染物与 CO_2 的协同减排效应。

4.1.3.2 研究内容和技术路线

（1）构建我国独立焦化行业典型大气污染物排放模型。基于对 2012 年、2015 年、2018 年、2020 年我国独立焦化行业的焦炭生产数据的充分调研，建立了典型大气污染物排放因子数据库，构建了我国独立焦化行业典型大气污染物排放模型。研究对象为独立焦化企业中备煤、装煤、推焦、焦炉烟囱和熄焦 5 个主要排放环节。活动水平数据来源于环境统计数据、国家统计数据中的焦炭产量数据以及排污许可执行报告（年报）、企业官网和文献调研等；各污染物与 CO_2 排放因子数据则通过行业排放标准、CEMS 数据、IPCC 国家 CO_2 清单指南清单编制手册，以及已有相关文献综合计算、比较而来。

（2）针对独立焦化行业大气污染物和 CO_2 排放的 3 种可能情景开展评估，并对大气污染物与 CO_2 减排的协同效应进行预测分析。

4.2 排放模型构建与研究方法

4.2.1 独立焦化行业排放模型构建

4.2.1.1 独立焦化行业典型大气污染物排放核算方法

在本研究中，通过深入全面的调研，获取了 2012 年、2015 年、2018 年和 2020 年独立焦化行业企业级生产数据。这些数据涵盖了独立焦化企业的企业名称、地理坐标、焦炉规模、焦炭产量等信息，为掌握我国独立焦化行业的发展情况提供数据基础。此外，我们还针对独立焦化行业在不同时期的典型污染物排放浓度水平进行了系统性调查研究，构建了独立焦化行业典型污染物排放因子数据库。该因子数据库包含了独立焦化企业在不同时期、各排放环节的 SO_2、NO_x、PM_{10}、$PM_{2.5}$ 排放因子。采用了基于单位级自下而上的排放因子法，通过使用活动水平乘以相关排放因子来分别计算我国独立焦化企业各排放环节的 SO_2、NO_x、PM_{10}、$PM_{2.5}$ 排放量，经汇总可得出市级、省级及国家级的排放量，公式如下：

$$E_{\mathrm{p,s,y,l}} = A_{\mathrm{s,y}}\mathrm{EF}_{\mathrm{p,s,l}} \tag{4-1}$$

式中，p 为排放污染物种类；s 为独立焦化的排放源；y 为年份；l 为独立焦化企业所在的省份；E 为独立焦化生产产生的空气污染物排放，g；A 为活动水平，定义为焦炭产量，kg；EF 为反映各排放环节各污染物的排放系数，g/kg。

4.2.1.2 对于其他污染物与 CO_2 的核算

本章基于文献调研等方法对独立焦化企业建立排放模型，根据所调研企业的实际生产与排放信息，建立独立焦化行业 CO、BC、OC、VOCs 和 CO_2 的排放因子，拓展完善“排放因子库”。我国独立焦化行业其他污染物与 CO_2 排放的计算采用基于生产的方法，根据企业的生产水平和默认的 IPCC 排放因子计算，公式如下：

$$E_{\mathrm{x,y}} = A_{\mathrm{y}}\mathrm{EF}_{\mathrm{x}} \tag{4-2}$$

式中，E 为焦炭生产中其他大气污染物与 CO_2 排放量，t；A_y 为企业在 y 年生产的焦炭数量，t；EF_x 为其他污染物及 CO_2 的排放系数，kg/t 焦。

4.2.2 独立焦化企业的生产数据调研

本研究中我国独立焦化行业活动的最新数据来自生态环境部的设施级调查数据（未公布数据）。

企业位置信息来自环境统计数据与企业自行监测平台，结合了 Google Earth 上的高分辨率遥感影像，选定时间为 2020 年及以前，采用图像解析分析方法，校准了独立焦化企业尤其是焦炉的具体位置。

4.2.3　独立焦化行业排放因子数据库建立

4.2.3.1　典型大气污染物排放因子

大气污染物排放因子数据结合 CEMS 数据、焦化行业排放标准、清单编制手册及已有相关文献综合计算、比较而来。为提高清单的准确性，在大气污染物排放标准和监测技术更新的情况下，在不同时期采用不同的排放因子。

2001—2011 年，在企业未安装 CEMS 设备的情况下，采用 1996 年新企业实施标准《炼焦炉大气污染物排放标准》（GB 16171—1996）的浓度值结合理论烟气量选取浓度值，计算我国独立焦化行业 SO_2、NO_x、PM_{10} 的排放因子，如式（4-3）所示。2012 年，环境保护部修订了焦化行业排放标准，在本团队前期研究的基础上，独立焦化企业按照产量、设备规模和污染控制技术进行了分级。

$$\mathrm{EF}_{\mathrm{p,s}} = C_{\mathrm{p,s}} V_{\mathrm{p,s}} \tag{4-3}$$

式中，C 为焦化生产排放的单位浓度，$\mathrm{mg/m^3}$；V 为理论烟气排放量，以烟气体积表示单位产量烟气，$\mathrm{m^3/t}$。

质控后的 CEMS 数据，结合独立焦化行业各排放环节的理论烟气量，计算各 CEMS 的烟囱排口年排放因子，采用算术平均值计算各省排放因子。在本研究中，对于 CEMS 数据缺失的省份使用全国平均值代替。计算公式：

$$C_{\mathrm{A,p,s,j}} = \sum_{h} C_{\mathrm{p,s,j,h}} \Big/ \sum_{j} \mathrm{OPh}_{j} \tag{4-4}$$

$$\mathrm{EF}_{\mathrm{p,s,j}} = C_{\mathrm{A,p,s,j}} V_{\mathrm{s,j}} \tag{4-5}$$

$$\mathrm{EF}_{\mathrm{p,s,l}} = \sum_{j} \mathrm{EF}_{\mathrm{p,s,j}} \Big/ N_{\mathrm{p,s,l}} \tag{4-6}$$

式中，EF 为排放因子，g/kg；C_A 为排放浓度的统计平均值，$\mathrm{mg/m^3}$；V 为理论烟气量，$\mathrm{m^3/t}$ 产品；OPh 为监测小时数；N 为样本数；j 为不同的排口；h 为时间。

4.2.3.2　CO_2 排放因子

CO_2 排放因子的计算方法包括联合国政府间气候变化专门委员会（IPCC）提出的国家温室气体清单方法，以及各国颁布的具体温室气体核算指南。本研究采用 IPCC 提供的排放因子来估算焦化生产过程的 CO_2 排放量。根据《2019 年 IPCC 国家温室气体清单指南细化》计算，我国独立焦化行业 CO_2 排放因子为 510 kg CO_2/t 产品。

4.3　独立焦化行业典型大气污染物排放模型构建

4.3.1　独立焦化行业典型大气污染物排放模型

针对目前独立焦化企业布局集中度较低、减排效率低下、产能过剩以及难以管理的问题，本研究基于充分的生产过程调研获取了我国独立焦化行业 2012 年、2015 年、2018 年和 2020 年的焦炭生产数据，建立了典型大气污染物排放因子数据库，构建了我国独立焦化行业典型大气污染物排放模型。采用该模型可快速获取我国不同时间、不同区域独立焦化行业典型大气污染物的排放信息，从而为独立焦化行业典型大气污染物排放特征研究提供数据支撑。该模型还可引入行业其他污染物或 CO_2 排放因子，扩充排放因子库，从而获得其他大气污染物排放信息，对实现行业碳达峰与减污降碳、协同控制目标有重要的意义。

4.3.1.1　基于排放标准的 SO_2、NO_x 和 PM_{10} 排放因子对比（2001—2012 年）

2001—2011 年，在企业未安装 CEMS 设备的情况下，采用 1996 年新企业实施标准《炼焦炉大气污染物排放标准》（GB 16171—1996）的浓度值结合理论烟气量，计算独立焦化行业 SO_2、NO_x、PM_{10} 的排放因子。

2012 年，环境保护部修订了焦化行业排放标准，本研究基于之前的研究将独立焦化企业按照产量、设备规模和污染控制技术进行了分级。规模或容量大、治理技术去除效率高的排放源列为一级；规模或容量小、治理技术去除效率低的排放源列为三级；其他排放源分类为二级。排放因子计算结果见表 4-1。

表 4-1　基于焦化行业排放标准的排放因子　　单位：kg/t

<table>
<tr><th rowspan="2">排放环节</th><th rowspan="2">等级</th><th rowspan="2">生产规模/（t/a）</th><th colspan="2">SO_2</th><th colspan="2">NO_x</th><th colspan="2">PM_{10}</th></tr>
<tr><th>2012 年</th><th>1996 年</th><th>2012 年</th><th>1996 年</th><th>2012 年</th><th>1996 年</th></tr>
<tr><td rowspan="3">备煤</td><td>一级</td><td>≥1 000 000</td><td>—</td><td rowspan="3">—</td><td>—</td><td rowspan="3">—</td><td>0.009</td><td rowspan="3">0.179</td></tr>
<tr><td>二级</td><td>600 000～1 000 000</td><td>—</td><td>—</td><td>0.018</td></tr>
<tr><td>三级</td><td><600 000</td><td>—</td><td>—</td><td>0.030</td></tr>
<tr><td rowspan="3">装煤</td><td>一级</td><td>≥1 000 000</td><td>0.039</td><td rowspan="3">0.263</td><td>—</td><td rowspan="3">—</td><td>0.017</td><td rowspan="3">0.158</td></tr>
<tr><td>二级</td><td>600 000～1 000 000</td><td>0.052</td><td>—</td><td>0.026</td></tr>
<tr><td>三级</td><td><600 000</td><td>0.079</td><td>—</td><td>0.053</td></tr>
<tr><td rowspan="3">推焦</td><td>一级</td><td>≥1 000 000</td><td>0.050</td><td rowspan="3">0.812</td><td>—</td><td rowspan="3">—</td><td>0.050</td><td rowspan="3">0.487</td></tr>
<tr><td>二级</td><td>600 000～1 000 000</td><td>0.081</td><td>—</td><td>0.081</td></tr>
<tr><td>三级</td><td><600 000</td><td>0.162</td><td>—</td><td>0.162</td></tr>
</table>

<table>
<tr><th rowspan="2">排放环节</th><th rowspan="2">等级</th><th rowspan="2">生产规模/（t/a）</th><th colspan="2">SO_2</th><th colspan="2">NO_x</th><th colspan="2">PM_{10}</th></tr>
<tr><th>2012 年</th><th>1996 年</th><th>2012 年</th><th>1996 年</th><th>2012 年</th><th>1996 年</th></tr>
<tr><td rowspan="3">焦炉烟囱</td><td>一级</td><td>≥1 000 000</td><td>0.294</td><td rowspan="3">1.549</td><td>0.736</td><td rowspan="3">0.774</td><td>0.022</td><td rowspan="3">0.465</td></tr>
<tr><td>二级</td><td>600 000～1 000 000</td><td>1.549</td><td>0.774</td><td>0.023</td></tr>
<tr><td>三级</td><td><600 000</td><td>1.549</td><td>0.774</td><td>0.023</td></tr>
<tr><td rowspan="3">熄焦</td><td>一级</td><td>≥1 000 000</td><td>0.093</td><td rowspan="3">0.464</td><td>—</td><td rowspan="3">—</td><td>0.046</td><td rowspan="3">0.278</td></tr>
<tr><td>二级</td><td>600 000～1 000 000</td><td>0.093</td><td>—</td><td>0.046</td></tr>
<tr><td>三级</td><td><600 000</td><td>0.093</td><td>—</td><td>0.046</td></tr>
</table>

4.3.1.2　基于 CEMS 的 SO_2、NO_x 和 PM_{10} 排放因子对比（2013—2020 年）

2013—2016 年，由于焦化准入条件的落实，部分企业安装了在线监测系统（CEMS）。因此，该期间焦炉烟囱环节 SO_2、NO_x 和 PM_{10} 排放因子采用生态环境执法局 2015 年 CEMS 浓度数据结合排口的理论烟气量计算得出。2017—2020 年，随着《排污许可证申请与核发技术规范　炼焦化学工业》（HJ 854—2017）的发布，制定了企业排放限值，并更新了 CEMS 数据至 2018 年。基于 2018 年我国焦化过程焦炉烟囱环节的 CEMS 浓度数据，计算了各省焦化行业焦炉烟囱的 PM_{10}、SO_2 和 NO_x 排放因子。CEMS 数据覆盖 34 家焦化企业 71 个排口。基于 2015 年与 2018 年 CEMS 数据的焦炉烟囱排放因子数据见表 4-2。此外，通过之前的研究，由于各排放环节的理论烟气量更新，2013—2020 年其他排放环节 SO_2、NO_x 和 PM_{10} 的排放因子见表 4-3。

表 4-2　基于 2015 年与 2018 年 CEMS 数据的焦炉烟囱排放因子　　单位：kg/t

省（区、市）	2015 年			2018 年		
	PM_{10}	SO_2	NO_x	PM_{10}	SO_2	NO_x
安徽省	0.034	0.134	0.596	0.018	0.036	0.319
福建省	0.034	0.134	0.596	0.018	0.036	0.319
甘肃省	0.029	0.045	0.596	0.012	0.055	0.027
广东省	0.034	0.134	0.596	0.004	0.014	0.162
广西壮族自治区	0.034	0.134	0.596	0.011	0.072	0.404
贵州省	0.034	0.134	0.596	0.018	0.036	0.319
河北省	0.031	0.067	0.632	0.012	0.021	0.225
河南省	0.031	0.104	0.681	0.014	0.009	0.14
黑龙江省	0.034	0.134	0.596	0.018	0.036	0.319
湖北省	0.034	0.134	0.596	0.018	0.036	0.319
湖南省	0.034	0.134	0.596	0.009	0.015	0.025
吉林省	0.034	0.134	0.596	0.023	0.029	0.479

省（区、市）	2015 年			2018 年		
	PM_{10}	SO_2	NO_x	PM_{10}	SO_2	NO_x
江苏省	0.034	0.134	0.596	0.014	0.028	0.328
江西省	0.047	0.352	0.589	0.016	0.043	0.318
辽宁省	0.034	0.134	0.596	0.027	0.033	0.335
内蒙古自治区	0.028	0.061	0.628	0.022	0.048	0.518
宁夏回族自治区	0.034	0.134	0.596	0.018	0.036	0.319
青海省	0.034	0.134	0.596	0.018	0.036	0.319
山东省	0.034	0.134	0.596	0.02	0.041	0.445
山西省	0.034	0.11	0.501	0.02	0.042	0.295
陕西省	0.034	0.134	0.596	0.018	0.036	0.319
上海市	0.034	0.134	0.596	0.018	0.036	0.319
四川省	0.034	0.134	0.596	0.036	0.079	0.355
天津市	0.034	0.134	0.596	0.018	0.036	0.319
新疆维吾尔自治区	0.034	0.134	0.596	0.026	0.077	0.724
云南省	0.034	0.134	0.596	0.018	0.036	0.319
浙江省	0.034	0.134	0.596	0.019	0.044	0.515
重庆市	0.043	0.296	0.565	0.018	0.036	0.319
全国	0.034	0.134	0.596	0.018	0.036	0.319

表 4-3　基于排放标准的排放因子　　单位：kg/t

排放环节	PM_{10}	SO_2	NO_x
备煤	0.020	—	—
装煤	0.018	0.036	—
推焦	0.035	0.035	—
熄焦	0.038	0.075	—

通过对比 2001 年、2012 年、2015 年与 2018 年各排放环节的排放因子，PM_{10}、SO_2、NO_x 的排放因子随着时间的推移在减小，这表明在排放标准的严格化与自动监测设备的普及能有效降低我国独立焦化行业的大气污染物排放水平。其中，1996—2012 年，备煤、装煤、推焦、焦炉烟囱、熄焦各排放环节的 PM_{10} 排放因子分别降低了 83.33%、67%、67%、95%、83%；装煤、推焦、焦炉烟囱、熄焦各排放环节的 SO_2 排放因子分别降低了 70%、80%、60%、80%。环境保护部对炼焦行业排放标准的修订，有效增强了对独立焦化企业各环节排放的控制。2012—2015 年，在焦化准入条件的落实、部分企业在焦炉烟囱排口安装了在线监测系统后，焦炉烟囱因子由实测数据更新，SO_2、NO_x 的排放因子分别降低

了 91.34%、23.00%。由此可见，2012—2015 年，独立焦化企业减排措施中的脱硫技术有了较大的提升，对于 NO_x 排放的控制也有所加强。2015—2018 年，焦炉烟囱排放环节 PM_{10}、SO_2、NO_x 的排放因子分别降低了 47.06%、73.13%、46.48%，三年来对于大气污染物排放的控制有了明显加强。

4.3.1.3 其他大气污染物排放因子

在本研究中，还通过文献调研的方式获得了其他污染物（VOCs、CO、BC、OC）的排放因子，$PM_{2.5}$ 主要通过其在 PM_{10} 中的质量占比来计算（见表 4-4 和表 4-5）。将这些污染物排放因子导入独立焦化行业典型污染物排放模型的排放因子数据库中可获得相关污染物的排放信息。

表 4-4 各排放环节中 $PM_{2.5}$ 在 PM_{10} 中占比 单位：%

排放环节	熄焦	备煤	装煤与推焦	焦炉烟囱
排放因子	2.96	1.6	30	35

表 4-5 其他污染物的排放因子（BC、OC 为在 $PM_{2.5}$ 中的占比）

污染物	VOCs/（kg/t）	CO/（kg/t）	BC/%	OC/%
排放因子	2.96	1.6	30	35

4.3.2 独立焦化行业典型大气污染物排放特征分析

4.3.2.1 空间分布特征（2012 年、2015 年、2018 年、2020 年）

2012 年我国独立焦化行业排放信息内包含 614 家独立焦化企业，PM_{10}、SO_2、NO_x、$PM_{2.5}$ 分别排放了 5.81 万 t、35.90 万 t、19.37 万 t、2.24 万 t。2012 年，SO_2、NO_x、PM_{10} 排放位列前三的省份分别是山西省、河北省、山东省，这与三省的焦炭产量排名相同。山西省各大气污染物排放总量占比最高，平均达 33.05%，这与其焦炭产量占比大（占全国焦炭总产量的 31.14%）有关。另外，吕梁市和临汾市是山西省的主要焦炭生产地与污染物排放源，焦炭产量占山西省焦炭总产量的 40.79%，值得注意的是，虽然临汾市的焦炭产量略大于吕梁市（24.06 万 t），且临汾市的 NO_x 和 PM_{10} 排放全省最高，但是吕梁的 SO_2 排放略高于临汾，这可能与吕梁市中小独立焦化企业更多，对污染物排放的控制更难有关；河北省独立焦化行业的污染物排放主要来源于唐山市和邯郸市，其焦炭产量占河北省焦炭总产量的 73.46%，污染物排放占比 73.52%；山东省独立焦化行业的污染物排放主要来源于临沂市与淄博市，焦炭产量占山东省焦炭总产量的 36.52%，污染物排放占比 38.83%。结果显示，应重点关注山西省、河北省、山东省等焦炭产能分布密集、重点排放的区域，优化产业布局、淘汰落后产能，可有效降低大气污染物排放。

2015 年，我国独立焦化行业排放信息内包含 482 家独立焦化企业，PM_{10}、SO_2、NO_x、$PM_{2.5}$分别排放了 3.90 万 t、6.93 万 t、15.80 万 t、1.27 万 t。2015 年，SO_2、NO_x、$PM_{2.5}$排放位列前三的省份分别是山西省、河北省、山东省，这与三省的焦炭产量排名相同。山西省各大气污染物排放总量占比最高，平均达 33.05%，这与其焦炭产量占比大有关（占全国焦炭总产量的 31.14%）。另外，临汾市和长治市是山西省的主要焦炭生产地与污染物排放源，焦炭产量占山西省焦炭总产量的 40.36%，污染物排放占比 40.36%；唐山市和邯郸市是河北省独立焦化行业的主要焦炭生产地与污染物排放源，其污染物排放占比 68.89%；滨州市与济宁市是山东省的主要焦炭生产地与污染物排放地，污染物排放占比 31.45%。结果显示，经优化产业布局、淘汰落后产能等，降低了行业大气污染物排放。

2018 年，我国独立焦化行业排放信息内包含 219 家独立焦化企业，PM_{10}、SO_2、NO_x、$PM_{2.5}$分别排放了 4.52 万 t、6.38 万 t、11.77 万 t、1.69 万 t。2018 年，我国独立焦化行业焦炭产量和 $PM_{2.5}$、SO_2、NO_x 排放量以山西、陕西、河北、内蒙古、山东等省（区）最大，焦炭总产量以及 $PM_{2.5}$、SO_2、NO_x 总排放量分别占全国的 65.77%、65.40%、65.69%和 66.17%。山西和陕西两省的焦炭产量远高于其他省份，其各种大气污染物的排放量分别位居全国第一和第二位。河北省焦炭产量高于内蒙古，但 $PM_{2.5}$、SO_2、NO_x 排放量较内蒙古分别低 15 t、462 t、9 280 t。这些发现反映了不同省份在相关生产过程和减排技术实施方面的差异。山西省各大气污染物排放总量占比最高，平均达 24.13%，这与其焦炭产量占比大（占全国焦炭总产量的 25.02%）有关。另外，临汾市和晋中市是山西省的主要焦炭生产地与污染物排放源，污染物排放占比 46.45%；韩城市和渭南市是陕西省独立焦化行业的主要焦炭生产地与污染物排放源，其污染物排放占比 83.03%；唐山市和邯郸市是河北省独立焦化行业的主要焦炭生产地与污染物排放源，其污染物排放占比 64.00%；乌海市和阿拉善盟是内蒙古自治区独立焦化行业的主要焦炭生产地与污染物排放源，其污染物排放占比 68.89%；滨州市与枣庄市是山东省的主要焦炭生产地与污染物排放地，污染物排放占比 35.11%。结果显示，经优化产业布局、减排技术更新，有效降低了生产吨焦的大气污染物排放。

2020 年，我国独立焦化行业排放信息内包含 266 家独立焦化企业，PM_{10}、SO_2、NO_x、$PM_{2.5}$分别排放了 3.16 万 t、4.52 万 t、8.80 万 t、1.18 万 t。各省的 $PM_{2.5}$、SO_2 和 NO_x 排放量如图 4-2 所示。结果显示，2020 年我国独立焦化行业焦炭产量和大气污染物排放前五省（区）分别为山西省、陕西省、内蒙古自治区、山东省、新疆维吾尔自治区，焦炭产量占全国焦炭总产量的 64.33%，$PM_{2.5}$、SO_2、NO_x 分别排放占比 65.40%、65.69%、66.17%。由图 4-2 可知，山西省的焦炭产量远高于其他省份，其各种大气污染物的排放量均为全国第一。陕西省、内蒙古自治区、山东省、新疆维吾尔自治区焦炭产量差异不大，4 省（区）

中各大气污染物排放总量占比新疆维吾尔自治区最高、内蒙古自治区次之。该结果反映了不同省份在相关生产过程和减排技术实施方面的差异。山西省各大气污染物排放总量占比最高，平均达 22.59%，这与其焦炭产量占比大（占全国焦炭总产量的 25.51%）有关。另外，临汾市和晋中市是山西省的主要焦炭生产地与污染物排放源，污染物排放占比 43.44%；哈密市和昌吉回族自治州是新疆维吾尔自治区的主要焦炭生产地与污染物排放源，污染物排放占比 52.58%；乌海市和鄂尔多斯市是内蒙古自治区独立焦化行业的主要焦炭生产地与污染物排放源，其污染物排放占比 91.12%；滨州市与枣庄市是山东省的主要焦炭生产地与污染物排放地，污染物排放占比 35.11%；韩城市和渭南市是陕西省独立焦化行业的主要焦炭生产地与污染物排放源，其污染物排放占比 83.03%。结果显示，焦炭产量与产能的降低可有效降低大气污染物的排放。

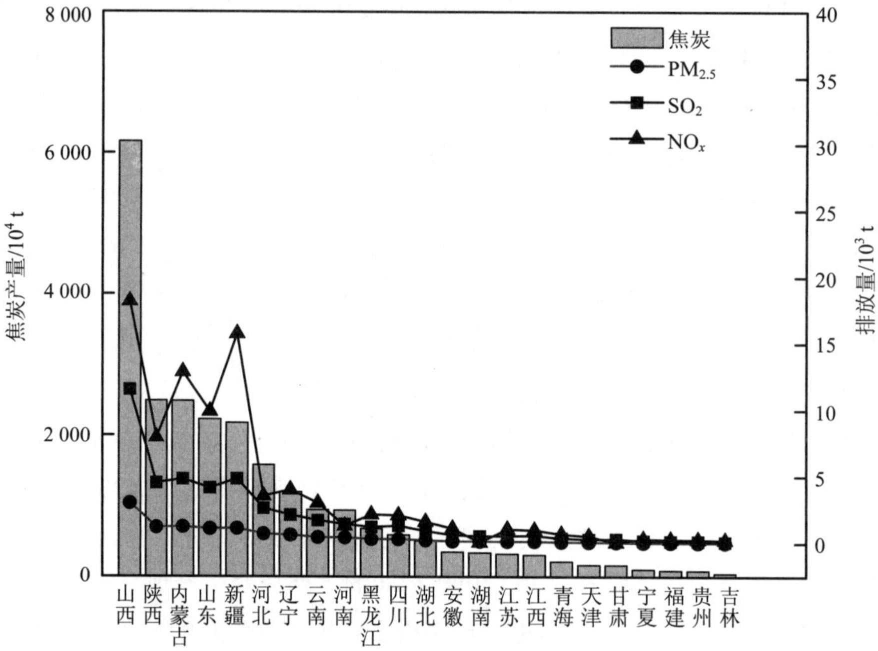

图 4-2　2020 年我国独立焦化行业各省焦炭产量及 SO_2、NO_x、$PM_{2.5}$ 排放量

4.3.2.2　时间分布特征（2001—2020 年）

基于独立焦化行业典型大气污染物排放模型，通过引入其他污染物（BC、OC、CO、VOCs）与 CO_2 排放因子，获得了 2001—2020 年我国独立焦化行业大气污染物（PM_{10}、NO_x、SO_2、$PM_{2.5}$、BC、OC、CO、VOCs）与 CO_2 排放量和焦炭产量的时间分布如图 4-3 所示。结果显示，2001—2020 年，$PM_{2.5}$ 和 PM_{10} 的排放量下降了 74.40%（从 4.62 万 t 到 1.18 万 t）和 73.50%（从 11.93 万 t 到 3.16 万 t），2011 年达到峰值（15.29 万 t 和 39.46 万 t），2020 年达到最低值。BC 和 OC 的排放量与 $PM_{2.5}$ 的排放量有相同的下降率（74.40%），在

2020 年分别达到 0.36 万 t 和 0.41 万 t。NO_x 排放量增加了 49.28%（从 5.89 万 t 到 8.80 万 t），2011 年达到峰值（19.49 万 t）。CO 和 VOCs 排放量总体呈上升趋势，增幅达 217.15%（CO 排放量由 12.18 万 t 增至 38.64 万 t，VOCs 排放量由 22.54 万 t 增至 71.48 万 t）。特别地，VOCs、CO、CO_2 的排放量总体呈上升趋势，PM、SO_2、NO_x、BC、OC 的排放量在 2012 年达到峰值开始下降，这主要归因于 2012 年环境保护部出台焦化行业新排放标准。从以往的研究中发现，政策法规的出台可以在短期内实现工业污染物排放量的大幅减少。值得注意的是，NO_x 排放量 2012 年继续增加，修订的排放标准增加了对于 NO_x 排放的限值，本研究在 2012 年以前的清单沿用该标准，因此更新后的排放标准对 NO_x 的增加趋势没有影响。结果显示了为控制焦化行业空气污染排放而采取的多项措施的影响。对于其他污染物，VOCs、BC、OC、CO 和 CO_2 的排放趋势可主要归因于焦炭产量的明显变化。由于近几十年独立焦化行业的快速发展和对焦炭需求的增长，CO_2 排放量从 3 883.03 万 t（2001 年）增加到 12 315.07 万 t（2020 年）。为实现我国提出的“双碳”目标，独立焦化行业作为我国 CO_2 排放的重要工业来源，应调整能源结构，提高焦炉燃烧效率，增加其实现减污降碳目标的贡献。

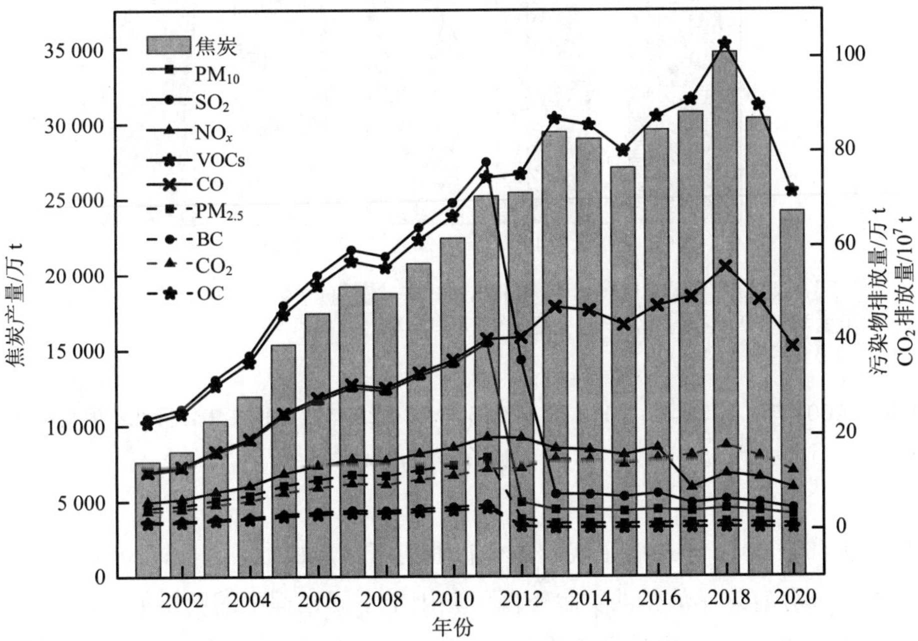

图 4-3　2001—2020 年我国独立焦化行业的年焦炭产量及污染物与 CO_2 的排放量

4.3.2.3　独立焦化行业各环节的排放特征

2001—2020 年，各污染物排放环节的排放量大幅下降。例如，装煤、推煤、焦炉烟囱、熄焦等环节 SO_2 排放量分别下降 37.33%、80.55%、88.88%、25.99%。2001 年、2012 年、2015 年和 2020 年炼焦过程各排放环节 $PM_{2.5}$、SO_2 和 NO_x 排放的相对贡献如图 4-4 所示。结果显示，焦炉烟囱是排放 NO_x 的最重要排放环节。在 $PM_{2.5}$ 排放方面，推焦环节自始至终是排放占比最大的环节。但在 SO_2 排放方面，随着减排技术的更新，排放量贡献最大的环节已经从焦炉烟囱转到熄焦环节。从整个焦化过程来看，推焦是 $PM_{2.5}$ 排放量最大的环节，分别占 2001 年、2012 年、2015 年、2018 年和 2020 年污染物排放总量的 32.86%、48.89%、26.36%、30.30%和 29.26%。同时，在 SO_2 排放方面，焦炉烟囱是该过程的主要排放环节，分别占 2001 年、2012 年、2015 年、2018 年和 2020 年 SO_2 排放总量的 50.16%、81.77%、43.22%、20.54%和 22.23%。

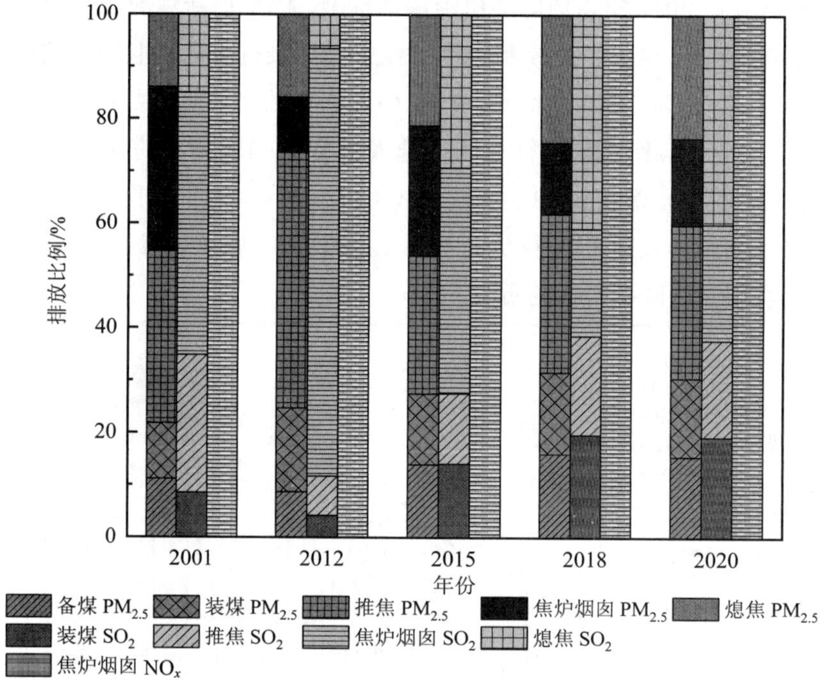

图 4-4　2001 年、2012 年、2015 年、2018 年和 2020 年我国独立焦化行业不同排放环节各污染物排放的贡献

环境保护部于 2012 年颁布了我国焦化行业的新排放标准，因此，2001—2012 年，过程中每个组成部分对总排放量的贡献下降可归因于不同过程中的新排放标准。2015 年后，随着 CEMS 的应用，与总排放量相关的主要贡献变化归因于焦炉烟囱程序排放量的计算更加准确。污染物排放重要排放环节的排放量呈下降趋势，主要得益于排放标准的不断加强和减排技术的实施。

4.3.2.4　模型不确定性分析

本研究采用蒙特卡罗方法对 2012 年、2015 年、2018 年与 2020 年独立焦化行业典型大气污染物排放信息进行不确定性分析。利用蒙特卡罗方法针对各独立焦化企业的活动水平与排放因子随机取值 10 000 次，在 95%置信区间下进行不确定性分析。

结果表明，我国独立焦化行业 PM_{10}、SO_2 和 NO_x 排放总量的不确定性范围 2012 年分别为−34%～35%、−33%～34%和−33%～34%，2015 年分别为−33%～35%、−33%～34%和−34%～34%，2018 年分别为−34%～35%、−33%～35%和−34%～34%，2020 年分别为−33%～35%、−34%～35%和−33%～34%。对比其他焦化行业大气污染物排放量核算研究，本研究的不确定性范围在可接受的范围。

4.4　独立焦化行业大气污染物与 CO_2 协同减排研究

4.4.1　基于政策的减排情景设置

在当前全球环境问题日益严峻的形势下，加强独立焦化行业的减排措施是我国乃至全球关注的重点。我国公布了多项减排计划，并更新了焦化行业的排放标准，推进行业超低排放改造进度。本研究基于独立焦化行业典型大气污染物排放模型，结合相关政策对典型大气污染物排放因子数据库进行了更新，对 2021—2030 年独立焦化行业大气污染物和 CO_2 排放的 3 种可能情景进行了评估。

4.4.1.1　基准情景（Business-As-Usual，BAU）

在此情景下，独立焦化企业的活动水平随着 GDP 的增长而持续提升，假设不考虑各项减排措施的落实，使得我国所有独立焦化企业的排污能力均维持在当前水平(2020 年)。通过采取将过去 14 年独立焦化行业的焦炭产量与我国 GDP 值取对数并进行相关分析，发现两者之间存在良好的线性关系。因此，本研究使用 GDP 值来预测独立焦化企业的焦炭产量（见图 4-5）。

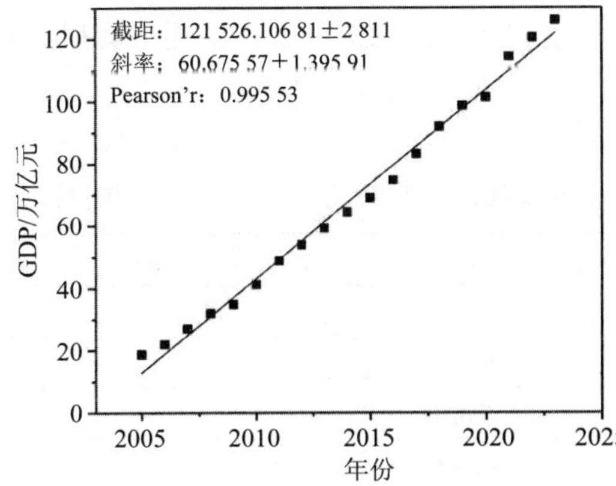

（a）GDP 与年份的关系

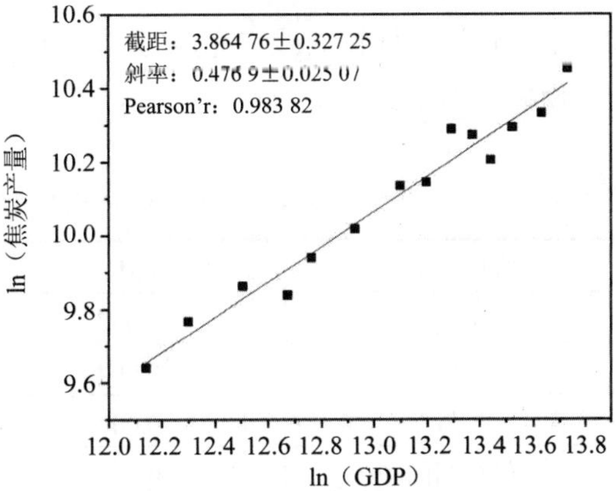

（b）ln（焦炭产量）与 ln（GDP）的相关性

图 4-5　焦炭产量的预测

4.4.1.2 超低排放情景（Ultralow Emissions，ULE）

2024 年 1 月 19 日，生态环境部印发了《意见》，提出在焦化行业的减排上要坚持系统提升，协同增效。在焦化行业超低排放推进的同时，实现行业 CO_2 的协同减排。重点区域省份率先推动独立焦化企业超低排放，已有约 1.3 亿 t 产能基本完成有组织和无组织排放改造。已有多省份在 2020 年开启了焦化行业超低排放改造工作，如山西省、河北省等。假设独立焦化行业从 2021 年开始逐步实施超低排放改造工作，按《意见》中提出的“2025 年完成重点区域 60%产能改造、2028 年完成全国 80%产能改造”目标，本研究假设重点区域为山西省、陕西省、内蒙古自治区、山东省、新疆维吾尔自治区 5 省（区），产能占比 64.33%；其他省为非重点区域，产能占比 35.67%。对完成改造的产能使用《意见》中各环节污染浓度限值计算的排放因子估算排放量，未完成改造的产能使用 2020 年的排放因子进行估算。具体独立焦化行业超低排放改造进度见表 4-6，焦化行业预计 2030 年超低排放改造完成。

表 4-6 独立焦化行业超低排放改造进度　　单位：%

区域	2021 年	2022 年	2023 年	2024 年	2025 年	2026 年	2027 年	2028 年	2029 年	2030 年
重点区域	12.00	24.00	36.00	48.00	60.00	72.00	84.00	96.00	100.00	100.00
非重点区域	0.00	0.00	0.00	10.24	20.47	30.70	40.94	51.17	75.83	100.00
全国	7.72	15.44	23.16	34.53	45.90	57.27	68.64	80.01	91.38	100.00

《焦化行业碳达峰碳中和行动方案》中提到目前核算全国焦化行业 CO_2 排放量为 1.5 亿～1.55 亿 t/a，预计焦化行业 2025 年碳排放达峰，2035 年具备减碳 30%的能力，生态环境部大气环境司关于“积极推进焦化超低排放改造，助力行业绿色低碳高质量发展”的专家解读中提到，超低排放改造完成时预计减排 CO_2 1 000 万 t，考虑焦炭产量逐年增长，综合以上预计超低排放改造完成时 CO_2 因子降低了 21.57%。ULE 指数下焦化的典型大气污染物排放因子见表 4-7。

表 4-7 基于焦化行业超低排放改造意见的排放因子　　单位：kg/t

排放环节	PM_{10}	SO_2	NO_x
备煤	0.007	—	—
装煤	0.004	0.025	—
推焦	0.007	0.021	—
焦炉烟囱	0.015	0.046	0.232
熄焦	0.008	0.038	—

4.4.1.3　焦炭生产达峰情景（Peak Coke Production，PCP）

在之前的分析中，近 10 年来我国的焦炭产量呈现先上升、后波动的趋势，张大鹏（2023）在对 2022 年的焦炭产量以及贸易情况进行分析后认为，我国的焦炭产量已经达到峰值区，未来产量在波动中趋于下降。多名研究人员对焦炭产量波动、环境影响、政策分析多方面的分析中认为，未来独立焦化企业将逐步退出市场，推动钢焦一体化发展。

在此情景中，本研究假设所有我国独立焦化设施将焦炭产量保持在 2018 年的水平（2018 年焦炭产量为 2001—2020 年独立焦化行业清单中最高水平），并且独立焦化行业的超低排放改造被认为与 ULE 情景一致。

4.4.2　减排情景分析

本研究通过对独立焦化行业未来焦炭产量的预测，结合《关于推进实施焦化行业超低排放的意见》《焦化行业碳达峰碳中和行动方案》等政策建立了 3 种情景来估算 2021—2030 年独立焦化行业的空气污染物和 CO_2 排放，排放趋势如图 4-6 所示，减排率趋势如图 4-7 所示。

在 BAU 情景下，2021—2030 年，PM_{10}、$PM_{2.5}$、SO_2、NO_x 和 CO_2 的排放量呈现逐年上升的趋势，这是由于焦炭产量逐年增加，且所有的独立焦化企业不考虑任何的大气污染物与 CO_2 的减排措施，行业的大气污染物与 CO_2 的排放大幅增加。BAU 情景下 2030 年独立焦化行业 PM_{10}、$PM_{2.5}$、SO_2、NO_x 和 CO_2 分别排放了 5.67 万 t、2.12 万 t、7.98 万 t、14.02 万 t 和 10 100.99 万 t。

ULE 情景下独立焦化行业从 2021—2030 年逐步完成了超低排放改造，大气污染物与 CO_2 排放总体呈现下降趋势。颗粒物（PM_{10} 与 $PM_{2.5}$）的排放始终为下降趋势，而 SO_2 和 NO_x 的排放于 2022 年达峰，之后开始逐年下降。这可能是由于前两年的独立焦化行业超低排放改造覆盖到的企业还很少，超低排放改造的减排量还无法达到焦炭产量增加导致的污染物排放增加量；对于颗粒物，则是《意见》中对其的排放限值下调比例比其他污染物更为严格，即使在实现超低排放改造的独立焦化企业数量少的情况下，仍能使颗粒物的总排放呈现下降趋势。CO_2 排放于 2023 年达峰，此后开始缓慢下降，这符合《焦化行业碳达峰碳中和行动方案》中提到的 2025 年底前焦化行业碳排放达峰的目标。2030 年，ULE 情景下行业 PM_{10}、$PM_{2.5}$、SO_2、NO_x 和 CO_2 分别排放了 1.77 万 t、0.68 万 t、5.74 万 t、10.21 万 t 和 17 581.22 万 t。与 BAU 情景同时期进行比较，2030 年各污染物与 CO_2 的减排率最高，PM_{10}、$PM_{2.5}$、SO_2、NO_x 和 CO_2 的减排率分别达到 68.72%、67.81%、28.01%、27.18%和 21.57%，PM 的减排率远高于其他污染物与 CO_2，这得益于《意见》中对 PM 的排放限值的严格标准。从减排情景下 2021—2030 年独立焦化行业各污染物与 CO_2 减排率趋势图中还可以发现，2023—2024 年的减排率开始有了更大的提升，这是由于 2024 年《意见》的印发使得独立焦化行业的超低排放改造效率提升所致。

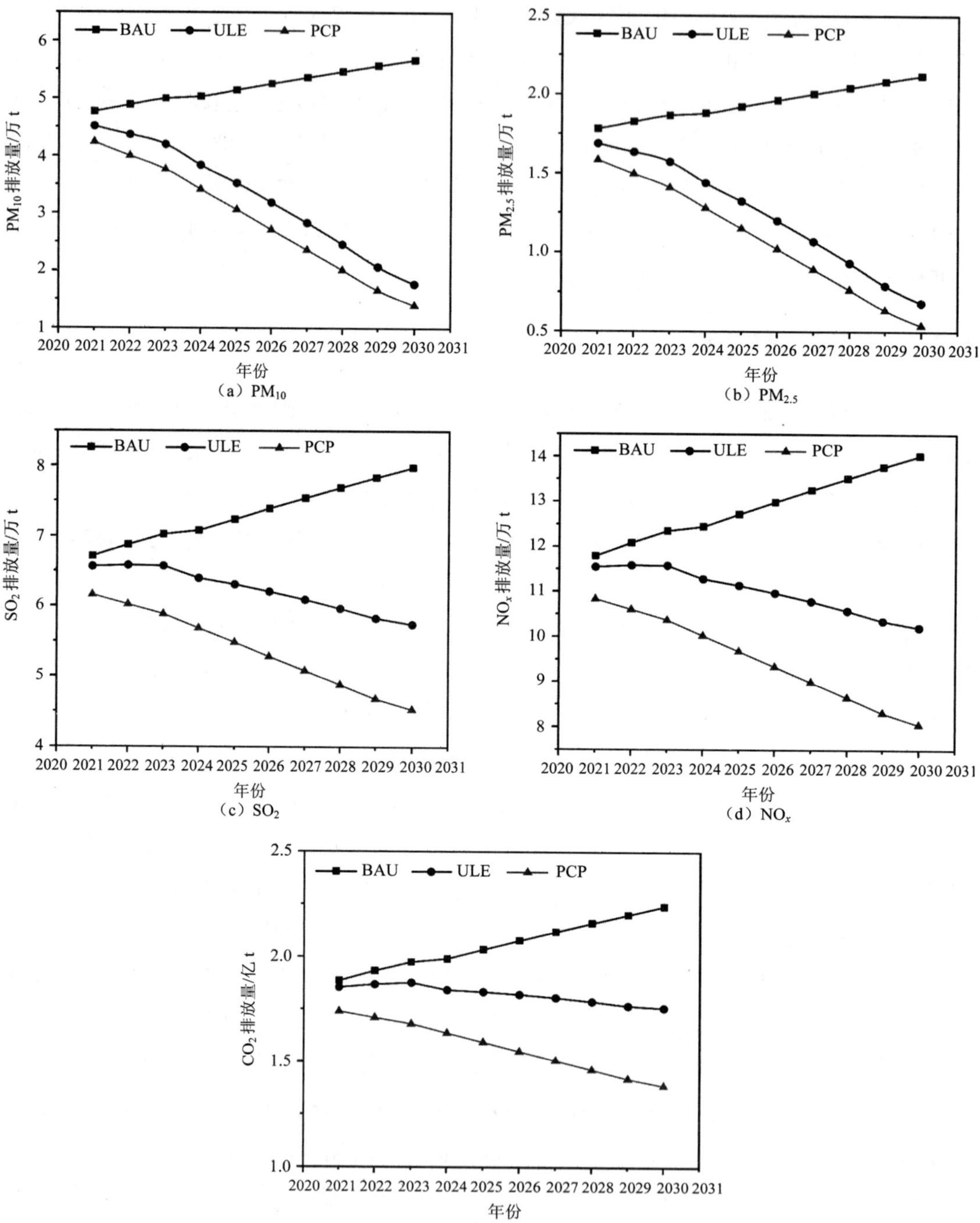

（a）PM_{10}

（b）$PM_{2.5}$

（c）SO_2

（d）NO_x

（e）CO_2

图 4-6 2021—2030 年独立焦化行业各污染物排放趋势

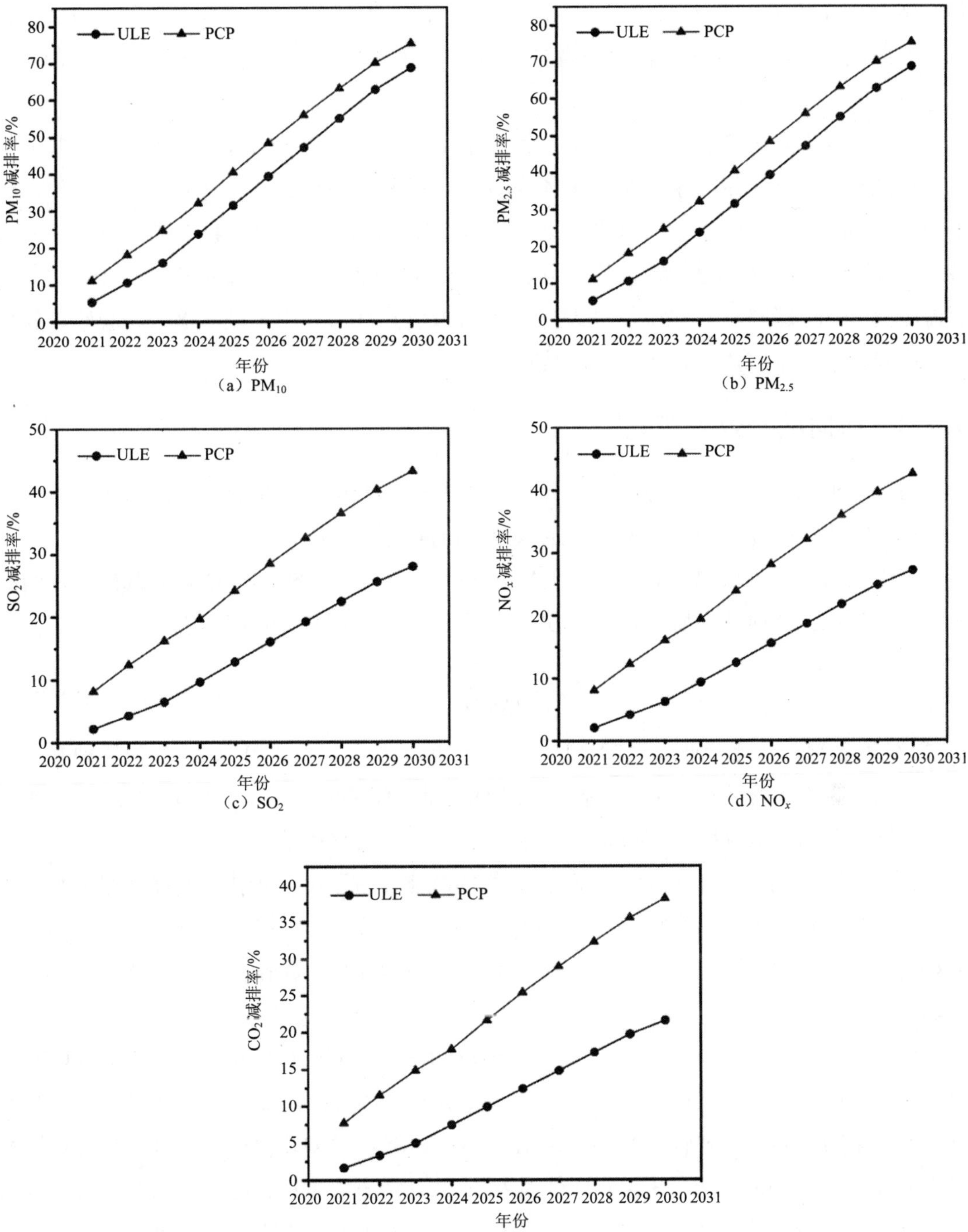

（a）PM_{10}　（b）$PM_{2.5}$　（c）SO_2　（d）NO_x　（e）CO_2

图 4-7　减排情景下 2021—2030 年独立焦化行业各污染物减排率趋势

PCP 情景下，在超低排放改造进程与 ULE 相同的基础上又限制了焦化产能的增长，使各污染物与 CO_2 的排放比 ULE 更低。2030 年，PCP 情景下 PM_{10}、$PM_{2.5}$、SO_2、NO_x

和 CO_2 分别排放了 1.40 万 t、0.54 万 t、4.53 万 t、8.57 万 t 和 13 872.67 万 t。与 BAU 情景同时期进行比较，2030 年各污染物与 CO_2 的减排率最高，PM_{10}、$PM_{2.5}$、SO_2、NO_x 和 CO_2 的减排率分别达到 75.31%、74.60%、43.19%、42.54%和 38.11%。

另外，本研究比较了超低排放改造完成前后（2020 年与 2030 年）的各排放环节大气污染物排放数据。结果显示，对于 PM 的减排，推焦环节排放占比降幅最大（排放占比由 29.26%降为 18.48%），熄焦环节次之（排放占比由 23.62%降为 14.91%）；对于 SO_2 的减排，熄焦环节排放占比降幅最大（排放占比由 40.01%降为 29.08%），推焦环节次之（排放占比由 18.64%降为 16.77%）。可见，针对排放重点环节采用先进的除尘、脱硫、脱硝治理措施，对于独立焦化行业的减排具有重要意义。

4.4.3 协同减排效应研究

通过对独立焦化行业进行情景分析研究，获得大气污染物与 CO_2 之间的协同减排效应。对此本研究构建协同减排系数来定量分析协同减排效应。

采用交叉弹性分析法，对各情景下独立焦化行业大气污染物与 CO_2 的减排量之间的关系进行分析，从而评估协同程度。独立焦化行业协同减排弹性系数的构建如下：

$$C_{a,b}=\frac{\Delta a/a}{\Delta b/b} \tag{4-7}$$

式中，C 表示独立焦化行业大气污染物与 CO_2 之间的协同减排弹性系数；a 代表独立焦化行业大气污染物的排放量，t；b 代表独立焦化行业 CO_2 的排放量，t；$\Delta a/a$ 表示独立焦化行业大气污染物的减排率；$\Delta b/b$ 表示立焦化行业 CO_2 的减排率。

$C\leqslant 0$ 时，表示独立焦化行业一种排放物的减排促进了另一种排放物排放量的增加；$0<C<1$ 时，减排大气污染物时对于 CO_2 的减排更显著；$C=1$ 时，减排大气污染物时促进 CO_2 减排，且大气污染物与 CO_2 减排程度相同；$C>1$ 时，减排大气污染物时促进有限的 CO_2 减排。

针对超低排放情景（ULE）、焦炭生产达峰情景（PCP）下典型大气污染物与 CO_2 之间的协同减排弹性系数进行了研究，结果见表 4-8。结果显示，2021—2030 年 ULE 情景下的各污染物协同减排弹性系数均为定值，PM_{10}、SO_2、NO_x、$PM_{2.5}$ 的协同减排弹性系数分别为 3.19、1.30、1.26、3.14。这是因为在 ULE 情景设置中，超低排放改造对于各污染物与 CO_2 的排放均有不同程度的控制，企业完成超低排放改造后各污染物与 CO_2 排放量同时减少。在独立焦化行业超低排放改造的推进下，对大气污染物的减排程度均高于 CO_2，其中 PM 的减排程度更高。2021—2030 年 PCP 情景下的各污染物协同减排弹性系数总体呈现上升趋势，这是由于和基准情景相比，随着时间推移，焦炭产能的降幅更大。CO_2 的减排程度为 CO_2 的减排量与基准排放量的比值，而 CO_2 的基准排放量较典型污染物更大，因此弹性系数呈现上升趋势。PM_{10}、SO_2、NO_x、$PM_{2.5}$ 的协同减排弹性系数分别为 1.44～1.98、1.06～1.13、1.05～1.12、1.43～1.96，这表明在独立焦化行业超低排放改造推进的同时并限制行业焦炭产能增长的条件下，对大气污染物的减排程度均高于 CO_2，且在逐年上升，于 2030 年达到最大值。在超低排放政策与产能限制增长政策的影响下，与不考虑产能限制影响的 ULE 情景相比，各污染物与 CO_2 的减排程度更加接近，超低排放与产能限制同时实施是典型大气污染物与 CO_2 协同减排的较优路径。以上结果表明，整体上大气污染物与 CO_2 协同减排程度较接近，具有良好的协同减排作用。研究结果对于 CO_2 仍有较大的潜在减排空间，如本研究未考虑碳捕集等减碳技术的影响。

对于独立焦化行业的典型污染物与 CO_2 协同减排，可重点关注两项源头治理措施。一是余热回收技术，对于焦炉煤气，上升管等环节产生的热量进行余热回收，从而减少对于燃料的消耗。二是推动行业结构优化调整，对于独立焦化企业要积极推进与钢铁企业融合形成钢铁联合焦化企业，减少独立焦化行业比例，提升行业集中度。

表 4-8　独立焦化行业大气污染物与 CO_2 的协同减排弹性系数

年份	ULE				PCP			
	PM_{10}	SO_2	NO_x	$PM_{2.5}$	PM_{10}	SO_2	NO_x	$PM_{2.5}$
2021	3.19	1.30	1.26	3.14	1.44	1.06	1.05	1.43
2022	3.19	1.30	1.26	3.14	1.58	1.08	1.07	1.57
2023	3.19	1.30	1.26	3.14	1.66	1.09	1.08	1.64
2024	3.19	1.30	1.26	3.14	1.82	1.11	1.10	1.80
2025	3.19	1.30	1.26	3.14	1.87	1.12	1.10	1.85
2026	3.19	1.30	1.26	3.14	1.91	1.12	1.11	1.89
2027	3.19	1.30	1.26	3.14	1.93	1.13	1.11	1.92
2028	3.19	1.30	1.26	3.14	1.96	1.13	1.11	1.94
2029	3.19	1.30	1.26	3.14	1.97	1.13	1.12	1.96
2030	3.19	1.30	1.26	3.14	1.98	1.13	1.12	1.96

4.5　结　论

基于对 2012 年、2015 年、2018 年、2020 年我国独立焦化行业的焦炭生产数据的充分调研，建立了典型大气污染物排放因子数据库，构建了我国独立焦化行业典型大气污染物排放模型。采用该模型可快速准确获取我国不同时间、不同区域独立焦化行业典型大气污染物排放信息，还可通过对排放因子库的更新与扩充，准确获得其他污染物及 CO_2 的排放信息。

第 5 章
H 市大气污染物与温室气体融合排放清单编制及应用

5.1 融合排放清单编制方案

5.1.1 工作范围

本章以 H 市 2023 年大气污染物与温室气体融合排放清单为例，进行编制过程、编制结果与应用展示介绍。

5.1.1.1 编制方法

清单编制方法与生态环境部正式发布的《大气污染物与温室气体融合排放清单编制技术指南（试行）》保持总体一致，兼顾 H 市污染源特点。

5.1.1.2 区域范围

涵盖 H 市全范围。

5.1.1.3 污染源

依据国家清单编制技术指南，结合 H 市大气污染排放源特征，本次编制污染源对象：电力热力源、工业源、移动源、油品储运销、生活源、农业源、废弃物处理源、扬尘源。主要排放源具体包括：

电力热力源：指从事电力、热力生产活动的大气污染物和温室气体排放源，主要包括 GB/T 4754—2017 中火力发电（D4411）、热电联产（D4412）和生物质能发电（D4417）及热力生产和供应（D4430）的企业。

工业源：指从事采矿、制造等工业生产活动的大气污染物和温室气体排放源，主要包括《国民经济行业分类》（GB/T 4754—2017）中采矿业（B06～12）、制造业（C13～43）、燃气生产和供应业（D45）的企业。

移动源：指以燃料为动力的可移动的大气污染物和温室气体排放源，包括机动车、非道路移动机械、船舶、铁路内燃机车和民航飞机等。

油品储运销：指原油、汽油、柴油等在储藏、运输及装卸过程中逸散泄漏造成大气污染物和温室气体排放的源，原则上包括储油库静置和收发油过程，加油站静置和加卸油过程，以及本地油井或市界线至炼油厂、炼油厂至储油库、储油库中转、储油库至加油站等运输过程排放。

生活源：指与生活能源消费相关的大气污染物和温室气体排放源。

农业源：指从事种植、养殖等农业生产活动的大气污染物和温室气体排放源，主要包括农业能源消费（不包括农用机械和农用运输车辆等能源消费）、畜禽养殖和农业用地等来源。

废弃物处理源：指从事废水、固体废物集中处理处置活动的大气污染物和温室气体排放源，不包括垃圾焚烧发电企业。

扬尘源：在自然力或人力作用下进入大气的地表松散颗粒物排放源，包括土壤扬尘、道路扬尘、施工扬尘和堆场扬尘等排放源。

5.1.1.4　污染物类型

大气污染物核算物质包括 SO_2、NO_x、CO、VOCs、NH_3、TSP、PM_{10}、$PM_{2.5}$、BC 和 OC。温室气体核算物质包括 CO_2、CH_4、N_2O 和 HFCs。

5.1.2　技术路线

技术路线见图 5-1。

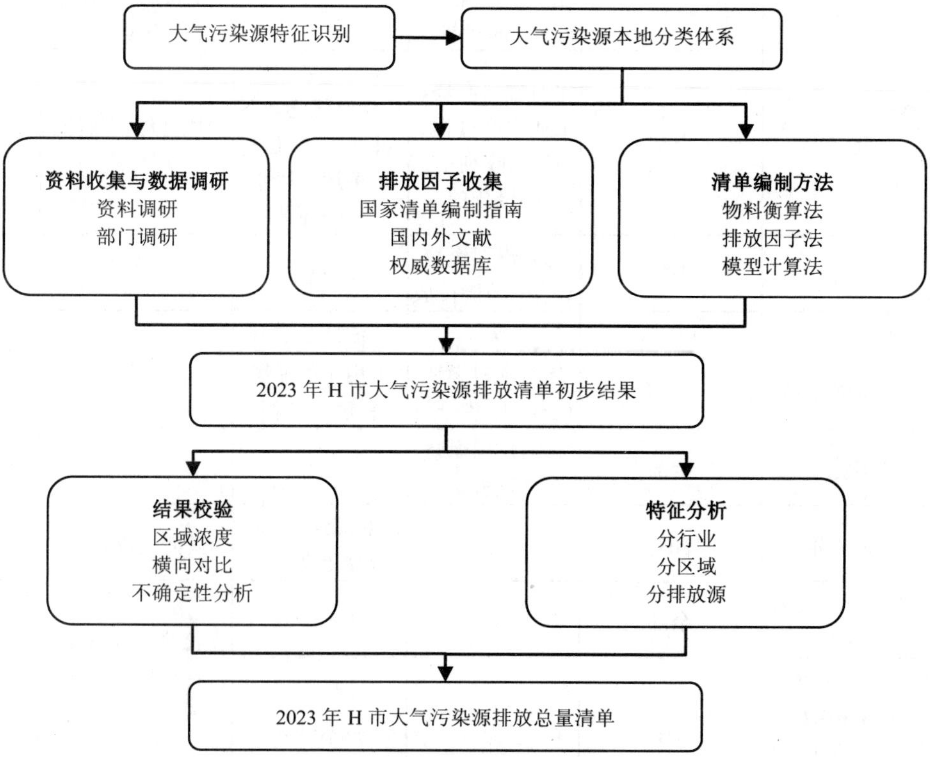

图 5-1　技术路线

5.1.3　工作内容

5.1.3.1　本地化排放源分类体系建立

根据 H 市 2023 年工业企业排污许可/环境统计等名单显示，H 市主要行业包括火力发电、热电联产、生物质能发电、钢铁、水泥、焦化、砖瓦、有色冶炼、铸造、陶瓷、石灰、建材、石化与化工、医药制造、食品、轻纺、造纸、工业涂装、印刷印染等，根据此行业特征，为下一步 H 市工业相关排放源分类体系的建立以及企业调查名单筛选提供了基础依据。

根据 H 市工业特征识别，结合其他排放源的实际情况，在国家清单编制指南的排放源分类体系结构下，结合实际的污染特征，保证在和国家相关文件保持一致、可对比性的同时，体现本地污染源特征，依据表 5-1 的核算范围，初步拟定的 H 市本地排放源分类见表 5-2。

表 5-1　各类排放源核算范围

<table>
<tr><th>排放源大类</th><th>第一级排放源</th><th>大气污染物</th><th>CO_2</th><th>CH_4</th><th>N_2O</th><th>HFCs</th></tr>
<tr><td>电力热力源</td><td>全部</td><td>全部</td><td>化石燃料燃烧过程、间接排放</td><td>无</td><td>化石燃料燃烧过程</td><td>无</td></tr>
<tr><td>工业源</td><td>全部</td><td>全部</td><td>化石燃料燃烧、工业生产过程、CO_2回收利用、间接排放</td><td>煤炭开采和矿后活动逃逸、石油和天然气系统逃逸、废水处理环节</td><td>硝酸和己二酸生产过程</td><td>氟化工行业</td></tr>
<tr><td rowspan="2">移动源和油品储运销</td><td>移动源</td><td>全部</td><td>化石燃料燃烧过程、间接排放</td><td>机动车</td><td>机动车</td><td>无</td></tr>
<tr><td>油品储运销</td><td>VOCs</td><td>无</td><td>原油储运过程</td><td>无</td><td>无</td></tr>
<tr><td>生活源</td><td>生活能源消费</td><td>全部</td><td>化石燃料燃烧过程、间接排放</td><td>民用生物质燃料燃烧过程</td><td>无</td><td>无</td></tr>
<tr><td rowspan="4">农业源</td><td>农业能源使用</td><td>全部</td><td>化石燃料燃烧过程</td><td>无</td><td>无</td><td>无</td></tr>
<tr><td>畜禽养殖</td><td>NH_3</td><td>无</td><td>动物肠道发酵和粪便处理过程</td><td>粪便处理过程</td><td>无</td></tr>
<tr><td>农业用地（秸秆露天焚烧）</td><td>全部</td><td>无</td><td>暂不纳入</td><td rowspan="2">直接排放（氮肥、粪肥和秸秆还田）、间接排放（大气氮沉降）</td><td>无</td></tr>
<tr><td>农业用地（氮肥施用、固氮植物、土壤本底、秸秆堆肥和人体粪便）</td><td>NH_3</td><td>无</td><td>暂不纳入</td><td>无</td></tr>
</table>

排放源大类	第一级排放源	大气污染物	CO_2	CH_4	N_2O	HFCs
废弃物处理源	废水处理	NH_3	无	生活污水处理过程	生活污水处理过程	无
	固体废物处理	SO_2、NO_x、TSP、PM_{10}、$PM_{2.5}$、NH_3、VOCs	无	生活垃圾填埋过程	无	无

表 5-2　H 市大气污染源分类体系

一级源分类	二级源分类	一级源分类	二级源分类
电力热力源	火力发电	生活源	民用锅炉
	热电联产		生活民用炉灶
	生物质能发电		生活生物质炉灶
工业源	钢铁		建筑涂料和胶黏剂使用
	有色冶炼		家庭溶剂
	铸造		其他溶剂
	水泥		汽修
	砖瓦		干洗
	陶瓷		餐饮
	石灰	农业源	畜禽养殖
	其他建材		氮肥施用
	独立焦化		秸秆堆肥
	石化与化工		其他农业
	医药制造		农业民用炉灶
	食品		农业生物质炉灶
	轻纺		农药使用
	造纸		生物质开放燃烧
	其他工业	扬尘源	工地
	储罐		堆场
	装载		铺装道路
	泄漏		未铺装道路
	工业涂装		土壤扬尘
	印刷印染	储存运输源	储油库储罐
移动源	机动车		储油库装载
	船舶		油气储存
	铁路内燃机		油气运输
	非道路机械	废弃物处理源	废水处理
电力输入输出	电力输入输出		固废处理
			烟气脱硝

5.1.3.2 大气污染源活动水平调查方案

融合排放清单编制需要获取的数据主要包括活动水平数据、产生系数数据、末端治理设施信息、自动监测数据等。编制融合排放清单时应当明确每一个排放源计算的空间尺度，宜按点源逐设施获取数据。对于无法获取点源数据的，应根据本指南列明的方法，以最小行政区（村、社区，乡镇、街道，县、区、市）为基本单元获取活动水平。鼓励有条件的地区，针对重点和特色排放源，开展调研、实测，获取本地化排放系数和关键参数，本地化排放系数使用前应当通过国家论证。

清单编制人员从宏观角度了解 H 市整体排放源大气污染物排放现状以及相应经济社会发展现状，将优先从已有统计数据和网上数据库中收集公开的排放源活动水平数据，针对 H 市统计年鉴、环境统计、各类型统计年鉴、行业报告等资料进行详细的资料调研，充分获取 H 市各区域、各污染源相关的参数数据，包括 H 市的地区生产总值、能耗、人口、机动车保有量等。对于上述途径无法直接获取的活动水平数据，部门数据须通过部门调研获取，即通过生态环境部的融合排放清单平台，将表格发放至发展改革委、住房城乡建设局、城管局、交通局、商务局、公安局、气象局、农业农村局、统计局等部门进行资料调研；工业企业数据通过平台在线发布任务填报方式进行。

5.1.3.3 大气污染源排放清单计算方法

融合排放清单通常为年尺度融合排放清单，是各地掌握大气污染物和温室气体排放状况的基本清单。各地根据环境管理需要，可进一步建立月、日等更高时间分辨率的融合排放清单，也可仅针对大气污染物建立月、日尺度排放清单。

根据污染源类和排放特征的不同，大气污染物和温室气体排放量计算方法可分为监测法、物料衡算法和排放系数法。应逐源逐物质按本指南建议的计算方法和优先序，结合本地实际情况，确定适宜的排放量计算方法。

1）电力热力源

（1）SO_2、NO_x、TSP 和 VOCs 排放量计算方法。

SO_2、NO_x、TSP 和 VOCs 排放量按照自动监测法或产排污系数法计算得出，或来源于排污许可证执行报告。

自动监测数据符合以下规范性要求的，优先采用自动监测数据核算 SO_2 和 NO_x 的有组织排放量。自动监测设备的安装、调试、验收和运行维护符合相关法律法规和标准规范要求；自动监测数据季度有效捕集率不低于 75%，且保留全年历史数据；近 3 年内无自动监测造假等不良记录。自动监测不满足以上条件的采用产排污系数法核算排放量。

（2）PM_{10}、$PM_{2.5}$、BC 和 OC 排放量计算方法。

PM_{10}、$PM_{2.5}$ 的排放量可以根据 TSP 的排放量以及某粒径范围颗粒物（如 $PM_{2.5}$ 和 PM_{10}）占总颗粒物比例计算，公式见式（5-1）；BC 和 OC 的排放量可以根据 $PM_{2.5}$ 的排放量和 BC、OC 占 $PM_{2.5}$ 的比例计算，公式见式（5-2）和式（5-3）：

$$E_{PM} = E_{TSP} \times f_{PM} \tag{5-1}$$

$$E_{BC} = E_{PM_{2.5}} \times f_{BC} \tag{5-2}$$

$$E_{OC} = E_{PM_{2.5}} \times f_{OC} \tag{5-3}$$

式中，E_{TSP} 为 TSP 排放量；f_{PM} 为排放的 TSP 中某粒径范围颗粒物（如 $PM_{2.5}$ 和 PM_{10}）占比；f_{BC} 和 f_{OC} 分别是 BC 和 OC 占 $PM_{2.5}$ 比例。

（3）CO 排放量计算方法。

电力热力源燃烧过程 CO 排放量可根据产排污系数法核算，产排污系数法的计算公式如下：

$$E = A \times \mathrm{EF} \tag{5-4}$$

式中，A 为排放源活动水平；EF 为污染物的产生系数。

（4）CO_2 排放量计算方法。

电力热力源化石燃料燃烧产生的 CO_2 排放量和由于外购电力、热力产生的 CO_2 间接排放量，计算方法参照《企业温室气体排放核算与报告指南　发电设施》。计算间接排放时，建议采用生态环境部最新发布的全国电网排放因子。

对于已纳入温室气体排放报告与核查工作范围的重点企业，CO_2 排放量可直接采用核查数据。

（5）N_2O 排放量计算方法。

燃料燃烧产生的 N_2O 排放量可根据《省级温室气体排放清单编制指南（试行）》中的方法计算。

2）工业源

在编制融合排放清单的过程中，可根据不同行业管理需求、数据基础等因素，因地制宜评估选取《大气污染物与温室气体融合源清单编制技术指南》提供大气污染物和温室气体排放量核算方法以及相应的排放系数或相关参数。针对重点行业和特色行业，选用符合规范的实测数据、本地化排放系数和关键参数计算。有条件的地区分环节、分装置开展核算。

（1）SO_2、NO_x、TSP 和 VOCs 排放量计算方法。

SO_2、NO_x、TSP 和 VOCs 排放量按照监测法、产排污系数法或物料衡算法计算得出，或来源于排污许可证执行报告。

①SO_2、NO_x 和 TSP 排放量计算方法。

自动监测数据符合以下规范性要求的，优先采用自动监测数据核算 SO_2 和 NO_x 的有组织排放量。自动监测设备的安装、调试、验收和运行维护符合相关法律法规和标准规范要求；自动监测数据季度有效捕集率不低于 75%，且保留全年历史数据；近 3 年内无自动监测造假等不良记录。

不满足以上条件的采用产排污系数法核算排放量。

②VOCs 排放量计算方法。

工业源 VOCs 排放量应分环节分别计算，企业的 VOCs 排放量等于各环节排放量之和。VOCs 排放环节包括挥发性有机液体储存（储罐）、挥发性有机液体装载、燃料燃烧、设备动静密封点、循环水冷却塔、生产工艺过程（工艺有组织、工艺无组织、废水）、工业防腐涂料使用、含 VOCs 原辅材料（工业防腐涂料除外）使用、火炬等。其中，涂装、印刷、胶粘、清洗等含 VOCs 原辅材料使用环节 VOCs 排放量优先选用物料衡算法核算；生产工艺过程、挥发性有机液体储存（储罐）、挥发性有机液体装载、燃料燃烧、设备动静密封点、循环水冷却塔等环节 VOCs 排放量可选用产排污系数法核算；如有符合技术规范、质量保证体系要求的检测数据，可使用检测数据计算 VOCs 排放量。对于火炬环节 VOCs 排放量，可参照《石化行业 VOCs 污染源排查工作指南》核算。

（2）PM_{10}、$PM_{2.5}$、BC 和 OC 排放量计算方法。

PM_{10}、$PM_{2.5}$ 排放量根据 TSP 排放量以及某粒径范围颗粒物（如 $PM_{2.5}$ 和 PM_{10}）占总颗粒物比例计算，公式见式（5-5）；BC 和 OC 的排放量可以根据 $PM_{2.5}$ 的排放量和 BC、OC 占 $PM_{2.5}$ 的比例计算，公式见（5-6）和式（5-7）：

$$E_{\text{PM}} = E_{\text{TSP}} \times f_{\text{PM}} \tag{5-5}$$

$$E_{\text{BC}} = E_{\text{PM}_{2.5}} \times f_{\text{BC}} \tag{5-6}$$

$$E_{\text{OC}} = E_{\text{PM}_{2.5}} \times f_{\text{OC}} \tag{5-7}$$

式中，E_{TSP} 为 TSP 排放量；f_{PM} 为排放的 TSP 中某粒径范围颗粒物（如 $PM_{2.5}$ 和 PM_{10}）占比；f_{BC} 和 f_{OC} 分别是 BC 和 OC 占 $PM_{2.5}$ 的比例。

（3）NH_3 和 CO 排放量计算方法。

NH_3 和 CO 排放量根据产排污系数法核算，计算公式：

$$E = A \times \text{EF} \tag{5-8}$$

式中，A 为排放源活动水平；EF 为污染物的产生系数。

（4）CO_2 排放量计算方法。

工业企业 CO_2 直接排放量为化石燃料燃烧排放量与工业生产过程排放量之和。工业企业 CO_2 直接排放量和间接排放量计算方法参照相关行业企业温室气体排放核算方法与报告指南。计算间接排放时，建议采用生态环境部最新发布的全国电网排放因子。

对于石化、化工、建材、钢铁、有色、造纸等行业，已纳入温室气体排放报告与核查工作范围的重点企业，CO_2 排放量可直接采用核查数据。

（5）CH_4 排放量计算方法。

煤炭开采和矿后活动逃逸，以及石油和天然气开采、天然气加工处理、原油炼制等

过程产生的 CH_4 排放量可根据《省级温室气体排放清单编制指南（试行）》中的方法计算。

工业废水处理 CH_4 排放量测算范围包括企业废水预处理和直接排放废水处理过程产生的 CH_4 排放。排入集中式污水处理设施或生活污水下水道系统的工业废水纳入生活废水治理中计算。

工业废水处理 CH_4 排放量计算方法如下：

$$E = \left(\mathrm{TOW}_i - \mathrm{EOW}_i - S_i\right) \times \mathrm{EF} - R_i \tag{5-9}$$

式中，E 为工业废水处理 CH_4 排放量，kg/a；TOW_i 为企业 i 进入企业污水处理设施的化学需氧量总量，kg/a；EOW_i 为间接排放企业 i 预处理后化学需氧量排放量，直接排放企业 EOW_i 为 0，kg/a；S_i 为企业 i 工业废水处理后污泥中的化学需氧量，kg/a；R_i 为企业 i 设施回收 CH_4 气体量，kg/a；EF 为工业企业所在行业排放系数，kg/kg，计算公式如下：

$$\mathrm{EF} = B_0 \times \mathrm{MCF} \tag{5-10}$$

式中，B_0 为最大 CH_4 产生能力，kg/kg，可取推荐值 0.25 $kgCH_4/kgCOD_{Cr}$；MCF 为各行业 CH_4 修正因子。

（6）N_2O 排放量计算方法。

硝酸和己二酸生产过程 N_2O 排放量可根据《中国化工生产企业温室气体排放核算方法与报告指南（试行）》中的方法核算。对于已纳入温室气体排放报告与核查工作范围的重点企业，N_2O 排放量可直接采用核查数据。

（7）HFCs 排放量计算方法。

工业源 HFCs 排放量核算范围包括氟化工行业生产 HCFC-22 时副产品 HFC-23 排放、HFCs 生产和作为原料生产其他化工产品过程中的逃逸排放。HFCs 排放量计算方法参照《2019 清单指南》。

氟化工行业生产 HCFC-22 时，副产品 HFC-23 排放量计算公式如下：

$$E = \left(A \times \mathrm{EF}\right) - R - D \tag{5-11}$$

式中，E 为 HFC-23 排放量，kg/a；A 为 HCFC-22 的生产量，kg/a；EF 为排放系数，可取 2%～3% kg/kg 产品；R 表示以产品形式回收的 HFC-23 的量，kg/a；D 表示通过 HFC-23 销毁装置实际销毁的量，kg/a。

氟化工行业 HFCs 生产或作为原料生产其他化工产品过程中产生的逃逸排放可用排放系数法计算，公式：

$$E_i = A_i \times \mathrm{EF}_i \tag{5-12}$$

式中，E_i 为企业第 i 类 HFCs 排放量，kg/a；A_i 为第 i 类 HFCs 年生产量或作为原料的年使用量，kg/a；EF_i 为第 i 类 HFCs 排放系数，可取 0.5%kg/kg 产品。

3）移动源

（1）机动车。

机动车核算范围包括大气污染物、CO_2、CH_4和N_2O排放。

机动车大气污染物和CO_2、CH_4和N_2O排放量可按照在线监控法、交通量法和保有量法计算。可根据管理需求，计算由于使用电力引起CO_2间接排放，作为信息项。

机动车VOCs排放为尾气排放和蒸发排放两部分排放量之和。其他污染物和CO_2排放主要为尾气排放。

本次H市机动车使用保有量法进行计算，公式如下：

$$E_i = \sum_i P_i \times \mathrm{VKT}_i \times \mathrm{EF}_i \times 10^{-6} \tag{5-13}$$

式中，E_i为第三级排放源i类型机动车年尾气排放量，t；P_i为所在地区i类型机动车的保有量，辆；VKT_i为i类型机动车的年均行驶里程，km/辆；EF_i为i类型机动车行驶单位距离排放量，g/km。

机动车行驶及驻车期间蒸发排放VOCs可分别根据下述公式计算：

$$E_{行驶} = \mathrm{EF}_1 \times \frac{\mathrm{VKT}_i}{V} \times P \times 10^{-6} \tag{5-14}$$

$$E_{驻车} = \mathrm{EF}_2 \times 365 \times P \times 10^{-6} \tag{5-15}$$

式中，$E_{行驶}$和$E_{驻车}$分别为每年行驶和驻车期间的VOCs蒸发排放量，t；VKT_i为i类型机动车的年均行驶里程，km/辆；V为机动车运行的平均行驶速度，km/h；EF_1为机动车行驶过程中的蒸发排放系数，g/h；EF_2为驻车期间的排放系数，g/d，主要包括昼间损失、热浸损失、渗透损失、泄漏损失等；P为当地以汽油为燃料的机动车保有量，辆。

移动源使用电力CO_2间接排放量可利用式（5-16）计算：

$$E_{电} = \mathrm{AD}_{电} \times \mathrm{EF}_{电} \tag{5-16}$$

式中，$E_{电}$为使用电力产生的CO_2排放量，kg；$\mathrm{AD}_{电}$为使用电量，kW·h；$\mathrm{EF}_{电}$为电网排放因子，$kgCO_2$/（kW·h），建议采用生态环境部最新发布的全国电网排放因子。

（2）非道路移动机械。

非道路移动机械包括工程机械、农业机械、小型通用机械、柴油发电机组等，核算范围包括大气污染物和CO_2排放，计算方法包括燃油法和功率法，基于排放源数据可获取情况选择合适的方法，此次计算选择功率计算法。

功率计算法基于某一用途非道路移动机械的额定功率、排放控制水平、运行状况的参数进行计算，排放量计算公式如下：

$$E = \sum_j \sum_k \left(P_{j,k} \times G_{j,k} \times \mathrm{LF}_{j,k} \times \mathrm{hr}_{j,k} \times \mathrm{EF}_{j,k} \right) \times 10^{-6} \tag{5-17}$$

式中，E 为非道路移动机械排放量，t；j 为非道路移动机械的类别；k 为生产或销售年；P 为保有量，台；G 为平均额定净功率，kW/台；LF 为负载因子，量纲一；hr 为年使用小时数，h；EF 为排放系数，g/（kW·h）。

（3）船舶。

船舶包括客船、油船、液化气船、散装化学品船、散货船、集装箱船、滚装船、其他货船、顶推船拖轮、非运输船等，共 10 类。内河港口计算边界为港口至市域边界水域；沿海港口计算边界为海岸线垂直外延 12 nmile。船舶核算范围包括大气污染物和 CO_2 排放，计算方法包括动力法（AIS 法、进出港艘次法）和燃油法，本次计算使用燃油法。

燃油法仅适用于内河及沿海船舶排放量，排放量计算公式如下：

$$E=\left(Y\times \mathrm{EF}\right)\times 10^{-6} \tag{5-18}$$

式中，E 为船舶排放量，t；Y 为燃油消耗量，kg；EF 为排放系数，g/kg 燃料。

（4）铁路。

铁路内燃机车核算范围包括大气污染物和 CO_2 排放，计算公式：

$$E=\left(Y\times \mathrm{EF}\right)\times 10^{-6} \tag{5-19}$$

式中，Y 为燃油消耗量，kg；EF 为排放系数，g/kg 燃料。

4）油品储运销

油品储运源核算范围包括 VOCs 排放和原油储运过程 CH_4 排放。VOCs 计算方法包括分环节法和综合法，此次选择综合法，计算公式：

$$E_{i,j}=\sum_{m}\mathrm{EF}_{i,j,m}\times A_{i,j}\times\left(1-\eta\right)\times 10^{-3} \tag{5-20}$$

式中，i 为油气储运源第三级排放源；j 为各省、市、自治区；m 为第三级排放源的技术和工艺；EF 为 VOCs 排放系数，kg/t；A 为加油站销售量，t，或运输过程运输量，t；η 为油气回收效率，%。

原油储运过程 CH_4 排放量计算方法：

$$E_{i,j}=\sum_{m}\mathrm{EF}_{i,j,m}\times A_{i,j}\times 10^{-6} \tag{5-21}$$

式中，i 为油气储运源第三级排放源；j 为各省、市、自治区；m 为第三级排放源的技术和工艺；EF 为排放源 CH_4 实际排放系数，g/t；A 为储油库周转量，t。

5）生活源

（1）大气污染物排放量计算方法。

生活源各类大气污染物排放量可根据产排污系数法计算，公式如下：

$$E=A\times \mathrm{EF}\times\left(1-\eta\right) \tag{5-22}$$

式中，EF 为污染物的产生系数；η 为污染控制技术对污染物的实际去除效率，民用炉灶一般无末端控制措施，η为 0。对于生活锅炉大气污染物排放量计算方法可参照 D4430 热力供应行业。对于其他生活能源消费源，A 为各类燃料消费量。

（2）CO_2 排放量计算方法。

生活源 CO_2 排放量为各类民用化石燃料燃烧所产生的 CO_2 排放量加和。

$$E_{CO_2燃烧} = \sum_{i=1}^{n}\left(FC_i \times C_i \times OF_i \times \frac{44}{12}\right) \tag{5-23}$$

式中，$E_{CO_2燃烧}$ 为民用化石燃料燃烧产生的 CO_2 排放；FC_i 为第 i 种燃料消耗量，热量单位；C_i 为第 i 种燃料的单位热值含碳量-固碳量；OF 为第 i 种燃料的碳氧化率；$\frac{44}{12}$ 为 CO_2 与碳的相对分子质量之比；i 为燃料种类。

生活源 CO_2 间接排放量为生活源使用电力和使用热力 CO_2 排放量之和。

使用电力 CO_2 排放量可利用式（5-24）计算：

$$E_{电} = AD_{电} \times EF_{电} \tag{5-24}$$

式中，$E_{电}$为使用电力产生的 CO_2 排放量；$AD_{电}$为使用电量，kW·h；$EF_{电}$为电网排放因子，$kgCO_2$/（kW·h），建议采用生态环境部最新发布的全国电网排放因子。

使用热力 CO_2 排放量可利用式（5-25）计算：

$$E_{热} = AD_{热} \times EF_{热} \tag{5-25}$$

式中，$E_{热}$为使用热力产生的 CO_2 排放量；$AD_{热}$为使用热量，GJ；$EF_{热}$为热力排放因子，tCO_2/GJ，推荐值为 0.11 tCO_2/GJ。

（3）CH_4 排放量计算方法。

民用生物质燃料燃烧 CH_4 排放量可根据排放系数法［式（5-22）］计算。式中，A 为燃料消耗量；EF 为 CH_4 排放系数。

6）农业源

（1）农业能源消费。

农业能源消费源是指与农林牧渔业相关的用于加热、干燥等能源消费活动，不包含农业机械和农用运输车辆等消费的能源。

（2）畜禽养殖。

①NH_3 排放量计算方法。

畜禽养殖中动物排泄物产生大量氨排放。动物排泄产生的粪便包括室内和户外两部分，室内粪便在圈舍中停留一段时间后，会汇集进行存储腐熟处理和施肥。畜禽粪便管理阶段包括户外、圈舍内、粪便存储处理和后续施肥，后 3 种方式属于室内粪便管理，具有尿液和粪便两种形态，动物户外排泄的尿液和粪便通常混合在一起。畜禽排泄物释放大气氨包含户外、圈舍-液态、圈舍-固态、存储-液态、存储-固态、施肥-液态、施肥-

固态共 7 部分。根据粪便管理阶段和形态，畜禽养殖氨排放总量计算公式：

$$E_i = \sum_i \left(A_i \times \mathrm{EF}_i \times \gamma \right) \tag{5-26}$$

式中，i 为畜禽粪便类型，分为户外、圈舍-液态、圈舍-固态、存储-液态、存储-固态、施肥-液态、施肥-固态；A 为活动水平，指畜禽排泄物在不同管理阶段、粪便不同形态中含有的总铵态氮量；EF 为氨产生系数（《大气污染物与温室气体融合源清单编制技术指南》附表 E-3）；γ 为氮-大气氨转换系数，取 1.214。

②CH_4 排放量计算方法。

畜禽养殖源 CH_4 排放包括动物肠道发酵产生的 CH_4 排放和粪便管理系统 CH_4 排放两部分。动物肠道发酵 CH_4 排放量可参照《省级温室气体排放清单编制指南（试行）》计算。

畜禽粪便管理系统 CH_4 排放量采用式（5-27）进行计算：

$$E_{\text{M-CH}_4} = \mathrm{EF}_{\text{M-CH}_4} \times \mathrm{AP} \tag{5-27}$$

式中，$E_{\text{M-CH}_4}$ 为畜禽粪便管理系统 CH_4 排放量，kg CH_4/a；$\mathrm{EF}_{\text{M-CH}_4}$ 为单位畜禽粪便管理 CH_4 排放系数，kg CH_4/［头（羽）·a］；AP 为该畜禽养殖场年度畜禽养殖量，头（羽），其中生猪、肉鸡、肉牛采用出栏量，奶牛、蛋鸡采用存栏量。

③N_2O 排放量计算方法。

畜禽养殖场 N_2O 排放分为直接排放和间接排放。畜禽养殖场 N_2O 排放量等于直接排放量与间接排放量之和。

畜禽养殖场粪便管理 N_2O 直接排放量采用式（5-28）进行计算：

$$E_{\text{M-N}_2\text{O-dir}} = \sum_i \mathrm{AP} \times \mathrm{Nex} \times \mathrm{MS}_i / 100 \times \mathrm{EF}_i \times 44/28 \tag{5-28}$$

式中，$E_{\text{M-N}_2\text{O-dir}}$ 为畜禽养殖场粪便管理 N_2O 直接排放总量，kg N_2O/a；Nex 为单位畜禽的年均氮排泄量，kgN/［头（羽）·a］；MS_i 为第 i 种粪便管理方式的占比，%；EF_i 为第 i 种粪便管理方式的 N_2O 直接排放系数，kgN_2O-N/kg 粪便；AP 为畜禽养殖量，头（羽），其中生猪、肉鸡、肉牛采用出栏量，奶牛、蛋鸡采用存栏量。

单位畜禽年均氮排泄量通过式（5-29）进行计算：

$$\mathrm{Nex} = \left(\mathrm{LW} / 1\,000 \right) \times \mathrm{Nex}_{\text{default}} \times 365 \tag{5-29}$$

式中，Nex 为单位畜禽的年均氮排泄量，kgN/［头（羽）·a］；LW 为单位畜禽的平均体重，kg/头（羽）；$\mathrm{Nex}_{\text{default}}$ 为畜禽 1 000 kg 活体重每天的氮排泄率，kgN/［头（羽）·d］，可参考《大气污染物与温室气体融合源清单编制技术指南》附表 E-8。

畜禽养殖场粪便管理 N_2O 间接排放量采用式（5-30）进行计算：

$$E_{\text{M-N}_2\text{O-ind}} = \sum_i \mathrm{Nex} \times \mathrm{MS}_i \times \mathrm{Frac}_{\text{gas}} / 100 \times \mathrm{EF}_1 \times 44/28 \times \mathrm{AP} \times 10^{-3} \tag{5-30}$$

式中，$E_{M\text{-}N_2O\text{-}ind}$ 为畜禽养殖场粪便管理 N_2O 间接排放量，kg N_2O/a；Nex 为单位畜禽的年均氮排泄量，kgN/［头（羽）·a］；MS_i 为第 i 种粪便管理方式的占比，%；$Frac_{gas}$ 为通过 NH_3 和 NO_x 挥发的比例，%，可参考《大气污染物与温室气体融合源清单编制技术指南》附表 E-9；EF_1 为氮挥发过程中 N_2O 排放的排放系数，取 0.01；AP 为该畜禽养殖场年度畜禽养殖量，头（羽）。

（3）农业用地。

农业用地源包括氮肥施用、固氮植物、土壤本底、秸秆堆肥、秸秆露天燃烧和人体粪便等排放源。

①大气污染物排放量计算方法。

a. 氮肥施用

氮肥施用过程会产生氨排放，排放量计算公式：

$$E = \sum_i \left(A_i \times EF_i \right) \tag{5-31}$$

式中，i 为化肥种类（包括尿素、碳铵、硝铵、硫铵、其他氮肥）；A 为活动水平，即各种氮肥施用量；EF 为氨产生系数。

b. 秸秆露天焚烧

秸秆露天焚烧大气污染物排放量可用产排污系数法计算，其中，活动水平为燃烧的秸秆量。

c. 固氮植物、土壤本底、秸秆堆肥和人体粪便

固氮植物、土壤本底、秸秆堆肥和人体粪便源只计算 NH_3 排放，氨排放量可用产排污系数法计算，产生系数可参考《大气污染物与温室气体融合源清单编制技术指南》附表 E-14。

②N_2O 排放量计算方法。

农业用地 N_2O 排放包括直接排放和间接排放。直接排放是由农用地当季氮输入引起的排放。输入的氮包括氮肥、粪肥和秸秆还田。间接排放包括大气氮沉降引起的 N_2O 排放和氮淋溶径流损失引起的 N_2O 排放。农业用地 N_2O 排放量可参照《省级温室气体排放清单编制指南（试行）》计算。

7）废弃物处理源

（1）大气污染物排放量计算方法。

废弃物处理源中生活垃圾焚烧源 SO_2、NO_x 和 TSP 排放量按照自动监测法或产排污系数法计算得出。其他废弃物处理源大气污染物排放量可根据产排污系数法计算，活动水平数据为生活污水处理量或固体废物处理量，产生系数参考《大气污染物与温室气体融合源清单编制技术指南》附表 F-1。

（2）CH_4 排放量计算方法。

①生活污水处理 CH_4 排放。

生活污水处理 CH_4 排放包括污水处理设施 CH_4 排放和尾水排入环境水体中有机物产生的 CH_4 排放。

污水处理设施的 CH_4 排放量计算方法如下：

$$E_i = \left(\mathrm{COD}_{\mathrm{Cr削减量},\,i} - S_i\right) \times \mathrm{EF}_{i,j} - R_i \tag{5-32}$$

式中，E_i 为第 i 座污水处理设施处理环节的 CH_4 排放量，t/a；$\mathrm{COD}_{\mathrm{Cr\,削减量},i}$为第 i 座污水处理设施的化学需氧量年削减量，t/a；$\mathrm{EF}_{i,j}$ 为第 i 座污水处理设施采用 j 污水处理工艺的 CH_4 排放系数，t/t；R_i 为第 i 座污水处理设施的 CH_4 回收量，t/a；S_i 为第 i 座污水处理设施以污泥形式移除的有机物量（以化学需氧量计），t/a，计算公式：

$$S_i = \mathrm{SG}_i \times M_i \times \rho_{\mathrm{s}} \tag{5-33}$$

式中，SG_i 为第 i 座污水处理设施产生的干污泥量，t/a；M_i 为第 i 座污水处理设施干污泥中有机物的含量，%；ρ_{s} 为污泥中有机物和化学需氧量的转化系数，参考《污水处理厂低碳运行评价技术规范》取值为 1.42 t 化学需氧量/t 干重污泥。

污水处理厂尾水排入环境水体中有机物产生的 CH_4 排放量可根据式（5-34）计算：

$$E_{\mathrm{尾水},\,i} = \mathrm{COD}_{\mathrm{Cr排放量},\,i} \times \mathrm{EF}_{\mathrm{水体},\,i} \tag{5-34}$$

式中，$E_{\mathrm{尾水},\,i}$ 为第 i 座污水处理设施尾水排入环境水体的 CH_4 排放量，t/a；$\mathrm{COD}_{\mathrm{Cr排放量},\,i}$ 为第 i 座污水处理设施的化学需氧量年排放量，t/a；$\mathrm{EF}_{\mathrm{水体},\,i}$ 为第 i 座污水处理设施尾水受纳水体对应的 CH_4 排放系数，t/t。

②生活垃圾填埋 CH_4 排放。

生活垃圾填埋 CH_4 排放量计算方法包括一阶衰减法（FOD）和质量平衡法。推荐优先采用一阶衰减法。

一阶衰减（FOD）法考虑了历史填埋垃圾对 CH_4 排放的贡献，计算公式：

$$E_{\mathrm{CH_4}} = \left(\mathrm{DDOCm}_{\mathrm{decomp}T} \times F \times \frac{16}{12} - R_T\right) \times \left(1 - \mathrm{OX}_T\right) \tag{5-35}$$

式中，$E_{\mathrm{CH_4}}$ 为生活垃圾填埋处理的 CH_4 排放总量；T 为核算年份；$\mathrm{DDOCm}_{\mathrm{decomp}T}$ 为 T 年固体废物处理系统（SWDS）分解的可降解 DOC 质量；F 为垃圾填埋气体中的 CH_4 比例，取 0.5；R_T 为 T 年 CH_4 的回收量；OX_T 为 T 年的氧化因子，取 0。

$$\mathrm{DDOCm}_{\mathrm{decomp}T} = \mathrm{DDOCma}_{T-1} \times \left(1 - \mathrm{e}^{-k}\right) \tag{5-36}$$

$$\mathrm{DDOCma}_T = \mathrm{DDOCmd}_T + \left(\mathrm{DDOCma}_{T-1} \times \mathrm{e}^{-k}\right) \tag{5-37}$$

$$\mathrm{DDOCm} = W \times \mathrm{DOC}_f \times \mathrm{MCF} \times \sum\left(\mathrm{DOC}_i \times W_i\right) \tag{5-38}$$

式中，k 为反应常量，取值为 0.3；$DDOCma_T$ 为 T 年末 SWDS 累积的 DDOCm；$DDOCmd_T$ 为 T 年累积到垃圾填埋厂的 DDOCm；$DDOCma_{T-1}$ 为 $T-1$ 年年终时累积的 DDOCm；DOC_i 各组分 i 中可降解有机碳的百分比；W_i 为各组分所占的百分比；DDOCm 为填埋场所累积的可降解 DOC 质量；W 为填埋场累积的废弃物总质量；DOC_f 为可分解的 DO 比例，取 0.5；MCF 为累积年份有氧分解的 CH_4 修正因子，参考《大气污染物与温室气体融合源清单编制技术指南》附表 F-5 的推荐值。

在一阶衰减法所需部分数据无法获取情况下，考虑采用质量平衡法。质量平衡法假设所有潜在的 CH_4 均在处理当年就全部排放完，采用质量平衡法计算生活垃圾填埋 CH_4 排放量参照《省级温室气体排放清单编制指南（试行）》。

（3）N_2O 排放量计算方法。

生活污水处理 N_2O 排放包括污水处理设施的 N_2O 排放和尾水排入环境水体的 N_2O 排放。

污水处理设施的 N_2O 排放量计算方法如下：

$$E_i = \left(\text{TN}_{\text{进水},\,i} - S_i\right) \times \text{EF}_{i,j} \tag{5-39}$$

式中，E_i 为第 i 座污水处理设施处理过程的 N_2O 排放量，t/a；$\text{TN}_{\text{进水},i}$ 为第 i 座污水处理设施污水中氮含量，t/a；S_i 为第 i 座污水处理设施中以污泥形式移除的氮含量，t/a，推荐缺省值为 0；$\text{EF}_{i,j}$ 为第 i 座污水处理设施采用 j 污水处理工艺的 N_2O 排放系数，t/t。

尾水排入环境水体的 N_2O 排放量计算方法如下：

$$E_{\text{尾水},\,i} = \text{TN}_{\text{排放},\,i} \times \text{EF}_{\text{水体},\,i} \tag{5-40}$$

式中，$E_{\text{尾水},\,i}$ 为第 i 座污水处理设施尾水排入环境水体的 N_2O 排放量，t/a；$\text{TN}_{\text{排放},\,i}$ 为第 i 座污水处理设施的氮年排放量，t/a；$\text{EF}_{\text{水体},\,i}$ 为第 i 座污水处理设施尾水受纳水体对应的 N_2O 排放系数，t/t。

8）扬尘源

扬尘源是一种开放污染源，其排放特征受天气环境、地表类型、人类活动强度等众多因素的影响。扬尘的来源十分混杂，主要有基础设施建设中扬尘排放，工业废渣和散装材料露天堆放和装卸时产生的扬尘，机动车活动或者人流活动而引起道路上的灰尘、渣土、砂石等颗粒物的扬起和未被植被或者水泥地覆盖的裸露地面的扬尘等。根据 H 市的实际情况，本研究参照《扬尘源颗粒物排放清单编制技术指南》针对施工扬尘、道路扬尘、土壤扬尘、堆场扬尘 4 个扬尘源类型进行估算。

（1）道路扬尘。

道路扬尘调查主要参照《扬尘源颗粒物排放清单编制技术指南》中方法进行统计。通过交通局、公路局获取道路长度及车流量信息，气象部门获取降水量信息以及环保局获取车重等信息，对主要道路类型（国道、省道、县道、乡道以及城市道路等）分类型统计，根据调查情况，参照《扬尘源颗粒物排放清单编制技术指南》中的公式进行计算。

每条道路扬尘排放量计算公式：

$$W_{Ri} = E_{Ri} \times L_R \times N_R \times \left(1 - \frac{n_r}{365}\right) \times 10^{-6} \tag{5-41}$$

式中，W_{Ri} 为道路扬尘源中颗粒物 PM_i 的总排放量，t/a；E_{Ri} 为道路扬尘源中 PM_i 平均排放系数，g/（km·辆）；L_R 为道路长度，km；N_R 为一定时期内车辆在该段道路上的平均车流量，辆/a；n_r 为不起尘天数，以一年中降水量大于 0.25 mm/d 的天数表示，d。

（2）施工扬尘。

施工扬尘以点源方式进行统计，根据表格调查获取 H 市施工工地信息，参照《扬尘源颗粒物排放清单编制技术指南》中总体估算法进行计算。

施工扬尘计算公式：

$$W_{Ci} = E_{Ci} \times A_C \times T \tag{5-42}$$

式中，W_{Ci} 为施工扬尘源中 PM_i 总排放量，t/a；E_{Ci} 为整个施工工地 PM_i 的平均排放系数，t/（m^2·月）；A_C 为施工区域面积，m^2；T 为工地的施工月份数，一般按施工天数/30 计算。

（3）土壤扬尘。

土壤扬尘源的第二分级为土地利用类型，包括农田、荒地、裸露山体、滩涂、干涸的河谷、未硬化或绿化的空地等 6 个类型；第三分级为土壤起尘因子，其影响因素包括土壤扬尘源的土壤质地、植被覆盖率、地面粗糙级别、区域内的屏蔽情况、颗粒物粒径分布，决定了土壤的起尘速率；第四分级为土壤扬尘源的控制措施，开展保护性耕作、喷洒生态环保型抑尘剂等。

土壤扬尘排放量计算公式如下：

$$\mathrm{WS}_i = \mathrm{ES}_i \times \mathrm{AS} \tag{5-43}$$

式中，WS_i 为土壤扬尘中 PM_i（空气动力学粒径在 0～i μm 间的颗粒物，下同）总排放量，t/a；ES_i 为土壤扬尘源的 PM_i 排放系数，t/（m^2·a）；AS 为土壤扬尘源的面积，m^2。

土壤扬尘源的 PM_{10} 和 $PM_{2.5}$ 排放量可根据土壤扬尘中相关粒径分布情况估算获得。

（4）堆场扬尘。

堆场扬尘采取点源的方式进行统计。根据 H 市的堆场调查情况，参照《城市大气污染物排放清单编制技术手册》中的方法进行计算。

堆场扬尘排放量主要是装卸、运输引起的扬尘与堆积存放期间风蚀扬尘的加和，计算公式如下：

$$W_Y = \sum_{i=1}^{m} E_h \times G_{Yi} \times 10^{-3} \tag{5-44}$$

式中，W_Y为堆场扬尘源中颗粒物总排放量，t/a；E_h为堆场装卸运输过程的扬尘颗粒物排放系数，kg/t；m为每年料堆物料装卸总次数；G_{Yi}为第 i 次装卸过程的物料装卸量，t。

5.1.3.4 排放因子及相关参数确定

1）电力热力源

大气污染物产生系数可根据第三级排放源对应的原料类型、生产工艺、生产规模等影响因素组合从《排放源统计调查产排污核算方法和系数手册》及其附表 A-2 中选取。各类源 $PM_{2.5}$、PM_{10}占 TSP 的比例和 BC、OC 占 $PM_{2.5}$的比例可参照美国国家环境保护局的方法通过实测获得，无法实测的可参照《大气污染物与温室气体融合源清单编制技术指南》附表 A-1 获取。CO_2产生系数及相关计算参数从《企业温室气体排放核算与报告指南　发电设施》中获取。N_2O产生系数从《省级温室气体排放清单编制指南（试行）》中获取。

2）工业源

大气污染物产生系数可根据第三级排放源对应的产品或原料类型、生产工艺、生产规模等从《排放源统计调查产排污核算方法和系数手册》和指南附表 B-1 中选取。各类源 $PM_{2.5}$、PM_{10}占 TSP 的比例和 BC、OC 占 $PM_{2.5}$的比例可采用实测数据或从附表 B-2 中选取。VOCs 排放量大的地区，针对本地 VOCs 重点排放源、无组织逸散突出的排放源等，积极开展实地测试、物料衡算等相关工作，获取本地化产生系数。

CO_2产生系数及相关计算参数、N_2O 产生系数从相关行业企业温室气体排放核算方法与报告指南中获取。工业废水处理过程 CH_4修正因子可参见《大气污染物与温室气体融合源清单编制技术指南》附表 B-3。

有条件的地区，针对当地重点和特色排放源开展产生系数和燃料硫分、灰分、元素碳含量、低位发热量、碳氧化率、工业废水处理过程 CH_4修正因子等关键参数实测，获取反映当地排放源特征的数据。

3）移动源

（1）机动车。

机动车 CO、VOCs、NO_x和 PM 排放系数原则上根据《排放源统计调查产排污核算方法和系数手册》选取。未覆盖的，排放系数计算公式如下：

$$\mathrm{EF}_{i,j} = \mathrm{BEF}_i \times \varphi_j \times \gamma_j \times \lambda_i \times \theta_i \tag{5-45}$$

式中，$\mathrm{EF}_{i,j}$为 i 类型机动车在 j 地区的排放系数，g/km；BEF_i为 i 类型机动车的综合基准排放系数，g/km；φ_j为 j 地区的环境修正因子，量纲一；γ_j为 j 地区的平均速度修正因子，量纲一；λ_i为 i 类型机动车的劣化修正因子，量纲一；θ_i为 i 类型机动车的其他使用条件（如负载系数、油品质量等）修正因子，量纲一。

为了得到各项修正因子，需获取的数据包括城市温度、湿度、海拔、道路平均车速、油品含硫量和柴油车载重系数。温度、湿度和海拔数据可查询当地统计年鉴获取；道路平均车速可通过交管部门获取；油品质量数据可调研油品销售主管业务部门获取；柴油车载重数据可调研道路收费站获取。

机动车 SO_2 排放主要来自燃油中硫的燃烧生成。根据质量平衡，机动车 SO_2 排放系数按下式计算：

$$EF_{SO_2} = 2.0\times10^{-5}\times FC\times\rho\times\alpha \tag{5-46}$$

式中，EF_{SO_2} 为机动车 SO_2 排放系数，g/km；FC 为燃油油耗，L/100 km；ρ为燃油密度，g/mL；α为该地区道路机动车燃油年均含硫量，mg/kg，通过实际调研获取。

（2）非道路移动机械。

非道路移动机械燃料计算法的排放系数采用欧盟大气污染物排放清单编制指南（EMEP/EEA air pollutant emission inventory guidebook）数据，非道路移动机械功率计算法的排放系数基于实测数据获得，可参考《大气污染物与温室气体融合源清单编制技术指南》附表 C-3 和附表 C-4。

（3）船舶。

船舶排放系数可参考《大气污染物与温室气体融合源清单编制技术指南》附表 C-5 和附表 C-6。

（4）铁路。

铁路内燃机车排放系数基于国内外研究成果比较分析获得，可参考《大气污染物与温室气体融合源清单编制技术指南》附表 C-7。

4）油品储运销

储存与装载分环节计算法排放系数参考《排放源统计调查产排污核算方法和系数手册》中固定顶罐油品 VOCs 产污系数表、内浮顶罐有机化学品 VOCs 产污系数表和公路/铁路装载挥发损失 VOCs 产污系数表。综合法 VOCs 排放系数参考《大气污染物与温室气体融合源清单编制技术指南》附表 C-9。原油储运源 CH_4 排放系数取 7.53 g/t。

5）生活源

生活锅炉大气污染物产生系数可参考相同燃料、相同工艺和规模的工业锅炉。其他生活能源消费源大气污染物产生系数和 CH_4 的排放系数可根据第三级排放源对应的燃料或原料类型、工艺等从《大气污染物与温室气体融合源清单编制技术指南》附表 D-2 和附表 D-3 中选取。

有条件的地区，开展生活源化石燃料硫分、灰分、低位发热量、单位热值含碳量等关键参数实测，获取反映当地排放源特征的数据。

6）农业源

（1）农业能源消费。

农业能源消费源是指与农林牧渔业相关的用于加热、干燥等的能源消费活动，农业能源消费大气污染物和 CO_2 排放量可参照 5.1.3.4 中的 5）生活源中的能源消费计算。

（2）畜禽养殖。

畜禽养殖 NH_3 产生系数为单位质量总铵态氮以大气氨形式排放的量，受畜禽种类、养殖方式、排泄物管理阶段、粪便形态和气温等因素影响。清单编制过程中应根据当地实际情况选用相应数据。

为计算粪便存储过程的氮损失（以 N_2O、NO 和 N_2 形式释放），《大气污染物与温室气体融合源清单编制技术指南》一并给出粪便存储过程 N_2O、NO 和 N_2 产生系数。畜禽粪便管理 CH_4 排放系数采用以下公式进行计算：

$$\mathrm{EF_{M\text{-}CH_4}} = (\mathrm{VS} \times 365) \times \left[B_0 \times 0.67 \times \sum_i \mathrm{MCF}_i \times \mathrm{MS}_i \right] \tag{5-47}$$

式中，VS 为畜禽每日易挥发固体排泄量，kg VS/（头·d），可参考《大气污染物与温室气体融合源清单编制技术指南》（下同）附表 E-4；B_0 为畜禽粪便的最大 CH_4 生产能力，m^3 CH_4/kg VS，见附表 E-5；0.67 为 CH_4 的质量体积密度，kg/m^3；MCF_i 为第 i 种粪便管理方式的 CH_4 转化系数，%，见附表 E-6；MS_i 为第 i 种粪便管理方式所占比例，%，为活动水平数据，需要依据核算设施情况进行收集。

畜禽每日易挥发固体排泄量（VS）既可以使用缺省值（见附表 E-4），也可以通过式（5-48）进行计算：

$$\mathrm{VS} = \left[\mathrm{GE} \times (1 - \mathrm{DE\%}/100) + (\mathrm{UE} \times \mathrm{GE}) \right] \times (1 - \mathrm{ASH})/18.45 \tag{5-48}$$

式中，VS 为畜禽每日易挥发固体排泄量，kg VS/（头·d）；GE 为畜禽每天总能摄入量，MJ/（头·d），由饲料干物质摄入量乘以 18.45 计算获得；DE%为畜禽摄入饲料的消化率，优先采用核算项目主体自身的测定值，如无测定值，推荐使用 80%；UE×GE 为尿能占总能的系数，优先采用核算项目主体自身的测定值，如无测定值，推荐使用 0.02；ASH 为粪便中的灰分含量，优先采用核算项目主体自身的测定值，如无测定值，推荐使用 0.04；18.45 为每千克干物质日粮总能的转化因子，MJ/kg。

各种粪便管理方式的 N_2O 直接排放系数以及畜禽 1 000 kg 活体重每天的氮排泄率可使用《大气污染物与温室气体融合源清单编制技术指南》附表 E-8 提供的推荐值，NH_3 和 NO_x 挥发的比例等参数可使用附表 E-9 提供的推荐值。

（3）农业用地。

①氮肥施用。

氮肥施用过程排放系数指单位质量氮肥在施用过程中向大气排放氨的质量。

实际排放系数通常在基准排放系数基础上根据施肥率和施肥方式进行修正：

$$\mathrm{EF} = \mathrm{BEF} \times \alpha \times \beta \tag{5-49}$$

式中，BEF 为基准氨产生系数；α为施肥率修正因子（《大气污染物与温室气体融合源清单编制技术指南》附表 E-10）；β为施肥方式修正因子。

根据土壤酸碱性和气温选取符合当地实际特征的数据。施肥率修正因子根据每亩耕地施肥量确定，每亩耕地施肥量高于 13 kg 氮时取 1.18，小于或等于 13 kg 氮时取 1。施肥方式修正因子在覆土深施时取 0.32，表面撒施时取 1。施肥率和施肥方式可通过调研当地农耕习惯获取。

②秸秆露天焚烧。

秸秆露天焚烧大气污染物产生系数可参考《大气污染物与温室气体融合源清单编制技术指南》附表 E-13。

③固氮植物、土壤本底、秸秆堆肥和人体粪便。

固氮植物氨产生系数为该植物单位固氮量排放大气氨的量。我国广泛种植的固氮植物为大豆、花生和绿肥 3 类，推荐值分别为 0.07 kg 氨/（亩·a）、0.08 kg 氨/（亩·a）和 0.09 kg 氨/（亩·a）。

土壤本底氨排放系数为每亩耕地每年向大气排放氨的量，推荐值为 0.12 kg 氨/（亩·a）。

秸秆堆肥氨排放系数为单位质量秸秆堆肥过程中释放大气氨的量，推荐值为 0.32 kg 氨/t 秸秆。

人体粪便氨产生系数为成人每人每年排放大气氨的量。推荐值见《大气污染物与温室气体融合源清单编制技术指南》附表 E-14。

农业用地 N_2O 排放包括直接排放和间接排放。直接排放是由农用地当季氮输入引起的排放。输入的氮包括氮肥、粪肥和秸秆还田。间接排放包括大气氮沉降引起的 N_2O 排放和氮淋溶径流损失引起的 N_2O 排放。农业用地 N_2O 排放量可参照《省级温室气体排放清单编制指南（试行）》计算。

7）废弃物处理源

废弃物处理源大气污染物产生系数可参照《排放源统计调查产排污核算方法和系数手册》、《大气污染物与温室气体融合源清单编制技术指南》附表 F-1 提供的推荐值选取。生活垃圾焚烧源 PM_{10}、$PM_{2.5}$ 占总颗粒物比例优先采用实测法获得，无法开展实测的可参照《大气污染物与温室气体融合源清单编制技术指南》附表 A-1 工业源生物质锅炉取值。

温室气体排放系数可参照《大气污染物与温室气体融合源清单编制技术指南》附表 F-2 和附表 F-3 提供的推荐值选取。

8）扬尘源

（1）道路扬尘。

道路扬尘根据路面铺设与否分为铺装道路和未铺装道路两种类型分别计算排放系数。H 市道路基本为铺装道路，参照《扬尘源颗粒物排放清单编制技术指南》中铺装道路排放系数公式进行计算。

铺装道路扬尘排放系数计算公式：

$$E_{Pi}=k_i\times \mathrm{sL}^{0.91}\times W^{1.02}\times\left(1-\eta\right) \tag{5-50}$$

式中，E_{Pi} 为铺装道路的扬尘中 PM_i 排放系数，g/km；k_i 为产生的扬尘中 PM_i 的粒度乘数，参照《城市大气污染物排放清单编制技术手册》附录 I，PM_{10} 和 $PM_{2.5}$ 取值分别为 0.62 和 0.15；sL 为道路积尘负荷，g/m^2；W 为平均车重，t，该数据选取 H 市具备监控措施的道路车流量及车型比例，取各种车型的平均车重，数据来源于公安局车流量监控测试信息；η 为污染控制技术对扬尘的去除效率，%。

本研究去除措施采取部门发表形式调研，根据调研措施参照《扬尘源颗粒物排放清单编制技术指南》表 6 取值，其他控制措施控制效率选用类似措施效率替代，多种措施同时开展的，取控制效率最大值。

（2）施工扬尘。

施工扬尘排放系数的计算参照《扬尘源颗粒物排放清单编制技术指南》中公式进行计算。施工扬尘排放系数计算公式：

$$E_{Ci}=2.69\times10^{-4}\times\left(1-\eta\right) \tag{5-51}$$

式中，E_{Ci} 为整个施工工地 PM_i 的平均排放系数，t/（m^2·月）；η 为污染控制技术对气源的去除效率，%。本研究施工扬尘采取的控制措施通过部门发布方式获取，并根据措施情况参照《扬尘源颗粒物排放清单编制技术指南》表 9 取值。同时，根据《扬尘源颗粒物排放清单编制技术指南》内容，PM_{10} 和 $PM_{2.5}$ 的粒径系数分别为 0.49 和 0.1。

（3）土壤扬尘。

土壤扬尘源排放系数即土壤扬尘的起尘速率，受土壤表层颗粒物粒径分布、土壤机械组成、地面粗糙度、植被覆盖率、周围屏蔽条件以及气象因素的影响，其排放系数的计算公式：

$$\mathrm{ES}_i=D_i\times C\times\left(1-\eta\right)\times10^{-4} \tag{5-52}$$

$$D_i = k_i \times \mathrm{Iwe} \times f \times L \times V \tag{5-53}$$

$$C = 0.504 \times u^3 / \mathrm{PE}^2 \tag{5-54}$$

式中，ES_i 为土壤扬尘源的 PM_i 排放系数，t/（$m^2 \cdot a$）；D_i 为 PM_i 的起尘因子，t/（$10^4 \cdot m^2 \cdot a$）；C 为气候因子，表征气象因素对土壤扬尘的影响，由年平均风速、降水量、蒸发量和温度共同决定；η为污染控制技术对城市扬尘的去除效率，%，《技术手册》附录 C 提供了不同控制技术对颗粒物的去除效率；k_i 为 PM_i 在土壤扬尘中百分含量，PM_{10} 为 0.30，$PM_{2.5}$ 为 0.05；Iwe 为土壤风蚀指数，已有研究得到的土壤风蚀指数见《技术手册》附录 I，其他类型土壤风蚀指数可以选择质地接近的土壤类型代替或者进行实地测量获得，根据了解 H 市土质主要为砂质黏壤土；f 为地面粗糙因子，取值为 0.5，在近海、海岛、海岸、湖岸及沙漠地区取值为 1；L 为无屏蔽宽度因子，显示研究区域的开阔程度，即没有明显的阻挡物（如建筑物或者高大的树木）的最大范围，当无屏蔽宽度小于或等于 300 m 时，L=0.7；当无屏蔽宽度大于 300 m 且小于 600 m 时，L=0.85；当无屏蔽宽度大于或等于 600 m 时，L=1.0；V 为植被覆盖因子，指裸露土壤面积占总计算面积比例，V=裸露土壤面积/总计算面积；u 为年平均风速，m/s；PE 为桑氏威特降水—蒸发指数，计算公式：

$$\mathrm{PE} = 100 \times \left(p / E^*\right) \tag{5-55}$$

$$E^* = \left[0.5949 + \left(0.1189 \times T_\mathrm{a}\right)\right] \times 91 \tag{5-56}$$

式中，p 为年降水量，mm；E^*为年潜在蒸发量，mm；T_a 为年平均温度，℃。

其中，k_i 取技术手册推荐值，PM_{10} 为 0.30，$PM_{2.5}$ 为 0.05；Iwe 根据 H 市土壤特性，取壤土的风蚀指数参考值，PM_{10} 取 273 t/（$10^4 \cdot m^2 \cdot a$），$PM_{2.5}$ 取 46 t/（$10^4 \cdot m^2 \cdot a$）；f 根据土地利用类型，未硬化或绿化空地取 0.3；L 根据研究区域的开阔程度，取 1.0；V 根据植被覆盖率，取值为 0.7。

（4）堆场扬尘。

堆场扬尘排放系数的计算参照《城市大气污染物排放清单编制技术手册》中公式进行计算。装卸、运输物料过程扬尘排放系数的估算公式：

$$E_\mathrm{h} = k_i \times 0.0016 \times \frac{\left(\frac{u}{2.2}\right)^{1.3}}{\left(\frac{M}{2}\right)^{1.4}} \times \left(1 - \eta\right) \tag{5-57}$$

式中，E_h 为堆场装卸扬尘的排放系数，kg/t；k_i 为物料的粒度乘数，参照《城市大气污染物排放清单编制技术手册》中附录 I 中推荐值；u 为地面平均风速，m/s；M 为物料含水率，%，该数据主要来源于该堆场统计调研数据，根据不同物料堆场类型选取；η 为污染控制技术对扬尘的去除效率，%，本研究中根据不同物料堆场对应措施选取，H 市主要防尘措施有覆盖防尘布、设有围挡并有洒水措施。

5.2 大气污染物与温室气体融合排放清单与特征分析

5.2.1 2023 年 H 市大气污染物与温室气体融合排放清单初步结果

根据上文建立的清单计算方法和排放因子，并结合调查工作获取的活动水平数据，建立了 H 市 2023 年大气污染物与温室气体排放清单。将排放清单结果按国家指南分类方式，具体分析如下。

H 市 2023 年电力热力源、工业源、移动源和油品储运销、生活源、农业源、扬尘源、废弃物处理源等污染源的排放清单初步计算结果见表 5-3。结果显示，2023 年 H 市 SO_2、NO_x、CO、VOCs、NH_3、TSP、PM_{10}、$PM_{2.5}$、BC、OC、CO_2、CH_4 和 N_2O 的排放总量分别为 0.83 万 t、2.31 万 t、12.35 万 t、1.74 万 t、1.29 万 t、8.47 万 t、2.81 万 t、1.23 万 t、0.07 万 t、0.26 万 t、3 346.26 万 t、9.42 万 t 和 0.53 万 t。

从各类主要污染源对大气污染物的排放贡献来看，SO_2 主要来自工业源和电力热力源；NO_x 主要来源为移动源和电力热力源；CO 主要来源为工业源和电力热力源；VOCs 主要来源为工业源；NH_3 主要来源为农业源；TSP 主要来源为扬尘源和工业源；PM_{10} 主要来源为扬尘源和工业源；$PM_{2.5}$ 主要来源为扬尘源、农业源和工业源；BC 主要来源为农业源；OC 主要来源为农业源；CO_2 主要来源为电力热力源；CH_4 主要来源为工业源；N_2O 主要来源为农业源和电力热力源。

表 5-3　H 市 2023 年大气污染物与温室气体排放清单

单位：t

一级源分类	二级源分类	SO_2	NO_x	CO	VOCs	NH_3	TSP	PM_{10}	$PM_{2.5}$	BC	OC	CO_2	CH_4	N_2O
电力热力源	火力发电	1 861.15	2 851.61	15 947.79	104.16	0	250.76	225.68	162.99	0.33	0	16 265 589.60	0	257.66
	热电联产	654.57	1 269.16	12 356.01	83.30	0	1 044.37	861.08	550.71	1.10	0	7 914 895.24	0	1 903.62
	生物质能发电	233.32	595.93	9 121.56	20.15	0	62.40	61.15	56.14	7.85	31.97	750.04	752.48	25.13
	小计	2 749.03	4 716.70	37 425.36	207.60	0	1 357.53	1 147.91	769.85	9.28	31.97	24 181 234.88	752.48	2 186.41
工业源	钢铁	0.48	1.15	0	0	0	0.15	0.13	0.11	0	0.04	519.60	0	0
	有色冶炼	2.39	13.40	0	19.99	0.32	586.60	529.51	417.48	0	96.60	131 281.56	0	0
	铸造	0	0	0	7.21	0	16.19	14.58	11.49	0	0.34	894.15	0	0
	水泥	112.98	883.72	7 820.86	84.55	42.27	1 791.90	1 272.75	814.62	6.53	9.59	3 541 849.05	0	0
	砖瓦	3 317.45	2 148.42	30 227.42	28.48	0	127.73	51.09	30.66	12.53	10.08	1 841.99	0	0
	陶瓷	193.03	182.48	0	0.36	0	9.76	4.39	3.73	0	0	65 253.99	0	0
	石灰	10.61	18.02	2 918.59	0	0	2.17	0.52	0.11	0.002	0.001	110 417.87	0	0
	其他建材	178.95	213.67	12.27	18.14	0	351.10	101.37	49.04	0.02	0.16	366 110.56	0	0
	独立焦化	594.31	531.10	6 835.60	3 550.05	7.75	448.89	336.67	224.45	67.33	78.56	1 771 436.18	0	0
	石化与化工	342.70	362.89	253.45	2 031.12	107.17	217.58	167.94	133.48	0	0	66 022.65	0.47	0
	医药制造	0	0	0	71.26	0	0.13	0.10	0.09	0	0	0	0	0
	食品	0	0	0	889.45	0.05	14.22	11.01	9.43	0	0	0	0	0
	轻纺	0	0	0	0	0	0.09	0.07	0.06	0	0	0	0	0
	造纸	0.28	18.46	0	1.04	0	12.60	9.75	8.36	0	0	0	0	0
	其他工业	0	0	0	370.96	0	13 089.86	1 764.94	216.26	0	0	0	74 790.25	0
	储罐	0	0	0	80.26	0	0	0	0	0	0	0	0	0
	装载	0	0	0	118.57	0	0	0	0	0	0	0	0	0

一级源分类	二级源分类	SO_2	NO_x	CO	VOCs	NH_3	TSP	PM_{10}	$PM_{2.5}$	BC	OC	CO_2	CH_4	N_2O
工业源	泄漏	0	0	0	153.33	0	0	0	0	0	0	0	0	0
	工业锅炉	336.93	301.95	3 755.18	177.69	0	156.33	79.48	50.74	8.42	6.351	1 110 152.62	49.77	1.66
	工业涂装	0	0	0	685.13	0	0	0	0	0	0	0	0	0
	印刷印染	0	0	0	15.63	0	0	0	0	0	0	0	0	0
	小计	5 090.11	4 675.25	51 823.36	8 303.22	157.57	16 825.31	4 344.31	1 970.10	94.83	201.73	7 165 780.22	74 840.49	1.66
移动源	机动车	9.87	7 579.36	8 139.01	1 970.50	136.17	63.95	63.95	63.95	39.52	10.19	1 554 111.31	247.17	72.15
	船舶	0.7	47.6	23.8	6.19	0	3.81	3.60	3.43	2.27	0.72	3 149.00	0	0
	铁路内燃机	0.001	493.8	75.2	0	0	18.42	18.42	18.42	0	0	28 718.88	0	0
	非道路机械	2.15	4 251.40	0	409.85	0	100.08	100.08	100.08	44.60	33.37	337 881.07	0	0
	小计	12.72	12 372.12	8 238.05	2 386.53	136.17	186.25	186.05	185.88	86.38	44.28	1 923 860.26	247.17	72.15
生活源	民用锅炉	10.15	6.87	38.31	0.34	0	3.08	2.91	2.67	0.37	1.49	1 953.30	3.06	0.10
	生活民用炉灶	45.00	107.46	458.83	9.38	0	26.44	23.94	18.93	6.89	8.39	175 944.61	0	0
	生活生物质炉灶	51.08	66.66	3 620.32	310.86	72.57	393.96	373.98	348.01	55.62	232.68	0	178.34	0
	建筑涂料和胶黏剂使用	0	0	0	880.94	0	0	0	0	0	0	0	0	0
	家庭溶剂	0	0	0	365.48	0	0	0	0	0	0	0	0	0
	其他溶剂	0	0	0	124.45	0	0	0	0	0	0	0	0	0
	汽修	0	0	0	324.05	0	0	0	0	0	0	0	0	0
	干洗	0	0	0	38.60	0	0	0	0	0	0	0	0	0
	餐饮	0	0	0	425.77	0	608.24	608.24	486.59	9.88	340.62	0	0	0
	小计	106.23	180.99	4 117.46	2 479.87	72.57	1 031.72	1 009.07	856.20	72.76	583.17	177 897.91	181.41	0.10
农业源	畜禽养殖	0	0	0	0	7 981.35	0	0	0	0	0	0	17 508.63	2 659.31
	氮肥施用	0	0	0	0	171.32	0	0	0	0	0	0	0	245.57

一级源分类	二级源分类	SO_2	NO_x	CO	VOCs	NH_3	TSP	PM_{10}	$PM_{2.5}$	BC	OC	CO_2	CH_4	N_2O
农业源	秸秆堆肥	0	0	0	0	329.21	0	0	0	0	0	0	0	16.66
	其他农业	0	0	0	0	1 086.30	0	0	0	0	0	0	0	0
	农业民用炉灶	55.16	3.34	451.78	11.50	0	30.72	27.65	21.50	8.24	9.78	13 781.32	0	0
	农业生物质炉灶	62.28	81.48	4 414.57	379.34	88.81	480.64	456.25	424.55	67.86	284.05	0	217.91	0
	农药使用	0	0	0	834.440 16	0	0	0	0	0	0	0	0	0
	生物质开放燃烧	218.10	998.78	17 047.45	2 332.05	134.83	2 492.68	2 492.68	2 464.29	314.81	1 396.25	0	0	0
	小计	335.54	1 083.60	21 913.80	3 557.33	9 791.82	3 004.03	2 976.57	2 910.35	390.92	1 690.08	13 781.32	17 726.53	2 921.53
扬尘源	工地	0	0	0	0	0	6 707.16	3 509.54	759.46	0	0	0	0	0
	堆场	0	0	0	0	0	8 000.74	4 333.36	2 169.05	0	0	0	0	0
	铺装道路	0	0	0	0	0	39 010.11	8 030.62	2 047.91	0	0	0	0	0
	土壤扬尘	0	0	0	0	0	8 539.92	2 561.98	640.49	0	0	0	0	0
	小计	0	0	0	0	0	62 257.93	18 435.50	5 616.92	0	0	0	0	0
储存运输源	储油库储罐	0	0	0	14.06	0	0	0	0	0	0	0	0	0
	储油库装载	0	0	0	90.69	0	0	0	0	0	0	0	0	0
	油气储存	0	0	0	193.32	0	0	0	0	0	0	0	0	0
	油气运输	0	0	0	101.22	0	0	0	0	0	0	0	0	0
	小计	0	0	0	399.29	0	0	0	0	0	0	0	0	0
废弃物处理源	废水处理	0	0	0	0	0.48	0	0	0	0	0	0	308.10	84.76
	固废处理	7.50	54.00	0	61.60	32.75	4.50	4.50	4.50	0	0	0	141.29	0
	烟气脱硝	0	0	0	0	2 732.06	0	0	0	0	0	0	0	0
	小计	7.50	54.00	0	61.60	2 765.28	4.50	4.50	4.50	0	0	0	449.39	84.76
合计		8 333.04	24 036.68	115 623.53	15 149.94	11 627.98	68 988.88	23 106.04	10 228.89	546.41	2 014.97	29 549 786.65	176 253.33	5 119.07

5.2.2 H 市主要污染物排放特征分析

5.2.2.1 二氧化硫（SO_2）

H 市 2023 年 SO_2 排放总量为 8 301.13 t，其中工业源和电力热力源是 SO_2 的主要排放贡献源，贡献率分别为 61.3%和 33.1%（见图 5-2）。

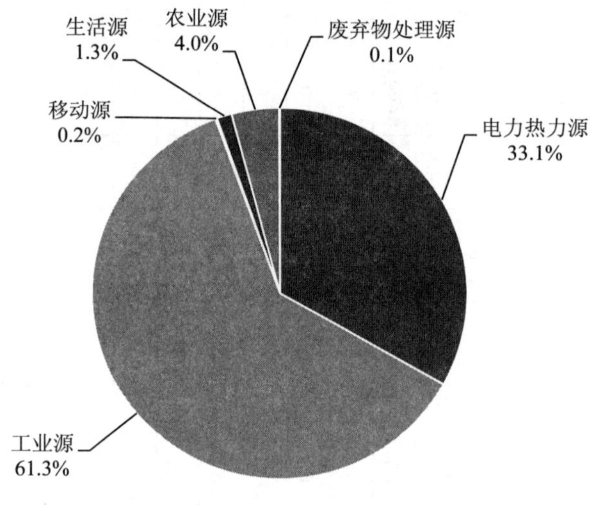

图 5-2 H 市 SO_2 各排放源贡献率

工业源包括钢铁、水泥、焦化、砖瓦、有色冶炼、铸造、陶瓷、石灰、建材、石化与化工、医药制造、食品、轻纺、造纸、工业涂装、印刷印染和其他工业等 21 个部分，其中，砖瓦对 SO_2 贡献率最大，占工业源的 65.2%；其次为独立焦化，占工业源的 11.7%。

电力热力源包括火力发电、热电联产和生物质能发电 3 部分。其中，火力发电对 SO_2 贡献率最大，占电力热力源的 67.7%；其次为热电联产，占电力热力源的 23.8%；生物质能发电排放贡献率相对较少，占电力热力源的 8.5%。

5.2.2.2 氮氧化物（NO_x）

H 市 2023 年 NO_x 排放总量约 2.31 万 t，其中，移动源、电力热力源和工业源为主要贡献源，贡献率分别为 53.6%、20.4%和 20.3%（见图 5-3）。

移动源的 NO_x 排放来自机动车、非道路机械，其 NO_x 的排放量分别占移动源排放总量的 77.6%、16.9%。主要是由于载货车辆、农业机械在运行过程中需要消耗大量的柴油，从而产生大量的 NO_x 排放。

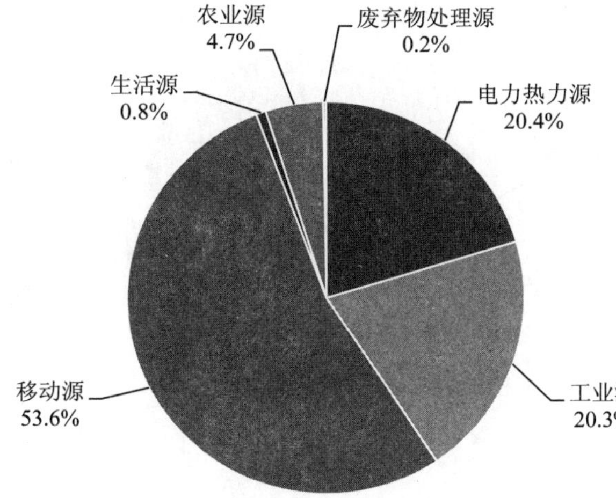

图 5-3 H 市 NO_x 各排放源贡献率

5.2.2.3 颗粒物（PM_{10}、$PM_{2.5}$）

H 市 2023 年 PM_{10} 和 $PM_{2.5}$ 的排放总量分别为 2.81 万 t 和 1.23 万 t。

扬尘源、工业源是 PM_{10} 主要的贡献源，贡献率分别为 65.6%、15.5%（见图 5-4）。扬尘源是 PM_{10} 最大的排放贡献源，主要来自道路扬尘排放，占扬尘源 PM_{10} 排放总量的 43.6%；其次是堆场扬尘排放，占扬尘源 PM_{10} 排放总量的 23.5%。工业源中 PM_{10} 主要来自其他工业及水泥排放，二者分别占工业源 PM_{10} 排放总量的 40.6%和 29.3%。

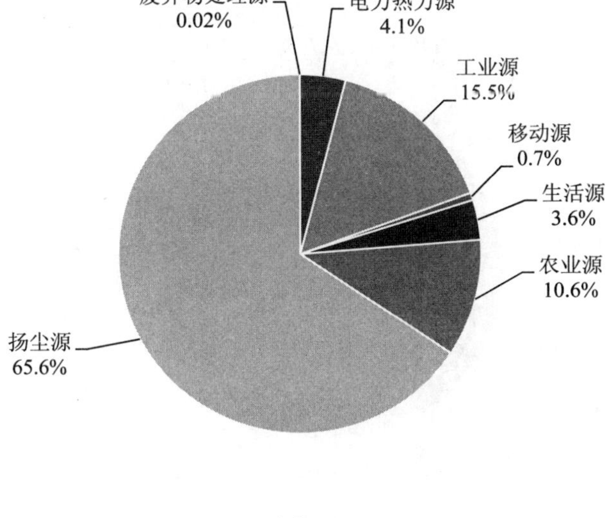

（a）PM_{10}

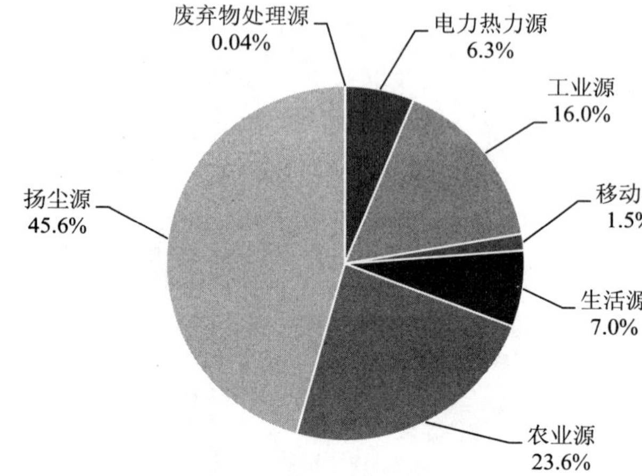

（b）$PM_{2.5}$

图 5-4　H 市 PM_{10}、$PM_{2.5}$ 各排放源贡献率

扬尘源、农业源和工业源是 $PM_{2.5}$ 主要的贡献源，贡献率分别为 45.6%、23.6%和 16.0%（见图 5-4），其中堆场扬尘、道路扬尘、生物质开放燃烧、水泥和有色冶炼排放是最主要的排放子源。由于扬尘源排放的颗粒物以粗粒径为主，其 $PM_{2.5}$ 排放分担率下降了 20%。

5.2.2.4　挥发性有机物（VOCs）

基于现阶段所获得的调查成果进行计算，H 市 2023 年 VOCs 的人为源排放量约 1.74 万 t，主要来自工业源、农业源和生活源，贡献率分别为 47.7%、20.4%和 14.3%（见图 5-5）。工业源中，VOCs 排放来源主要为独立焦化、石化与化工，在工业源中占比分别为 42.8%、24.5%。

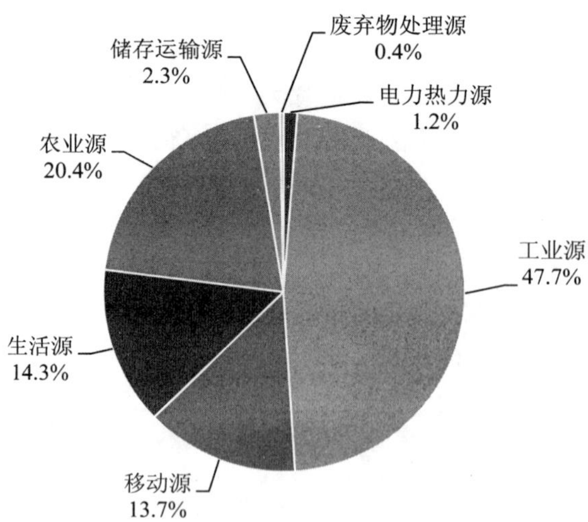

图 5-5　H 市 VOCs 各排放源贡献率

5.2.2.5　氨（NH_3）

氨排放与其他污染物的来源区别较大，H 市全市氨排放总量约 1.29 万 t，75.8%的贡献来自农业源（见图 5-6），其中，畜禽养殖和其他农业排放在农业源中贡献比例分别为 81.5%和 11.1%。废弃物处理源贡献率为 21.4%，主要来源于烟气脱硝。

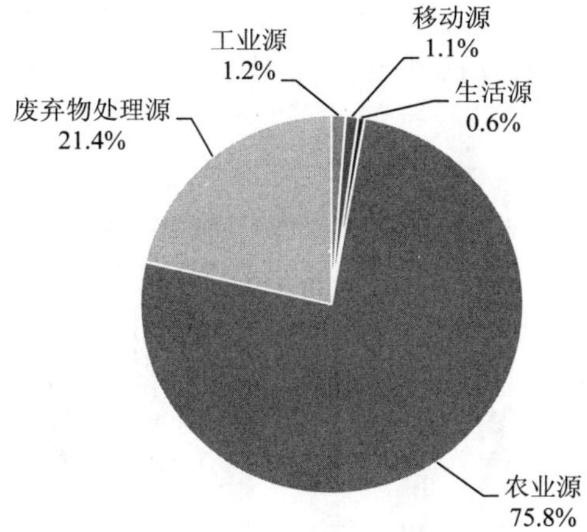

图 5-6　H 市 NH_3 各排放源贡献率

5.2.2.6　CO_2

H 市 2023 年 CO_2 的人为源排放量约 3 346.26 万 t，主要来自电力热力源和工业源，贡献率分别为 72.3%和 21.4%（见图 5-7）。电力热力源中，CO_2 排放来源主要为火力发电，占比 67.3%；工业源中，CO_2 排放来源主要为水泥、独立焦化，在工业源中占比分别为 49.4%、24.7%。

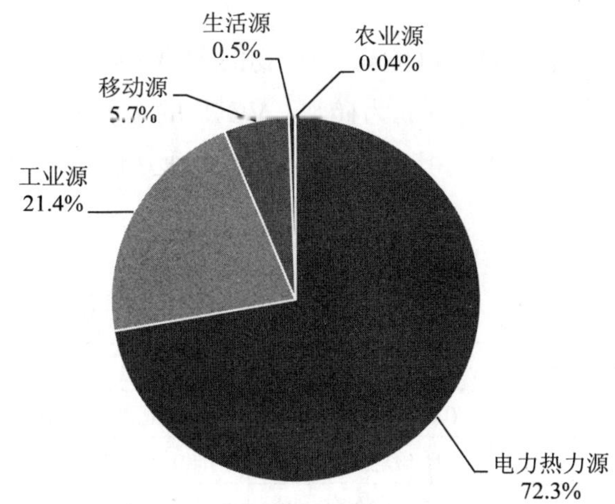

图 5-7　H 市 CO_2 各排放源贡献率

5.2.3　H 市重点源一次排放特征分析

5.2.3.1　电力热力源

电力热力源可再细分为火力发电、热电联产、生物质能发电，分析各污染物排放分布情况，SO_2、NO_x、CO、VOCs、TSP、PM_{10}、$PM_{2.5}$、CO_2、N_2O 主要来源为热电联产、火力发电；BC 主要来源为生物质能发电、热电联产；OC、CH_4 主要来源为生物质能发电（见图 5-8）。

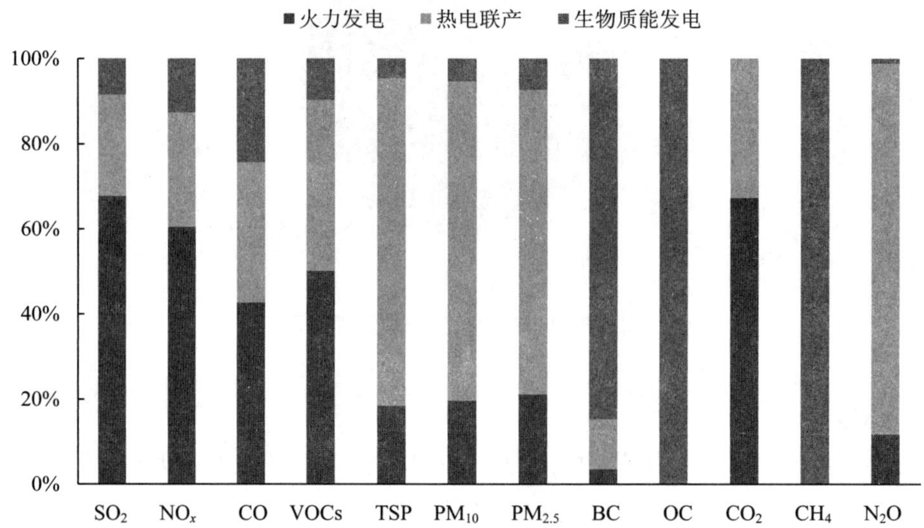

图 5-8　2023 年电力热力源排放分布情况

5.2.3.2　工业源

工业源是 SO_2、CH_4、CO、VOCs、颗粒物的主要贡献源类，分析重点行业的贡献情况，SO_2、NO_x、CO 的主要来源行业为砖瓦；VOCs 的主要来源行业为独立焦化、石化与化工；颗粒物的主要来源行业为其他工业、水泥、独立焦化；CH_4 的主要行业来源为其他工业（见表 5-4）。

表 5-4　工业源重点行业污染物排放分析　　单位：%

行业	SO_2	NO_x	CO	VOCs	NH_3	TSP	PM_{10}	$PM_{2.5}$	BC	OC	CO_2	CH_4	N_2O
钢铁	0.009	0.025	0	0	0	0.001	0.003	0.005	0	0.021	0.007	0	0
有色冶炼	0.047	0.287	0	0.241	0.202	3.486	12.189	21.191	0	47.886	1.832	0	0
铸造	0	0	0	0.087	0.000	0.096	0.336	0.583	0	0.171	0.012	0	0
水泥	2.220	18.902	15.091	1.018	26.829	10.650	29.297	41.349	6.885	4.754	49.427	0	0

行业	SO_2	NO_x	CO	VOCs	NH_3	TSP	PM_{10}	$PM_{2.5}$	BC	OC	CO_2	CH_4	N_2O
砖瓦	65.174	45.953	58.328	0.343	0	0.759	1.176	1.556	13.209	4.998	0.026	0	0
陶瓷	3.792	3.903	0	0.004	0	0.058	0.101	0.189	0	0	0.911	0	0
石灰	0.208	0.385	5.632	0	0	0.013	0.012	0.006	0.002	0.001	1.541	0	0
其他建材	3.516	4.570	0.024	0.218	0	2.087	2.333	2.489	0.024	0.081	5.109	0	0
独立焦化	11.676	11.360	13.190	42.755	4.921	2.668	7.750	11.393	71.005	38.941	24.721	0	0
石化与化工	6.733	7.762	0.489	24.462	68.016	1.293	3.866	6.775	0	0	0.921	0.001	0
医药制造	0	0	0	0.858	0	0.001	0.002	0.004	0	0	0	0	0
食品	0	0	0	10.712	0.032	0.085	0.253	0.479	0	0	0	0	0
轻纺	0	0	0	0	0	0.001	0.002	0.003	0	0	0	0	0
造纸	0	0.395	0	0.012	0	0.075	0.225	0.424	0	0	0	0	0
其他工业	0	0	0	4.468	0	77.799	40.626	10.977	0	0	0	99.933	0
储罐	0	0	0	0.967	0	0.000	0	0	0	0	0	0	0
装载	0	0	0	1.428	0	0.000	0	0	0	0	0	0	0
泄漏	0	0	0	1.847	0	0.000	0	0	0	0	0	0	0
工业锅炉	6.619	6.458	7.246	2.140	0	0.929	1.829	2.576	8.875	3.148	15.492	0.066	100
工业涂装	0	0	0	8.251	0	0	0	0	0	0	0	0	0
印刷印染	0	0	0	0.188	0	0	0	0	0	0	0	0	0

5.2.3.3　移动源

移动源主要包括道路移动源和非道路移动源。从图 5-9 可以看出，机动车是移动源中 SO_2、NO_x、CO、CH_4、N_2O 和 VOCs 的主要排放源，而非道路机械是颗粒物的主要排放源。

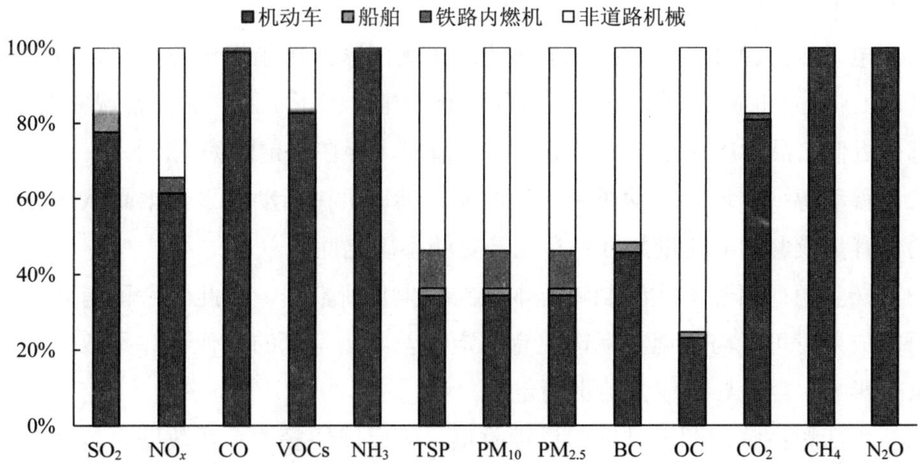

图 5-9　移动源排放特征分析

5.2.3.4 扬尘源

扬尘源主要包括施工扬尘、堆场扬尘、道路扬尘和土壤扬尘。从图 5-10 可以看出，对 TSP、PM_{10} 贡献最多的为道路扬尘，对 $PM_{2.5}$ 贡献较大的为堆场扬尘、道路扬尘。

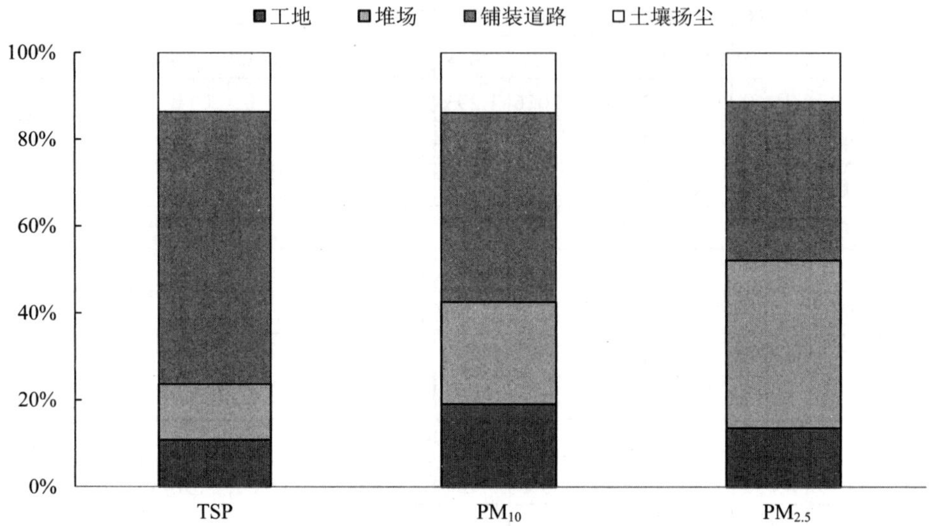

图 5-10 扬尘源排放特征分析

5.2.4 不确定性分析

定性分析本次工作建立的 H 市大气污染物与温室气体融合排放清单中各个排放源的活动数据、排放因子以及核算方法等关键方面的不确定性水平，各个排放源中存在较高不确定性的来源分析如下：

（1）电力热力源及工业源：排放因子均采用国家清单指南推荐因子，暂未进行本地化处理。工业生产的产品类型繁多，目前已有的排放因子不能和实际情况完全一一对应，存在部分近似产品对应使用同一排放因子的情况，存在一定的偏差。

（2）移动源：非道路移动源中工程机械、港口机械活动水平数据是从部门调研直接获取的保有量或燃油消耗量数据，存在一定的不确定性。

（3）扬尘源：由于本次编制缺乏本地的积尘负荷数据，因此参考了南方其他城市的相关研究成果，可能与本地实际情况有一定偏差。扬尘源的其他计算参数较多，受多种环境条件影响，容易导致较大的不确定性。

（4）生活源：餐饮源通过部门反馈收集，但反馈的餐饮企业数据未包含末端处理信息，参考了油烟净化的平均水平进行计算，因此排放量与实际存在误差的可能性，导致不确定性。汽修、建筑涂料的使用量采用部门调查获取，但活动数据整体偏低，通过专家经验系数进行调整，可能与实际情况略有差距；此外，溶剂使用相关排放源的覆盖范围可能存在缺失，导致漏算的情况。

（5）生物质燃烧源：对于秸秆和薪柴的焚烧量并没有常规的统计口径，而且较难监控，所以在计算过程中是利用产生量和其他参数进行推算，与实际的燃烧量存在差距，可能引入较大的不确定性。

5.3　清单成果与应用范围

5.3.1　清单主要成果

（1）根据基准年大气污染物与温室气体融合排放清单的编制需求，H 市开展了广泛详细的资料调查和部门调查。

（2）在《大气污染物与温室气体融合排放清单编制技术指南（试行）》的原则指导下，建立 H 市 2023 年大气污染物与温室气体融合排放清单，结果显示，该地区 2023 年 SO_2、NO_x、CO、VOCs、NH_3、TSP、PM_{10}、$PM_{2.5}$、BC、OC、CO_2、CH_4 和 N_2O 的排放总量分别为 0.83 万 t、2.31 万 t、12.35 万 t、1.74 万 t、1.29 万 t、8.47 万 t、2.81 万 t、1.23 万 t、0.07 万 t、0.26 万 t、3 346.26 万 t、9.42 万 t 和 0.53 万 t。

（3）H 市 SO_2 主要来自工业源和电力热力源；NO_x 主要来源为移动源和电力热力源、工业源；CO 主要来源为工业源和电力热力源；VOCs 主要来源为工业源；NH_3 主要来源为农业源；TSP 主要来源为扬尘源和工业源；PM_{10} 主要来源为扬尘源和工业源；$PM_{2.5}$ 主要来源为扬尘源、农业源和工业源；BC 主要来源为农业源；OC 主要来源为农业源；CO_2 主要来源为电力热力源；CH_4 主要来源为工业源；N_2O 主要来源为农业源和电力热力源。

5.3.2　清单成果应用范围

城市高时空分辨率的大气污染物与温室气体融合排放清单是进行空气质量模型模拟、区域污染特征识别和大气环境管理的基础，基于本工作建立的 2023 年 H 市融合排放清单，下一步可应用于本地的区域大气污染形成与迁移机制研究、空气质量预报预警、区域空气质量保障、污染源控制对策研究及大气污染防治规划等实践应用中，具体如下。

5.3.2.1　精细化污染源监管台账与“一企一策”方案建立

由于本工作所编制的 H 市大气污染物与温室气体融合排放清单是建立在大量的污染源实地调查工作和详细的调查内容基础上，因此，本清单的排放量数据精细程度可达排放源、区域、行业、企业、生产工段等不同层次。根据污染源监管需求，区分企业、施工工地、加油站、道路等主要对象类型，分类建立污染源台账，详细记录每个污染源的基本信息、地理位置、生产信息、排放量等相关数据，作为后续污染源监管与防治工作的基础数据库，达到根据不同的工作需求，智能筛选、定位所需污染源信息的功能。同时，基于此污染源台账，针对其中包含的H市工业企业，建立“一厂一册”，详细分析每个档案内企业的排污环节和排污贡献，结合政策与业务要求，制订精细到企业生产工段的企业治理方案。

5.3.2.2 污染外来输送与本地贡献分析

H 市本地化、精细化、高分辨率大气污染物排放源清单的建立，不仅为定量识别本地污染源特征提供了最直接的数据，而且通过进一步与H市周边地区的区域清单进行耦合，为环境大气污染形成与迁移机制研究提供排放源的输入数据基础，结合气象条件、大气化学反应机制等因素，利用空气质量模拟模型，选择不同的季节时段（1月、4月、7月、10月）、不同气象条件和典型的重污染时期，进一步定量评估分析不同条件下，外来区域和本地污染源排放对于H市污染物浓度的贡献影响，科学合理地分析污染传输影响，从而为区域大气污染联防联控工作提供基础与依据。

5.3.2.3 空气质量预报预警系统更新及应用

影响空气质量预报预警系统准确性的主要因素为系统的三大输入数据，包括气象数据、大气反应化学机制和排放源清单输入数据。对于目前的研究和业务水平来说，气象数据的输入已经基本实现了实时联动，再分析和预测误差较小，而大气反应化学机制的更新和本地化研究需要依靠更加专业的技术支撑，并非一朝一夕可以完善，因此，本地化排放源清单的输入更新成为提升预报业务效果中可实现的重要突破口。

基于本次H市污染源调查和排放清单编制工作，建立了H市污染物总量清单、污染源时间分配数据库和空间分配数据库，可为空气质量预报模型提供格式数据，满足预报系统的清单输入更新，使预报业务中污染源的排放情况更贴合H市实际情况，从而为提高预报预警系统性能提供重要基础，满足H市环境安全和大气质量的需求。

5.3.2.4 重污染天气应急预案修正

由于前期H市缺乏本地化的详细污染源名单和排放清单，在已经制订的重污染天气应急预案中，应急措施的落实程度较低，在生态环境部督察期间，提出的修改意见也是进一步提出细化的、可落实应急措施。

结合以上需求，通过本次清单编制工作，可以提取出每个重点污染源的点位分布和污染物排放量，通过分析不同污染源、不同行业、不同生产技术和不同燃烧设备中可采取的应急减排措施，针对各市（县、区）和不同应急等级要求，提出所采用应急措施中的具体落实对象和应急减排要求，并利用空气质量模拟模型进行评估，确定所选具体对象在落实应急措施后，是否能满足重污染天气的应急保障要求，从而进一步细化修正 H

市的重污染应急预案。

5.3.2.5 空气质量达标规划研究与编制

针对目前已发布的国家、H 市的相关大气污染防治条例和控制要求，如果没有精细化的 H 市排放源清单作为基础，不清楚现有的本地排放水平，较难准确地评估控制措施的减排效果和对空气质量的改善效果，能否保证实现国家下达的改善目标属于未知数。但是，基于本项目建立的高分辨率排放源清单和污染源数据档案库，在区域经济发展和主要大气污染排放趋势预测的基础上，针对每项空气污染防治措施，可以逐项计算相关措施的污染物减排量，结合区域空气质量模拟模式，对区域空气质量的规划目标进行可达性分析，评估现有控制方案的实施效果是否能满足 H 市空气质量改善目标。如果现有政策措施仍然不能满足要求，结合 H 市实际情况提出更加严格的污染源控制要求，并再次利用模式评估，直到提出的控制方案能满足空气质量改善目标，最终编制 H 市空气质量达标规划。

5.4 应用案例：基于多源数据融合与智能模型耦合的大气污染精准溯源系统

5.4.1 应用意义

对于大气污染的防治工作，精确识别排放特征，精细快速解析污染来源，实现从排放源头对大气污染物进行针对性控制削减无疑是最合理有效的策略。

基于监测数据、气象数据、排放源数据（融合排放清单）等多源数据，对城市区域内的大气污染物进行传输溯源，主要包括多站点监测数据的高值识别-分类和大气污染物的传输溯源两个方面。实现城市大气污染源空间特征展示和局地小微尺度污染源扩散影响在线模拟分析，为空气质量监测站点高值来源分析、重点排放源影响评估提供了有力的数据支撑。

5.4.2 应用展示

本技术内容可在大气污染防治工作中展开应用（见图 5-11），主要应用场景如下。

5.4.2.1 大气污染特征分析

大气污染防治方案中可展示当地区域或站点高值特征，为宏观防控建议制定提供数据支撑。

5.4.2.2 日常高值应对防控

结合案例库和智能分析算法，对高值成因进行智能诊断，在发现高值的同时快速锁定污染成因并对症下药，消除高值影响。

5.4.2.3　周期性空气质量分析

总结分析周期性高值组成特征并生成相关图表，为周期性报告撰写提供数据支持。

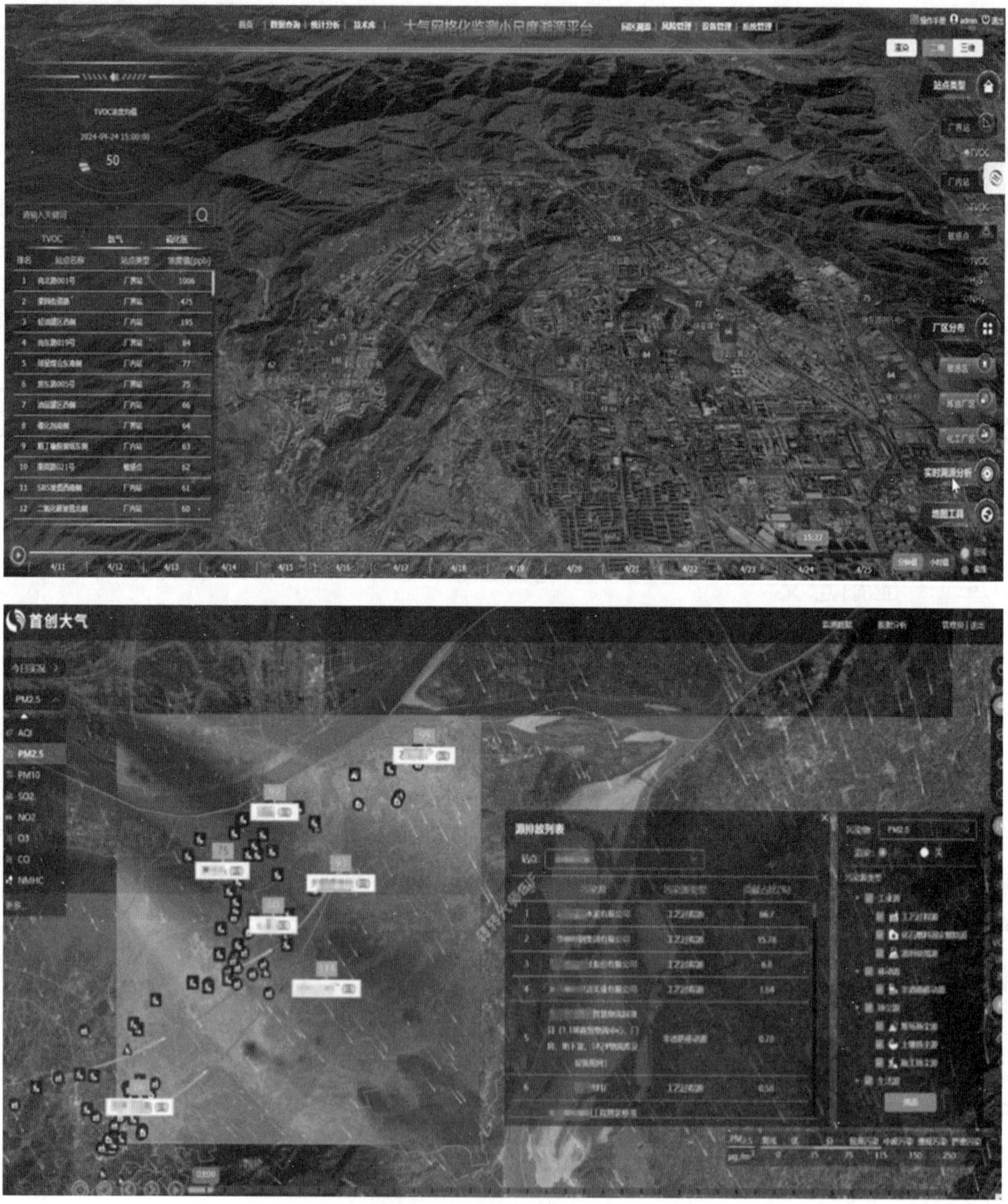

图 5-11　应用案例示意

第二篇

空气质量模型

第 6 章 火电行业排放对空气质量影响研究

在现有的研究中，火电行业对全国空气质量的影响已得到一定关注，但新冠疫情期间火电排放的变化及其环境影响的量化评估存在明显不足。针对这一研究空白，本研究聚焦 2020 年（疫情期间），基于 CMAQ 模型开展火电行业对空气质量的影响评估。选择 2020 年作为研究时段的主要原因如下：首先，文献综述表明，2019 年已有权威研究揭示了我国东部地区火电行业的污染贡献，但新冠疫情期间特殊的排放贡献尚未被深入解析。其次，2020 年 MEIC 清单数据显示，全国工业源、移动源等背景污染排放量较 2019 年显著下降，而火电行业在新冠疫情期间仍维持较高负荷，这为量化火电行业对空气质量贡献提供了天然实验条件。最后，本研究团队此前已完成钢铁等重点行业的新冠疫情期间排放特征研究，进一步聚焦火电行业可构建多源对比框架。

针对上述问题，本研究基于前文构建的 2020 年我国火电行业大气污染物与温室气体融合排放清单，耦合背景源，利用 CMAQ 模型量化分析新冠疫情期间火电排放对空气质量的影响，为火电行业的污染防治政策制定提供科学支撑。

6.1 模型验证

本研究团队对 WRF 模拟效果的可靠性进行了验证。本研究沿用了这些研究中的参数设置，因此可认为其为 CMAQ 模型提供的气象场具有较高可信度。

本研究选取了山东省济南市、淄博市以及江苏省南京市、苏州市的环境空气质量监测数据进行验证。这些城市所在省份火电装机容量大、污染物排放量高，具有代表性，可用于 CMAQ 模型模拟效果的评估（见表 6-1）。整体来看，SO_2 的模拟效果较好，在多个城市的 R 值均接近 0.7，表明模拟结果与实测数据具有较强的相关性，同时 NMB 和 NME 也在合理范围内，说明模型较准确地反映了 SO_2 的时空变化特征。$PM_{2.5}$、NO_2 和 CO 的模拟效果在部分城市表现较好，如济南市和淄博市的 NO_2 相关性较高，R 值均超过 0.4，表明模型能够一定程度上再现其时空分布趋势。同时，O_3 在南京市和淄博市的 R 值较高，模拟结果较为合理，表明 CMAQ 在 O_3 变化趋势的刻画上具有一定的可靠性。

造成一定误差的原因可能包括：①排放清单的不确定性，部分地区的污染源排放量在网格化过程中可能存在细微偏差，影响模拟值与观测值的匹配度；②气象场模拟误差，WRF 模型在某些复杂气象条件下可能存在一定的不确定性，进而影响 CMAQ 对污染物扩散和沉降过程的模拟。总体而言，本研究的 CMAQ 模拟结果在大多数情况下达到了验证标准，较准确地反映了 2023 年我国火电行业的大气污染物排放特征，并能为区域空气质量评估提供一定的数据支撑。

表 6-1 CMAQ 模型模拟性能验证结果

城市	污染物	*R*	FB	NMB	NME
济南市	NO_2	0.48	−1.35	−0.78	0.78
	SO_2	0.68	−1.20	−0.72	0.72
	PM_{10}	0.45	−1.65	−0.90	0.90
	O_3	0.38	−0.02	−0.02	0.03
	CO	0.50	−1.55	−0.85	0.85
	$PM_{2.5}$	0.60	−1.55	−0.88	0.88
淄博市	NO_2	0.47	−1.25	−0.75	0.75
	SO_2	0.53	−1.35	−0.80	0.80
	PM_{10}	0.42	−1.65	−0.90	0.90
	O_3	0.45	0.05	0.03	0.03
	CO	0.52	−1.55	−0.85	0.85
	$PM_{2.5}$	0.55	−1.58	−0.88	0.88
南京市	NO_2	0.30	−0.80	−0.58	0.58
	SO_2	0.10	−0.65	−0.50	0.50
	PM_{10}	0.32	−1.50	−0.85	0.85
	O_3	0.42	−0.01	−0.01	0.02
	CO	0.08	−1.30	−0.80	0.80
	$PM_{2.5}$	0.40	−1.28	−0.78	0.78
苏州市	NO_2	0.32	−0.50	−0.40	0.40
	SO_2	0.15	−0.05	−0.05	0.06
	PM_{10}	0.30	−1.45	−0.82	0.82
	O_3	0.22	−0.12	−0.10	0.11
	CO	0.18	−1.18	−0.72	0.72
	$PM_{2.5}$	0.35	−1.30	−0.78	0.78

6.2 火电行业大气环境影响分析研究

图 6-1（彩色插页）显示了 2020 年我国火电行业对 SO_2、NO_x、$PM_{2.5}$、CO、O_3 及 PM_{10} 的年均贡献浓度空间分布，进一步量化了这些污染物在各省份的年均浓度贡献情况。

从空间分布来看，火电行业排放的污染物贡献浓度与其排放量分布大体一致，整体呈东部高、西部低的趋势。其中，江苏、浙江、山东、安徽和河南等省份的贡献浓度较高，尤其是长三角及华北部分地区，火电行业对区域空气质量的影响较为显著。$PM_{2.5}$ 和 PM_{10} 的贡献浓度较高区域主要集中在江苏和山东周边，同时受背景源排放、气象条件及区域传输的影响，河南、安徽、湖北等地也形成局部高值区。O_3 贡献浓度的高值区主要出现在四川等地，由于该区域 NO_2 与 VOCs 背景浓度较高，且地形封闭、大气扩散条件较弱，进一步促进了 O_3 的积累。

2020 年，火电行业对大气污染物的年均贡献浓度分别为 SO_2 0.388 μg/m^3、NO_x 0.640 μg/m^3、$PM_{2.5}$ 0.050 μg/m^3、CO 0.018 μg/m^3、O_3 2.602 μg/m^3 和 PM_{10} 0.059 μg/m^3，最高值分别达到 0.932 μg/m^3、2.098 μg/m^3、0.116 μg/m^3、0.065 μg/m^3、3.410 μg/m^3 和 0.136 μg/m^3。总体而言，2020 年火电行业的污染物贡献浓度在东部和中部部分省份较高，而部分地区由于区域背景污染及气象条件的影响，局部也出现了较高的污染物浓度水平。

6.3 结　论

本章基于 WRF-CMAQ 模型，模拟分析了 2020 年我国火电行业典型大气污染物排放对区域空气质量的影响，重点探讨了新冠疫情期间火电行业的排放特征与贡献，主要结论如下：

（1）火电行业大气污染物的年均贡献浓度空间分布特征与其排放量基本一致，高值区主要集中在江苏、浙江、山东、安徽和河南等省份。其中，$PM_{2.5}$ 贡献浓度的高值区不仅出现在江苏、山东周边，还受背景排放源和气象条件影响，在河南、安徽、湖北等地也形成局部高值区。此外，O_3 贡献浓度高值区主要集中在四川等地，受背景 NO_2 和 VOCs 排放水平的影响较大，且地形条件导致污染物滞留，进一步促进 O_3 的积累。

（2）从不同月份来看，火电行业污染物的贡献浓度呈现明显的季节性特征，其中 1 月（冬季）贡献浓度最高，10 月（秋季）次之。这一变化趋势与火电行业在采暖季的负荷变化一致，表明火电排放对区域空气质量的影响存在显著的时空差异。

（3）2020 年受新冠疫情影响，全国范围内工业生产和交通排放一度大幅减少，然而，火电行业作为能源供应的基础部门，其排放水平相对稳定，甚至在部分地区因居民用电需求增加而略有上升。因此，尽管全国整体污染物浓度有所下降，火电行业对大气污染物的贡献比例在部分地区仍较为突出。

（4）火电行业对各省份大气污染物浓度的贡献比例存在较大差异，江苏、浙江、山东、安徽等省份的火电排放占比相对较高，尤其 SO_2 和 NO_x 贡献比例较大。部分地区 $PM_{2.5}$ 和 O_3 的浓度贡献受背景排放及大气化学反应的共同影响，表现出区域传输和复合污染的特征。

综上，火电行业排放对我国区域大气环境具有显著影响，特别是在重点工业省份和采暖季期间，其对空气质量的贡献更为突出。新冠疫情期间，尽管整体社会活动受限，火电行业仍是大气污染的重要来源之一。本研究可为火电行业的污染控制与大气治理提供科学依据。

第 7 章
臭氧和大气细颗粒物局地尺度模型应用研究

7.1 引 言

7.1.1 研究背景

O_3 具有强氧化性，能够显著影响微量气体的氧化过程，对空气质量和气候变化影响明显（Monks et al.，2015）。处于平流层的 O_3 能够吸收紫外线，对保护地球生物具有重要作用，而位于对流层或大气底层的 O_3 会破坏活细胞，导致细胞功能受损，进而影响植物生长和人体健康（Zhang et al.，2019）。相关研究表明，暴露于高浓度 O_3 条件下会增加呼吸系统疾病、心血管疾病等患病概率（Manisalidis et al.，2020；Al-kindi et al.，2020；Kurt et al.，2016）。O_3 生成机理复杂，O_3 的形成与其前体物 VOCs、NO_x 之间呈非线性关系。此外，O_3 的形成与日照强度与温度相关，相关研究表明，空气中 $PM_{2.5}$ 浓度的降低会增强日照强度，从而一定程度上导致了 O_3 浓度上升的趋势。由于 O_3 的生成机制复杂，因此对 O_3 的科学管控具有较大的挑战性。

细颗粒物（$PM_{2.5}$）是雾霾的主要成分之一，对环境和人体健康构成威胁。高浓度 $PM_{2.5}$ 会诱发呼吸系统疾病（Xing et al.，2016）、心脑血管疾病（Krittanawong et al.，2023）等疾病，危害人体健康。$PM_{2.5}$ 来源复杂，包括机动车排放、工业排放、扬尘、船舶排放等多种来源（Tao et al.，2017）。合理管控 $PM_{2.5}$ 具有重要意义。

近年来，O_3 与 $PM_{2.5}$ 是我国大气污染防治中的两大重要挑战。从我国历年公布的生态环境公报可知，2018—2023 年，尽管以 O_3 与 $PM_{2.5}$ 为首要污染物的天数占重度及以上天数比均有所下降，但 O_3 与 $PM_{2.5}$ 仍为大气环境中的主要污染物。O_3 与 $PM_{2.5}$ 污染季节性明显，在我国大部分经济发达及人口分布密集地区，如京津冀、长三角、珠三角等地区，夏季 O_3 污染严重，秋冬季节 $PM_{2.5}$ 污染严重。

2013—2018 年，我国先后发布了《大气污染防治计划》《打赢蓝天保卫战三年行动计划》，我国空气质量显著改善，但夏季 O_3、秋冬季 $PM_{2.5}$ 依旧为部分城市空气质量超标的主要污染物。2022 年 11 月，生态环境部等 15 部门联合印发的《深入打好重污染天气消除、臭氧污染防治和柴油货车污染治理攻坚战行动方案》中明确秋冬季聚焦 $PM_{2.5}$ 和重污染天气、夏季聚焦 O_3，坚持协同减排、源头防控，以钢铁、焦化、建材、有色、石化、化工、工业涂装等行业为重点，聚焦 $PM_{2.5}$ 污染；聚焦 O_3 前体物 VOCs 和 NO_x。2023 年 12 月，国务院印发《空气质量持续改善行动计划》要求推进 $PM_{2.5}$ 和 O_3 协同控制，推进京津冀及周边地区大气污染联防联控。系列大气污染防控政策的提出表明了我国开展 O_3 和 $PM_{2.5}$ 污染防治的决心，突出了 O_3 和 $PM_{2.5}$ 问题的紧迫性。

$PM_{2.5}$、O_3 及其前体物反应复杂（李红等，2019），合理模拟 O_3 与 $PM_{2.5}$ 污染及污染来源解析，对制订治理措施具有重要指导意义。众多研究者通过数值模拟方法识别污染浓度高值区，并开展 O_3 与 $PM_{2.5}$ 来源解析研究，为 O_3 与 $PM_{2.5}$ 污染防治工作提供了科学的数据支撑（王俏丽等，2019；沈劲等，2017；沈劲等，2015）。同时随着信息技术的不断发展，结合数值模拟的大气环境管理平台，可为分析污染成因、预测污染发展趋势及快速响应治理提供有力支撑（成国庆等，2019）。

未来我国大气污染防治工作仍将继续聚焦于 O_3 与 $PM_{2.5}$ 的管控，提高局地尺度下数值模拟 O_3 和 $PM_{2.5}$ 模拟能力并结合信息化技术与数值模拟技术，有助于深入了解局地尺度下 O_3 与 $PM_{2.5}$ 污染的扩散及空间分布情况，快速反映各污染源对 O_3 和 $PM_{2.5}$ 污染贡献，为制定有效的污染防治策略提供理论支持和科学依据。

7.1.2 国内外研究现状

$PM_{2.5}$ 的生成和分布涉及多个复杂的物理和化学过程，需要综合考虑排放源，气象条件化学反应和清除过程等多个因素。O_3 的生成也是一个复杂的过程，不同 O_3 前体物经过一系列复杂的迁移、转化以及复杂的化学反应最终生成 O_3，其过程中涉及多个中间产物和多步反应，模拟 O_3 污染涵盖了大气化学、大气物理和数值模拟等多个领域。

空气质量模型运用气象学原理及数学方法，模拟污染物在大气中的输送、扩散、沉降、化学反应等过程，能够反映 O_3 与 $PM_{2.5}$ 等污染物在大气中的扩散及空间分布情况，是 O_3 与 $PM_{2.5}$ 污染研究和环境管理应用中的重要工具之一（高雅等，2022；王自发等，2006）。

空气质量数值模型目前已成为许多国家大气环境质量管理的有力工具。美国规定了多种空气质量模型为法规模型，包括 AERMOD 等多种模型。欧盟、英国环保署等为推进空气质量模型的规范化使用提供了多种指南。2018 年，我国生态环境部发布了《环境影响评价技术导则　大气环境》（HJ 2.2—2018，以下简称大气导则），推荐了 AERMOD、CALPUFF、ADMS 等空气质量模型。

空气质量模型按模拟尺度分类，可将模型划分为适用于局地尺度（50 km 以下）、城市尺度（几十千米到几百千米）、区域尺度（几百千米以上）等。适用于局地尺度下应用的模型包括 AERMOD、ADMS、SCICHEM 和 CALPUFF 模型等，不同空气质量模型在适用模拟范围、模拟污染物和模型原理等方面均具有差异。

7.1.2.1　SCICHEM 模型

SCICHEM 于 1999 年在 EPRI（The Electric Power Research Institute，https：//www.epri.com）公司资助下开发，基于二阶闭合集成烟团扩散模型的拉格朗日光化学扩散模式，其前身为 SCIPUFF（Second-order Closure Integrated PUFF）模型。SCICHEM 模型使用高斯烟团来表示三维的、随时间变化的浓度场，同时考虑了光化学反应，与传统的拉格朗日模型相比，SCICHEM 能够模拟局地尺度和城市尺度的 O_3 与二次 $PM_{2.5}$ 的生成和扩散过程。

SCIPUFF 为 SCICHEM 的核心模块，在 EPRI 公司资助下于 1988 年开发，结合了大气边界层的二阶闭合方法（谷德军，2002），以高斯理论为基础模拟来自一个或多个源的任意时间复杂变化的三维羽流（Henn et al.，1999），广泛应用于污染溯源（Albo et al.，2011；Allen et al.，2007）、模型评估、污染扩散模拟和风险泄漏模拟等研究。此外，美国军方有害物质泄漏模拟 HPAC（Hazard Prediction and Assessment Capability）软件核心模块是 SCIPUFF。SCICHEM 是在 SCIPUFF 模型的基础上，考虑了光化学反应机制。其最新版本为 2021 年发布的 Version 3.3。

SCICHEM 具有以下的优势和特点：①相较于大多数拉格朗日模型（如 CALPUFF 模型），SCICHEM 包括完整的光化学和其他化学算法，能够模拟 O_3 和二次 $PM_{2.5}$。②能够输入多种格式的气象数据，SCICHEM 可以利用标准观测数据、网格气象场（WRF）或者特定的 AERMET 输出文件。③模型的模拟范围可以从几百米到几百千米（局地尺度和城市尺度）。④采用自适应网格与时间步长技术，可以更好模拟近源影响，模型模拟效率高。

当前，在国内应用 SCICHEM 模型的研究主要集中在模型比较等方面。刘孟雄等（2022）比较了 2019 年 7 月 SCICHEM 模型与 CAMx 模型模拟河北省石家庄一个虚拟燃煤电厂二次污染物影响的差异，模拟结果显示 SCICHEM 模型模拟 $PM_{2.5}$ 浓度值高于 CAMx 模型，SCICEHM 模型模拟 O_3 的高值区主要集中在污染源周边，而 CAMx 模型则呈现出相反的分布趋势。

Cui 等（2020）以我国戈壁沙漠地区为案例，比较了 2016 年 9 月 SCICHEM 模拟惰性气体（SF_6）与 CALPUFF 模拟惰性气体之间的差异，模拟结果显示 SCICHEM 在下风向羽流的位置和形状与 CALPUFF 的结果基本一致。

SCICHEM 模型在国外广泛应用于一次及二次污染物（O_3 和二次 $PM_{2.5}$ 等）的模拟，并在多个实际案例中得到了验证。Chowdhury 等（2015）利用 1998 年、1999 年美国坎伯兰火电厂在不同条件下的模拟结果，开展了模型性能评估研究，模拟范围为300 km×300 km。结果显示，污染物（O_3、NO_x等）观测浓度与模拟污染物扰动浓度的相关性等随着下风向距离而呈下降趋势。对于下风向距离大于 30 km 的区域，烟羽中 NO_x减少，NO_x与 VOCs 的比例有利于烟羽边缘 O_3的生成，但烟羽中心的 O_3浓度由于 NO_x的滴定仍在降低。验证结果显示，SCICHEM 模型 O_3模拟浓度与观测值的统计学指标最高 R 可达 0.79，模拟效果良好。

Karamchandani 等（2020）进一步对比了 2011 年美国西部、北部、东南部、西南 4 个地区 SCICHEM 模型与常用的光化学网格模型（CMAQ、CAMx）模拟二次污染物的不同。结果显示，SCICHEM 与光化学网格模型之间的差异大于光化学网格模型之间的差异。

Vuolo 等（2023）利用 SCICHEM 模型模拟了 2020 年意大利卡萨利诺地区 1 km 范围内沼渣扩散产生恶臭气体扩散，并评估了在最差和最优情境下的平均和最大气味浓度以及超标概率。

本研究选用 SCICHEM 模型开展 O_3和 $PM_{2.5}$局地尺度下的应用研究（见表 7-1）。

表 7-1　局地尺度模型对比结果

模型名称	推荐模拟范围	一次污染物	二次 $PM_{2.5}$（SO_4^{2-}、NO_3^-二次有机气溶胶）	O_3
AERMOD	局地尺度（≤50 km）	是	否	否
ADMS	局地尺度（≤50 km）	是	否	否
CALPUFF	局地尺度和城市尺度（几千米到几百千米）	是	是	否
SCICHEM	局地尺度和城市尺度（几千米到几百千米）	是	是	是

7.1.2.2　O_3与 $PM_{2.5}$溯源研究

当前，利用空气质量模型开展 O_3和 $PM_{2.5}$溯源研究主要集中在区域或城市尺度，研究中常用的模型包括 CMAQ、CAMx、RegAEMS（Regional Atmospheric Environment Modeling System）等区域尺度模型。众多学者通过模型中的溯源功能模块，如 CMAQ 中的 ISAM（Integrated Source Apportionment）模块、RegAEMS 中的 APSA（Air Pollution Source Apportionment）模块、CAMx 中的 OSAT（Ozone Source Apportionment）模块等，实现对京津冀、榆林市、粤港澳大湾区、北京市等地区 $PM_{2.5}$或 O_3污染的来源解析。然而，区域尺度模型通常需要占用大量的计算资源，且在局地尺度下的模拟精度有限。

在局地尺度下应用较为广泛的空气质量模型如 CALPUFF、AERMOD 等，由于受化学反应机制的限制，其简单的线性化学反应机制无法模拟 O_3等二次污染物生成及传输过程中涉及复杂的非线性关系。因此，目前缺乏局地尺度模型的 O_3 溯源研究，而在局地尺度下的 $PM_{2.5}$ 溯源研究也应进一步探讨。

相较之下，SCICHEM 能够模拟局地尺度和城市尺度的 O_3 与二次 $PM_{2.5}$ 的生成和扩散过程。此外，SCICHEM 支持点源、面源、线源等多种输入格式，相较于区域尺度模型仅适用于网格源的局限性。SCICHEM 能够更精确地描述近源 O_3 和二次 $PM_{2.5}$ 的扩散和传输过程。例如，Karamchandani 等（2020）对比了 SCICHEM 与 CMAQ、CAMx 模拟 O_3 的不同，结果表明 SCICHEM 能够更好地反映出排放源周围 NO 滴定作用。同时，SCICHEM 采用自适应地表网格技术，可根据计算需要动态调整网格分辨率，具有较高的模拟效率。

SCIPUFF 作为 SCICHEM 模型的核心模块，广泛应用于溯源研究。Allen 等（2007）利用 SCIPUFF 模型与遗传算法相结合，通过计算各污染源的排放因子并利用实测数据进行验证，有效地实现污染源的溯源。Leone 等（2016）利用 SCIPUFF 模型量化了 2015 年卡塞塔地区两个水泥厂排放对监测站点 PM_{10} 的全年贡献浓度。模拟结果显示 PM_{10} 模拟值与实测值具有良好的一致性，水泥厂为该地区 PM_{10} 污染的主要来源。研究可为 SCICHEM 模型开展溯源分析提供理论支持。然而，目前 SCICHEM 主要应用于模型对比、性能评估及企业模拟等，利用 SCICHEM 模型用于 O_3 和 $PM_{2.5}$ 溯源分析的研究仍较少。

因此，本研究选择 SCICHEM 模型开展 O_3 及 $PM_{2.5}$ 在局地尺度下的溯源应用研究，为局地尺度下 O_3 及 $PM_{2.5}$ 快速溯源研究提供有力支持。

7.1.3　研究目的、意义和内容

7.1.3.1　研究目的和意义

当前，利用空气质量模型开展 O_3 与 $PM_{2.5}$ 污染研究多为以第三代空气质量模型为代表的区域尺度模型（如 CMAQ、CAMx 等）。然而，由于受排放清单、空间分辨率和气象场等多种因素的限制，区域尺度模型在局地精细化模拟方面存在一定局限性。同时，在开展 O_3 与 $PM_{2.5}$ 污染溯源研究时，区域尺度模型通常需要设立不同情景或采用特定的溯源模块实现污染来源解析，但需要巨大的计算资源，计算效率低。而一般适用于局地尺度的 AERMOD、ADMS 和 CALPUFF 模型由于其简单的线性化学反应机制无法实现模拟 O_3 及二次 $PM_{2.5}$。因此，目前针对局地尺度下的空气质量模型在 O_3 与 $PM_{2.5}$ 污染研究仍较为有限。

针对上述问题，本研究基于 SCICHEM 空气质量模型，发展局地尺度的空气质量模拟技术，模拟 O_3 和 $PM_{2.5}$ 浓度及时空分布情况，并结合实际案例（沧州市某炼化企业、北京市大兴区）及其监测站实测数据对模型模拟结果进行验证，评估模型准确性及可靠性，为 SCICHEM 模型本地化应用提供案例支持；利用 SCICHEM 模型对北京市大兴区不同污染源进一步开展 O_3 和 $PM_{2.5}$ 的快速溯源研究。

7.1.3.2 研究内容

（1）以河北省沧州市某典型炼化企业为例，对比 SCICHEM 模型在不同气象数据组合格式模拟结果差异，并与其他局地尺度模型（AERMOD 和 CALPUFF 模型）模拟结果进行对比分析。利用 SCICHEM 模拟了炼化企业重点月份对周边 O_3 和 $PM_{2.5}$ 贡献情况，并结合空气质量实测数据进行模型验证。

（2）基于中国高分辨率融合排放清单（CHRED 3.0A），结合人口、土地利用和路网数据将清单进一步分配至北京市大兴区，利用 SCICHEM 模型开展北京市大兴区 O_3 与 $PM_{2.5}$ 污染溯源研究。分析北京市大兴区本地源中各部门及重点网格对 O_3 与 $PM_{2.5}$ 贡献情况。

7.2 研究方法

7.2.1 模型模拟输入及处理

7.2.1.1 气象数据输入

SCICHEM 模型对气象数据格式要求灵活，支持输入观测数据或网格化气象数据及多种气象数据组合。其中，SCICHEM 模型仅支持 ISHD（DS-3505）格式地面观测数据，这类数据由美国国家海洋和大气管理局（NOAA）维护，包括温度、湿度、风速等气象参数。SCICHEM 模型还可直接读取由 MMIF（Mesoscale Model Interface Program，专门用于处理 WRF 气象输出场）处理得到的 MEDOC 网格化气象文件，该格式气象文件包含了 WRF 的网格投影、三维风场、温度场，行星边界层高度和高程等信息。此外，SCICHEM 模型还支持 AERMOD 格式的地面气象数据及垂直廓线数据。

本研究介绍 SCICHEM 支持的 5 种气象数据的输入组合格式。5 种不同的气象数据组合分别是ISHD格式地面观测数据+高空模拟数据、MEDOC格式网格气象数据、AERMOD格式地面气象数据+MEDOC 格式网格气象数据、AERMOD 格式的地面气象数据及垂直廓线数据、中尺度预测数据（WRF）。每种气象数据格式说明如下。

（1）ISHD 格式地面观测数据+高空模拟数据（方案一）

本方案中 ISHD 格式地面观测数据来自美国国家气候数据中心（NCDC），气象要素包括气温、气压、露点温度、风速、风向、云量、降水量等，时间精度为 3 h。高空模拟数据（FSL 数据）通过 MMIF 提取 WRF 模拟结果而得，垂直方向分为 21 层，离地高度为 0～1 919 m，时间分辨率为每日早八点和晚八点。

地面观测数据通过 METSCI 将 ISHD 格式的地面气象站数据转换为 SCICHEM 所能

识别的气象数据格式，高空模拟数据通过 METSCI 将 FSL 数据转化为 SCICHEM 模型所能识别的气象数据格式。

（2）MEDOC 格式网格气象数据（方案二）

MEDOC 格式网格气象文件由 MMIF 从 WRF 模拟结果中提取而得，气象要素包括气温、风速、地形高程、行星边界层高度、地表热通量、降水率、云量等。时间分辨率为逐小时。该种气象文件相较 WRF 模拟结果所占资源少，便于处理。

（3）AERMOD 格式地面观测数据+MEDOC 格式网格气象数据（方案三）

AERMOD 格式地面观测数据由 AERMET 模块生成，其输出的地面气象数据包含了边界层参数。AERMET 计算的边界层参数包括显热通量、地表摩擦速度、波文比、正午反照率等。气象要素包括风速、风向、温度、降水量、相对湿度等。

MEDOC 格式网格气象数据如前文所述。

（4）AERMOD 格式的地面气象数据及垂直廓线数据（方案四）

AERMOD 格式地面气象数据介绍如前文所示。

AERMOD 垂直廓线数据同样由 AERMET 模块生成，将 FSL 数据处理为 AERMOD 所能识别的高空气象数据格式。

（5）中尺度预测数据（方案五）

WRF 气象模拟数据由 WRF 模式模拟而得，版本为 3.9.1 版本。气象要素包括气温、风速、地形高程、行星边界层高度、地表热通量、降水率、云量等。时间分辨率为逐小时。

7.2.1.2　背景浓度模式

由于常规环境测量无法提供完整的区域反应性污染物和氧化剂的时间和空间变化，因此，本研究利用光化学网格模型 WRF-CMAQ 提供研究区域的三维污染物浓度场作为 SCICHEM 模型的背景浓度。

WRF 模式选择 ARW 版本，由通量形式的完全可压缩及非静力欧拉控制方程组成。投影为兰伯特投影。模式的垂直方向共分 38 层，分别是 1.00、0.995、0.99、0.985、0.98、0.975、0.97、0.965、0.96、0.955、0.95、0.945、0.94、0.93、0.92、0.91、0.90、0.88、0.85、0.82、0.79、0.76、0.73、0.69、0.65、0.60、0.55、0.50、0.45、0.40、0.35、0.30、0.25、0.20、0.15、0.10、0.05、0.00，模式顶气压为 100 hPa。

WRF 模拟采用模拟参数见表 7-2。气象背景场和初始条件来自 NCEP 提供的 FNL（Final Operational Global Analysis）数据，数据水平分辨率为 1°×1°，时间间隔为 6 h，垂直方向 10～1 000 mb 有 34 个标准等压层，数据参数内容包括地面气压、海平面压力、位势高度、温度、土壤值、相对湿度、风场、涡度等。

表 7-2 WRF 模拟参数

参数	设置
投影方式	Lambert 投影
标准纬线	25°N 和 47°N
边界条件	FNL 数据
微物理过程	WSM 3-class simple ice scheme
长波辐射方案	RRTM 方案
短波辐射方案	Dudhia 方案
地表物理方案	Monin-Obukhov 方案
陆地表面物理方案	热量扩散方案
边界层物理方案	YSU 方案

本研究选用 CMAQ5.0.2 版本，该版本成熟且广泛应用，并在不同场景和条件下得到了充分证明。CMAQv5.0.2 采用 CB05 气象化学反应机理和 AER06 气溶胶化学模块，水平平流采用 Yamo 方案计算，垂直对流采用分段抛物法（Piecewise Parabolic Method，PPM）计算；垂直扩散采用非对称对流模型（Asymmetric Convective Model version 2，ACM2）计算；并考虑了干沉降和湿沉降过程。

CMAQ 各层网格在 WRF 网格的基础上，水平方向 4 个边界分别减少 3 个网格，以减小边界的影响。河北省沧州市 CMAQ 模拟网格水平分辨率分别为：第一层覆盖全国范围，分辨率为 27 km×27 km，网格数为 182×155；第二层覆盖京津冀地区，分辨率为 9 km×9 km，网格数为 66×93；第三层为沧州地区，分辨率为 3 km×3 km，网格数为 72×63。北京市大兴区 CMAQ 模拟网格水平分辨率分别为：第一层覆盖全国范围，分辨率为 27 km×27 km，网格数为 182×155；第二层覆盖京津冀地区，分辨率为 9 km×9 km，网格数为 66×93。在垂直方向上分层均为 38 层，分别是 1.00、0.995、0.99、0.985、0.98、0.975、0.97、0.965、0.96、0.955、0.95、0.945、0.94、0.93、0.92、0.91、0.90、0.88、0.85、0.82、0.79、0.76、0.73、0.69、0.65、0.60、0.55、0.50、0.45、0.40、0.35、0.30、0.25、0.20、0.15、0.10、0.05、0.00。

为降低初始条件和边界条件对模拟结果的影响，模拟时间提前了 3 天，本研究分别模拟 2017 年 12 月 28 日至 2018 年 2 月 2 日、2018 年 3 月 27 日至 5 月 2 日和 2018 年 6 月 27 日至 8 月 2 日作为 2018 年 1 月、4 月和 7 月沧州市背景浓度。2022 年 12 月 28 日至 2023 年 2 月 2 日、2023 年 6 月 27 日至 8 月 2 日作为 2023 年 1 月和 7 月北京市大兴区背景浓度。

CMAQ 模式运行第一层嵌套时，采用模式自带的清洁大气垂直廓线作为初始浓度和边值条件，运行第二层及第三层嵌套时采用上一层的输出结果作为初始浓度和边界场。

清单采用清华大学开发的我国多尺度排放清单（Multi-resolution Emission Inventory for China）及本团队编制的高分辨率本地化排放清单（沧州市）。基于研究区域内的人口、土地利用、路网等数据，进一步将分辨率较低的面源清单分配到更高分辨率的网格中。本研究中研究区域包括河北省沧州市、北京市大兴区。CMAQ 模拟结果通过 CTM2SCICHEM 工具转化为 SCICHEM 模型可识别背景浓度格式。

7.2.2　溯源解析方法

本研究利用 SCICHEM 模型通过对每个源进行模拟量化各污染源对敏感点的贡献浓度，通过计算各污染源之间的相对比例，得到各污染源对敏感点的贡献排名情况，为削减排放和优化区域大气环境治理提供一种快速的溯源分析方法。

7.2.3　模型模拟评估

本研究参考国内外文献的评估方法，利用统计学方法计算沧州市、大兴区污染物排放对空气质量监测站点 O_3 及 $PM_{2.5}$ 模拟值与实际监测值的相关系数，以验证模型的模拟效果。相关性 r 的计算公式：

$$r=\frac{\sum_{i=1}^{n}\left(O_i-\bar{O}\right)\left(M_i-\bar{M}\right)}{\sqrt{\sum_{i=1}^{n}\left(O_i-\bar{O}\right)^2}\sqrt{\sum_{i=1}^{n}\left(M_i-\bar{M}\right)^2}} \tag{7-1}$$

式中，O_i 和 M_i 分别为空气质量监测站点模拟值和观测值；$\bar{O}$ 和 $\bar{M}$ 分别为模型计算模拟均值和观测均值；n 为参与评估的总样本数量。

7.3　沧州市典型炼化企业模拟及验证研究

本研究以河北省沧州市某典型炼化企业为例，建立基于 SCICHEM 炼化企业 O_3 及 $PM_{2.5}$ 污染模拟模型，评估不同气象数据格式输入下模型的模拟差异，结合当地多个空气质量站点数据进行验证。并将 SCICHEM 模型与大气导则中推荐的 CALPUFF、AERMOD 模型进行对比分析，探讨局地尺度下各模型污染物模拟的差异。此外，本研究进一步利用 SCICHEM 模型分析在重点月份（1 月与 7 月）炼化企业对周边 O_3 及 $PM_{2.5}$ 污染的影响。

7.3.1 企业概况及模拟参数设置

7.3.1.1 研究区域与对象

石化行业在原油生产、运输、燃料燃烧等过程中产生大量的挥发性有机物（VOCs），并作为 O_3 重要前体物进一步经历复杂的物理、化学反应促进 O_3 的形成，同时石化行业也是 $PM_{2.5}$ 的一个重要来源，评估石化行业排放对周边 O_3 及 $PM_{2.5}$ 影响具有重要意义。

本研究选取的典型炼化企业位于河北省沧州市，地势平坦。基准年为 2018 年，该企业原油一次加工能力 350 万 t/a，占沧州市总原油加工量的 40.28%，主要产品有汽油、柴油等。

空气质量监测数据来自企业周边 4 个空气质量监测站点，主要监测 O_3 和 $PM_{2.5}$ 等污染物，1#、2#、3#和 4#空气质量监测站点分别距企业 1.3 km、3.1 km、2.5 km 和 1.5 km。空气质量监测站点与炼化企业相对位置如图 7-1 所示。

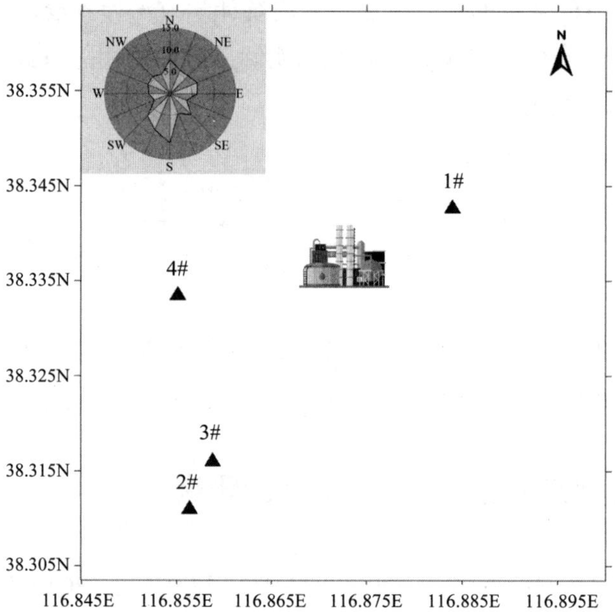

图 7-1 相对位置

污染物随气象条件变化复杂，冬季大气稳定，容易形成逆温层，不利于污染物的扩散。同时，由于冬季燃煤，进一步加剧 $PM_{2.5}$ 污染问题。夏季高温，有利于光化学反应的进行，O_3 生成速率加快，夏季 O_3 污染严重。相较之下，春季（如 4 月），气象条件通常较为稳定，如气温、相对湿度和风向等波动较小，不易出现极端天气。本研究选择 2018 年 4 月为不同气象数据组合模拟效果评估及与 AERMOD、CALPUFF 模型对比章节研究时间，并分析炼化企业 1 月和 7 月 O_3 及 $PM_{2.5}$ 污染情况。

7.3.1.2　沧州市环境空气质量状况

本研究基于 4 个空气质量监测数据进行沧州市空气质量分析，2018 年 1 月 $PM_{2.5}$ 平均浓度与 7 月 O_3 平均浓度及超标情况见表 7-3。2018 年沧州市 1 月各空气质量监测站点 $PM_{2.5}$ 平均浓度分别为 85.1 μg/m^3、92.3 μg/m^3、86.9 μg/m^3 和 85.6 μg/m^3，所有站点均超国家二级标准（75 μg/m^3），超标天数分别为 12 d、15 d、14 d 和 13 d。7 月 O_3 平均浓度分别为 169.85 μg/m^3、167.33 μg/m^3、152.90 μg/m^3 和 171.29 μg/m^3，7 月 O_3 均超国家二级标准（160 μg/m^3），超标天数分别为 19 d、18 d、14 d 和 18 d。

各监测站点 1 月 $PM_{2.5}$ 浓度高值集中在 1 月 15 日至 20 日，7 月 O_3 浓度无显著高值期间。1 月各站点 $PM_{2.5}$ 小时最大浓度分别为 499.0 μg/m^3、527.0 μg/m^3、474.0 μg/m^3 和 516.0 μg/m^3。7 月各站点 O_3 小时最大浓度分别为 282.00 μg/m^3、295.00 μg/m^3、277.00 μg/m^3 和 286.00 μg/m^3。此外，O_3 浓度超国家二级标准（200 μg/m^3）的小时浓度分别占总观测时间的 8.06%、5.78%、4.97%和 6.59%。

表 7-3　2018 年 1 月 $PM_{2.5}$ 月均浓度和 7 月 O_3 月均浓度及超标天数

监测站点	$PM_{2.5}$		O_3	
	浓度/（μg/m^3）	超标天数/d	浓度/（μg/m^3）	超标天数/d
1#	85.13	12	169.85	19
2#	92.32	15	167.33	18
3#	86.94	14	152.90	14
4#	85.58	13	171.29	18

7.3.1.3　模型模拟参数

炼化企业排放信息来自研究团队 2018 年沧州高分辨率城市排放清单，污染因子包括 NO_x 和 VOCs，排放量分别为 229.61 t 和 3 880.04 t。模拟范围为 20 km×20 km，SCICHEM 模型垂直分辨率设置 250 m，背景浓度数据来自 CMAQ 模型输出经 CTM2SCICHEM 工具转化。

本研究选择 2018 年 4 月作为不同气象数据组合模拟效果的评估时段，并用于对比 SCICHEM 与其他局地尺度空气质量模型的模拟差异。此外，针对 1 月和 7 月，研究分析了炼化企业排放对周边 O_3 及 $PM_{2.5}$ 污染影响。

本研究采用以下数据进行不同气象数据组合输入模拟对比分析：

方案一气象数据组合输入中，由于 ISHD（DS-3505）格式地面观测数据受到观测站数量限制，本研究使用距离炼化企业最近的地面气象站站台号为 546180（地理坐标为 116.55°E、38.08°N），距离炼化企业约为 40 km。

方案二气象数据组合输入中，MEDOC 格式气象数据由 MMIF 从 2018 年沧州市 WRF

模拟结果中提取而得，以提供研究范围网格化气象数据输入，分辨率为 3 km，覆盖研究区域。

方案三气象数据组合输入中，AERMOD 格式地面观测数据中地面气象数据来自沧州气象站（站点号：54616），包括风向、风速、气温、总云量等，距离炼化企业为 4.25 km。MEDOC 格式气象数据来自 WRF 模拟结果。

方案四气象数据组合输入中，AERMOD 格式地面观测数据来自沧州气象站。AERMOD 格式垂直廓线数据由 AERMET 模块生成，将 FSL 数据处理为 AERMOD 所能识别的高空气象数据格式，FSL 数据由 MMIF 从 2018 年沧州市 WRF 模拟结果中提取而得。

方案五气象数据组合输入中，WRF 气象数据由 WRF 模式模拟而得，WRF 版本为 3.9.1 版本。模式运行气象背景场和初始条件来自 FNL 数据，采用三层嵌套模拟。

7.3.2 不同气象数据组合模拟效果评估

为评估不同气象数据格式输入下 SCICHEM 模拟结果的影响。本研究选取沧州市某炼化企业为研究对象，研究时间为 2018 年 4 月，分析了 SCICHEM 模型模拟 5 种不同的气象数据组合方案所得 O_3 及 $PM_{2.5}$ 的污染物空间分布及其与实测值相关性差异。

（1）不同气象组合验证评估。

5 种气象数据组合输入方案在 4 个空气质量监测站点模拟的 MDA8 O_3 浓度、日均 $PM_{2.5}$ 浓度与监测值的相关性见表 7-4 和表 7-5。

表 7-4 MDA8 O_3 模拟值与监测值相关性系数

站点编号	方案一	方案二	方案三	方案四	方案五
1#	−0.16	0.01	−0.05	−0.14	0.18
2#	0.18	−0.08	0.24	0.24	−0.08
3#	0.20	0.00	0.29	0.29	−0.07
4#	0.12	0.26	0.23	0.23	−0.01

表 7-5 日均 $PM_{2.5}$ 模拟值与监测值相关性系数

站点编号	方案一	方案二	方案三	方案四	方案五
1#	−0.17	−0.11	−0.09	0.01	−0.13
2#	0.18	0.28	0.45	0.30	−0.31
3#	0.19	0.37	0.40	0.35	−0.36
4#	0.21	0.37	0.45	0.46	−0.25

由 O_3 模拟值与实测值的相关性可知，方案三和方案四模拟 MDA8 O_3 浓度与监测值相关性平均值分别为 0.28 和 0.15，相关性最高均为 0.29。方案一、方案二和方案五模拟 MDA8 O_3 浓度模拟值与监测值相关性平均值分别为 0.09、0.05 和 0.01，相关性最高值分别为 0.20、0.26 和 0.18。

$PM_{2.5}$ 模拟值与实测值的相关性计算结果显示，方案三和方案四模拟日均 $PM_{2.5}$ 浓度与监测值相关性平均值分别为 0.30 和 0.28，相关性最高分别为 0.45 和 0.46。使用方案一、方案二和方案五日均 $PM_{2.5}$ 浓度模拟值与监测值相关性平均值分别为 0.10、0.23 和−0.26，相关性最高值分别为 0.21、0.37 和−0.13。

据表 7-4 及表 7-5，尽管方案一和方案四均为地面气象和高空模拟气象数据组合类型，但方案一模拟各监测站点 O_3 及 $PM_{2.5}$ 浓度与实测值的相关性均低于方案四，这可能与不同方案中地面气象站与污染源距离相关，方案一中地面监测站距企业中心点约为 40 km，而方案四仅为 4.25 km，距离污染源较近的地面气象站更有利于 SCICHEM 模拟。对比方案二和方案三模拟结果发现，地面气象数据的加入能够更好地反映模拟范围内的气象条件，因此方案三模拟各监测站点 O_3 及 $PM_{2.5}$ 相关性均高于方案二。方案五模拟各监测站点 O_3 及 $PM_{2.5}$ 浓度与实测值的相关性均低于其他方案，表明仅使用 WRF 模拟结果具有一定的局限性。

（2）空间分布情况比较。

由图 7-2 可知，5 种不同格式气象数据输入 O_3 月均浓度模拟空间分布结果较为相似，O_3 浓度分布均出现以炼化企业为中心的高值区。但相较于仅使用 MEDOC 格式网格气象数据（方案二），加入地面气象数据后（方案三）SCICHEM 模拟 O_3 空间分布更集中于炼化企业周边。

具体而言，方案三和方案四模拟月均浓度值分布分别在 1.45～4.23 $\mu g/m^3$ 和 1.44～4.28 $\mu g/m^3$，平均值分别为 3.20 $\mu g/m^3$ 和 3.22 $\mu g/m^3$。方案一和方案二模拟月均浓度值分布分别在 1.92～5.42 $\mu g/m^3$ 和 2.00～4.87 $\mu g/m^3$，平均值分别为 3.54 $\mu g/m^3$ 和 3.43 $\mu g/m^3$。方案五模拟月均浓度值分布在 1.02～5.28 $\mu g/m^3$，平均值为 2.90 $\mu g/m^3$。

$PM_{2.5}$ 月均浓度空间分布如图 7-3 所示，$PM_{2.5}$ 浓度分布出现以炼化企业为中心的高值区，主要为东北及西南方向。

其中，方案三和方案四模拟月均浓度值分布分别在 0.10～0.22 $\mu g/m^3$ 和 0.14～0.26 $\mu g/m^3$，平均值分别为 0.16 $\mu g/m^3$ 和 0.20 $\mu g/m^3$。方案一和方案二模拟月均浓度值分布分别在 0.14～0.27 $\mu g/m^3$ 和 0.11～0.37 $\mu g/m^3$，平均值分别为 0.21 $\mu g/m^3$ 和 0.25 $\mu g/m^3$。方案五模拟月均浓度值分布在 0.07～0.19 $\mu g/m^3$，平均值为 0.13 $\mu g/m^3$。

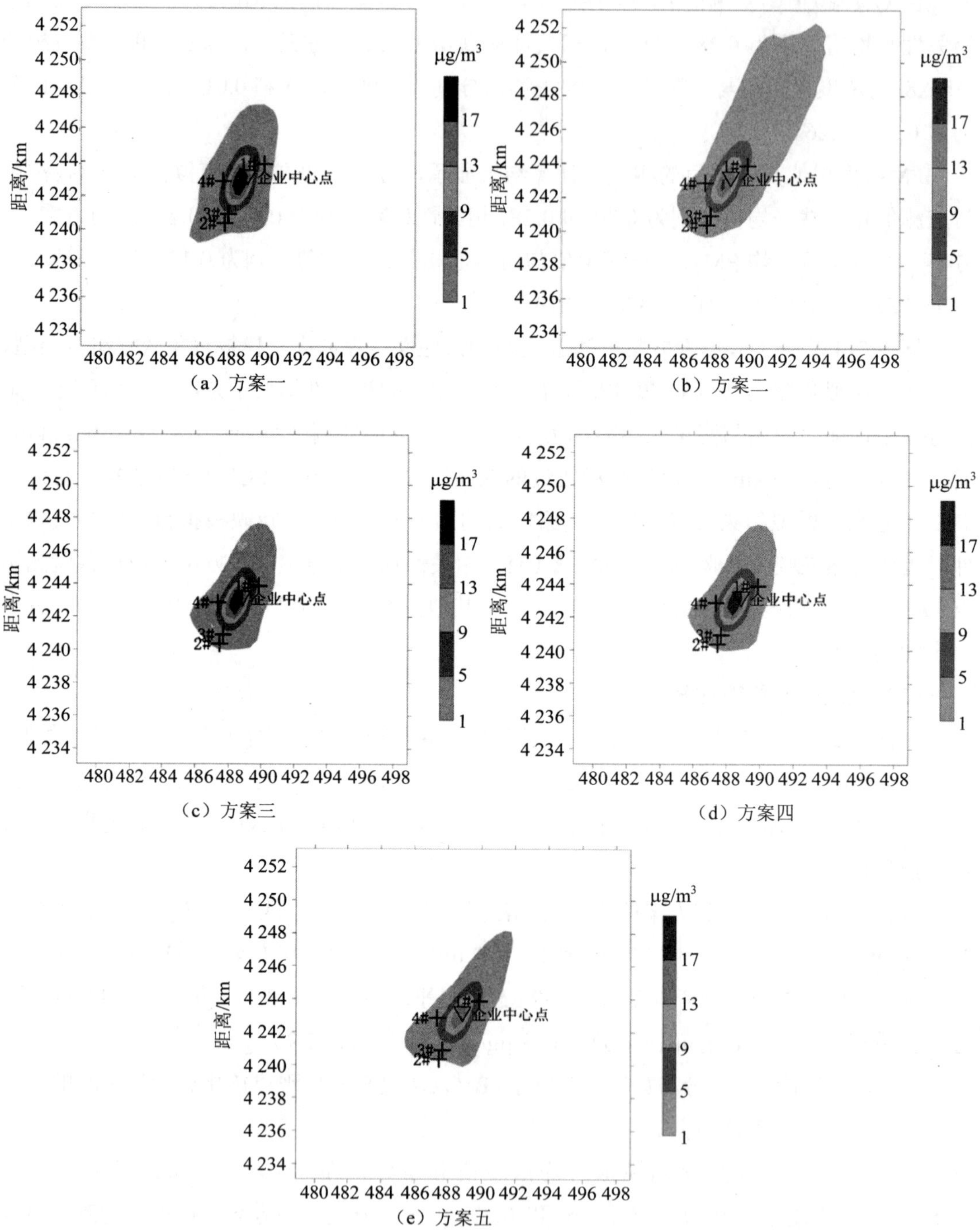

图 7-2 不同气象格式输入模拟 O_3 浓度空间分布情况

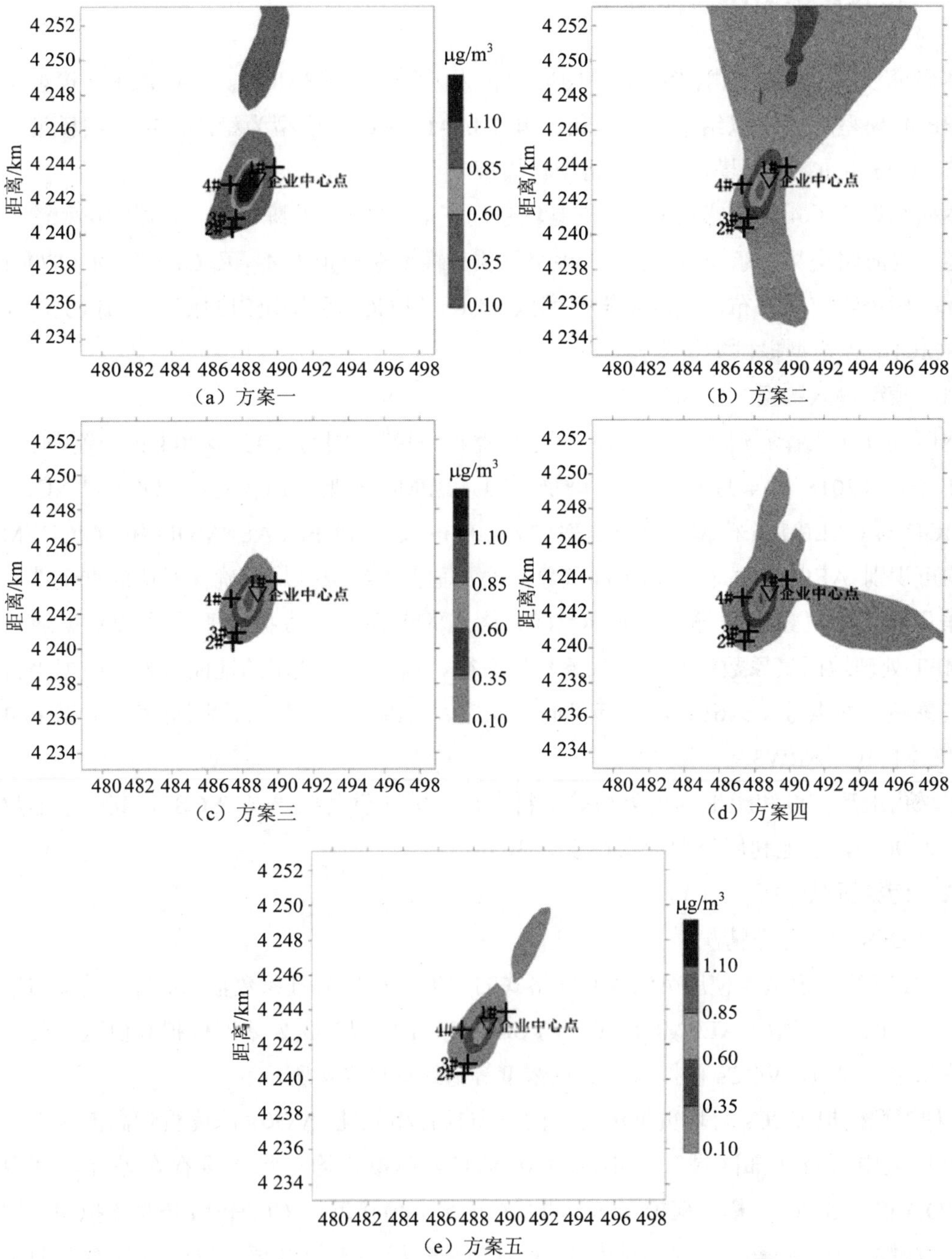

图 7-3　不同气象格式输入模拟 $PM_{2.5}$ 浓度空间分布情况

7.3.3 与其他模型比较结果

本研究选取了我国环境影响评价中应用较为广泛的 AERMOD、CALPUFF 模型与 SCICHEM 模型进行模拟结果对比分析。其中，AERMOD 模型为稳态高斯烟羽模型，CALPUFF 与 SCICHEM 模型均为拉格朗日模型。

本研究设置了 4 个敏感点（沧州沧县城建局正南 500 m、北陈屯村、东徐官屯和清池北大道与渤海路交叉口东南），对比 3 种空气质量模型在模拟 $PM_{2.5}$ 及 O_3 前体物（VOCs 和 NO_x）污染物空间分布，以及各模型模拟 VOCs 和 NO_x 污染物浓度频率分布情况，为评估 SCICHEM 模型提供案例支持。

7.3.3.1 模型输入数据

本研究以河北省沧州市某典型炼化企业为例，模拟范围为 20 km×20 km。模拟时间均为 1 个月（2018 年 4 月），模拟污染物为 O_3 与 $PM_{2.5}$ 重要的前体物：VOCs 和 NO_x。AERMOD 与 CALPUFF 模型网格分辨率均为 200 m。CALPUFF、AERMOD 和 SCICHEM 模型均可识别 AERMOD 格式的地面气象数据及垂直廓线数据。为确保对比的准确性，研究采用相同的气象数据输入。AERMOD 格式的地面气象数据及垂直廓线数据通过 AERMET 处理地面气象数据及探空气象数据而得。本研究中使用的地面气象站数据来自沧州气象站（站点号：54616），包括风向、风速、气温和总云量等。探空气象数据来自 WRF 气象模式（ARW3.9.1 版本）。

区域内地形高度和土地利用类型等资料来自美国地质勘探局（USGS），其中地形数据精度为 90 m，土地利用类型数据精度为 30 m。

7.3.3.2 污染贡献分析

1）VOCs 空间分布情况

3 种空气质量模型均使用 AERMOD 格式的气象数据作为气象数输入数据，模拟结果显示，CALPUFF 模型、AERMOD 模型与 SCICHEM 模型 VOCs 浓度模拟高值区主要分布在炼化企业周边。VOCs 模拟月均贡献浓度等值线如图 7-4 所示。

3 种模型模拟 VOCs 月均贡献浓度空间分布具有相似性，VOCs 浓度贡献高值区主要集中于厂区中心及北部区域。但不同模型 VOCs 模拟月均贡献浓度存在差异，其中 AERMOD 和 CALPUFF 模型模拟 VOCs 贡献浓度最大值接近，SCICHEM 模型模拟的月均 VOCs 贡献浓度值显著高于 AERMOD、CALPUFF 模型模拟结果。这一差异主要源于 SCICHEM 模型拥有更详细的化学反应机制，能够更精确地反映 VOCs 各组分在物理-化学转化过程中的空间分布特征，而 AERMOD 和 CALPUFF 模型则基于线性化的化学反应机制，无法有效模拟各组分的复杂变化过程，因而将 VOCs 简单地视为单一组分进行模拟，这种简化处理导致了 AERMOD 和 CALPUFF 模型与 SCICHEM 模型模拟结果的差异。

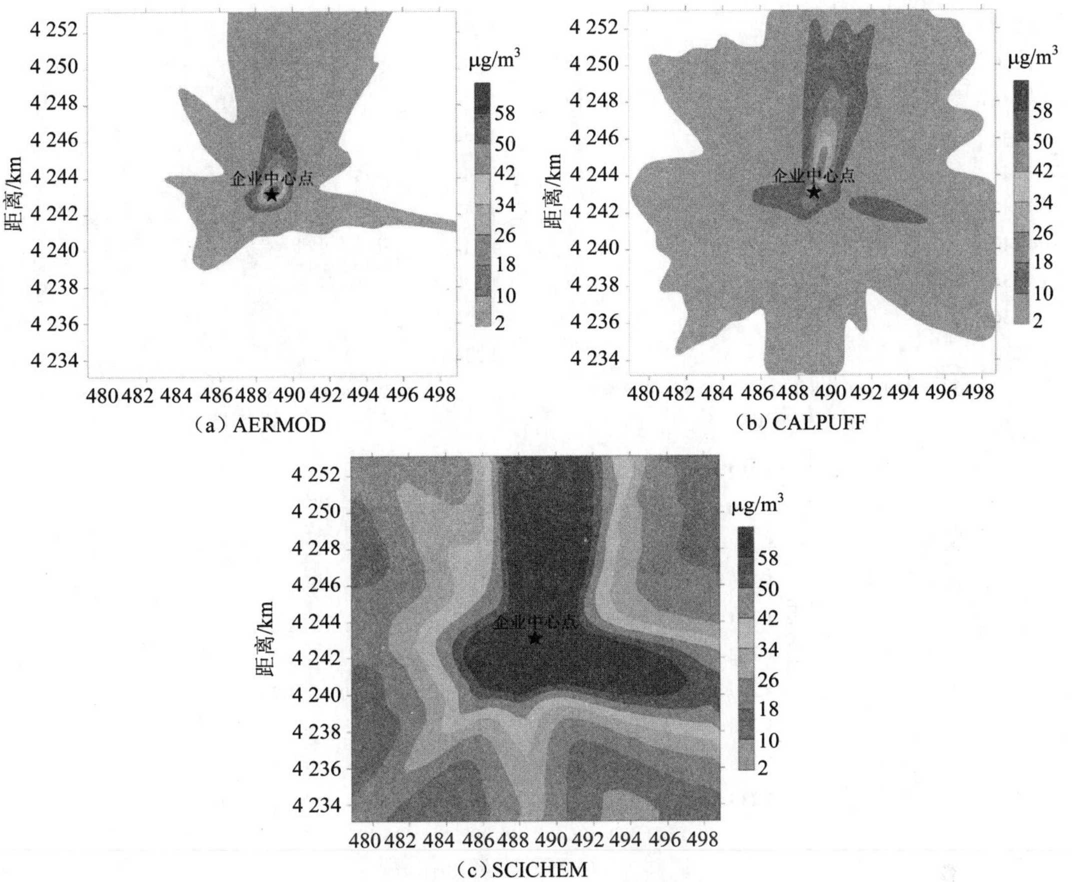

图 7-4　3 种空气质量模型 VOCs 模拟月均浓度等值线

2）NO_x浓度及空间分布情况

总体来说，SCICHEM 模型模拟 NO_x空间分布范围更广（见图 7-5），可能是由于模型在计算时可通过计算需要动态调整水平网格分辨率，结合更高分辨率，SCICHEM 模型能够更好地模拟局地尺度下 NO_x扩散情况。

此外，化学机制的不同对模型模拟 NO_x 浓度具有重要影响，SCICHEM 模型为拉格朗日模型，在 SCIPUFF 模型的基础上整合了气相、液相及气溶胶相化学机制，能够模拟背景大气下 NO_x 的物理、化学转化过程（例如，$NO \rightarrow NO_2$ 的氧化反应及 O_3-NO_x-VOCs 循环）。而 AERMOD 及 CALPUFF 模型模拟 NO_x过程中考虑的为简单的线性的化学反应机制，主要为 NO_x转化为硝酸盐的过程。

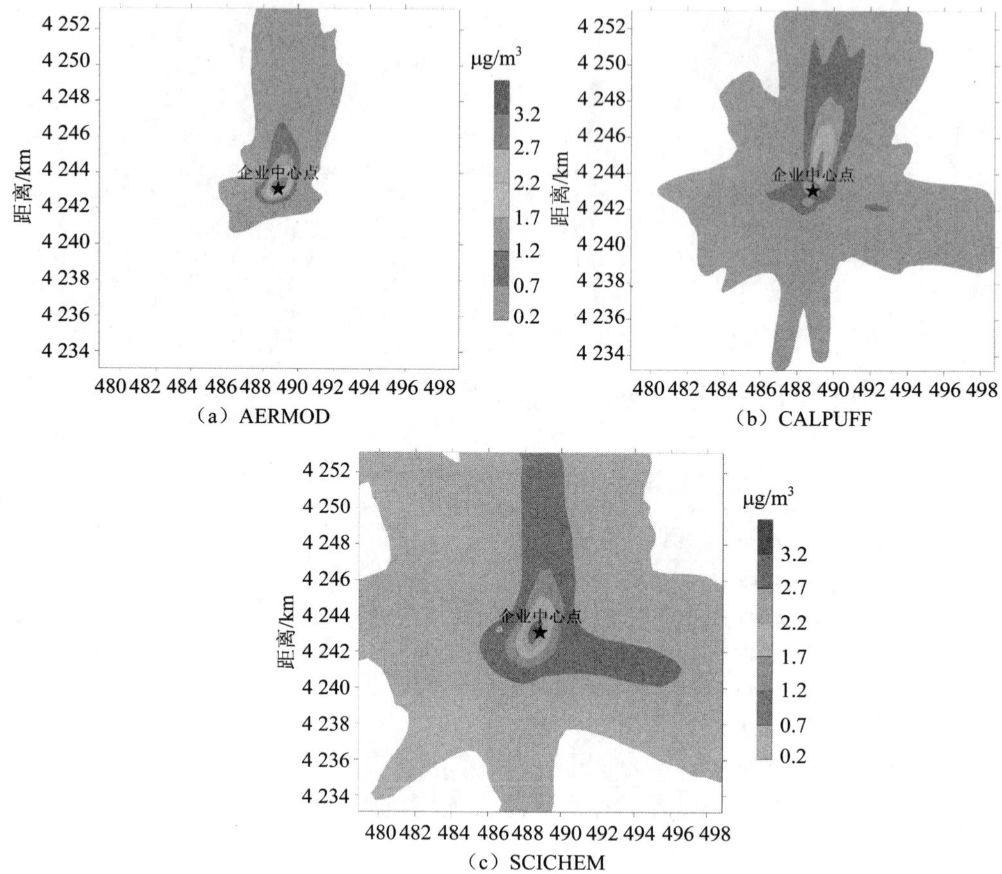

图 7-5 3 种空气质量模型 NO_x 模拟月均浓度等值线

7.3.3.3 敏感点模拟结果分析

Karamchandani 等（2020）通过对比 SCICHEM 与 CMAQ、CAMx 模型模拟结果的频率分布特征，以分析不同模型在不同区域对 $PM_{2.5}$ 各组分（有机碳、硫酸盐）和 O_3 浓度贡献的差异。本研究参考该方法，计算了 2018 年 4 月 SCICHEM、AERMOD 与 CALPUFF 模型对 4 个敏感点 VOCs 及 NO_x 平均贡献浓度频率分布情况。

模拟各敏感点 VOCs 小时平均浓度共计 2 880 条数据。结果表明，AERMOD 和 CALPUFF 模型模拟 VOCs 浓度分布均集中在 0～100 μg/m^3，占比分别为 99.16%和 99.86%。SCICHEM 模型模拟 VOCs 小时平均浓度结果在 0～100 μg/m^3 的占比为 67.84%，而在 100～400 μg/m^3 的占比为 32.16%。

结果显示，SCICHEM、AERMOD 和 CALPUFF 模型模拟 NO_x 浓度均集中在 0～5 μg/m^3，占比分别为 98.73%、99.86%和 97.33%。SCICHEM 模型模拟 NO_x 浓度在大于 5 μg/m^3 的浓度区间（5～10 μg/m^3）的占比频率均高于 CALPUFF 和 AERMOD 模型，占

比 2.67%。

整体上看，在同样的模拟条件下，SCICHEM 模型相较 CALPUFF、AERMOD 模型模拟结果在高浓度区间范围内出现频率更高，这可能与 SCICHEM 模型更为完善的化学机制相关，SCICHEM 在计算过程中考虑 VOCs 和 NO_x 的物理、化学反应过程，并考虑了污染物传输时与背景大气的反应过程。

7.3.4　重点月 O_3 和 $PM_{2.5}$ 影响分析

陈雷等（2021）利用 AERMOD 模拟了河北省某钢铁企业对当地国控站 SO_2、NO_x、PM_{10} 贡献占比。本研究参考此方法，利用 SCICHEM 模型模拟典型炼化企业在重点月（1 月和 7 月）排放对周边 O_3 及 $PM_{2.5}$ 污染影响，并基于沧州市地面气象站数据与 4 个空气质量监测站数据对气象数据及模拟结果进行验证。本研究可为 SCICHEM 模型应用提供案例支持。

7.3.4.1　模拟效果验证评估

1）气象场模拟效果评估

本研究使用研究区域内 1 月和 7 月沧州逐时气象模拟数据与监测数据进行对比评估。风速、风向、温度、相对湿度模拟值与实测值计算相关系数（r）值为 0.62～0.74、0.52～0.72、0.88～0.95、0.71～0.78。校验结果表明，各气象要素模拟值与监测值模拟较好。

2）SCICHEM 模拟效果验证评估

本研究选取 2018 年 1 月和 7 月各监测站点 SCICHEM 模型 MDA8 O_3 浓度模拟值与实测值、日均 $PM_{2.5}$ 浓度模拟值与监测值进行验证分析，相关性计算结果显示，O_3 浓度相关性在 1 月的 r 值最高为 0.48，7 月的 r 值最高为 0.32；$PM_{2.5}$ 日均值与监测值相关性在 1 月的 r 值最高为 0.63，7 月的 r 值最高仅为 0.11。

相关性结果显示，1 月 $PM_{2.5}$ 与 O_3 模拟值与实测值相关系数均高于 7 月。这可能于 1 月大气边界层较低，不利于污染物的扩散，导致 1 月炼化企业排放对监测站点影响相较 7 月更明显。而 7 月温度高，光化学反应加剧，促进了 O_3 生成，天然源 VOCs 排放对 O_3 生成影响增加。同时 O_3 与 O_3 前体物跨区域传输对监测站 O_3 浓度更为显著，进一步影响炼化企业排放对监测站污染物模拟值与实测值之间的相关性。

7.3.4.2　1 月和 7 月影响分析

1 月和 7 月炼化企业对周边不同空气质量监测站点月均 MDA8 O_3 的贡献浓度及贡献占比如图 7-6 所示。该炼化企业 1 月大气污染物排放对 1#、2#、3#和 4#空气质量监测站点月均 MDA8 O_3 贡献浓度及贡献占比分别为 2.45 μg/m^3（5.66%）、3.04 μg/m^3（6.57%）、5.95 μg/m^3（11.80%）和 4.53 μg/m^3（10.63%）。7 月大气污染物排放对 1#、2#、3#和 4#空气质量监测站点月均 MDA8 O_3 贡献浓度及贡献占比分别为 5.71 μg/m^3（3.36%）、

3.27 μg/m^3（1.96%）、8.58 μg/m^3（5.61%）和 17.31 μg/m^3（10.11%）。

从不同月来看，1 月炼化企业排放对各空气质量监测站点月均 MDA8 O_3 贡献浓度低于 7 月，可能是由于受太阳辐射强度和温度影响，7 月地面气温高，光化学反应加剧，VOCs 对 O_3 贡献增加。此外，风向为影响 O_3 贡献浓度的重要因素，受当地主导风向影响，3#、4#空气质量监测站点月均 MDA8 O_3 浓度贡献均高于 1#空气质量监测站点。因此，在优化与调整炼化企业布局时，应该充分考虑当地主导风向等因素。

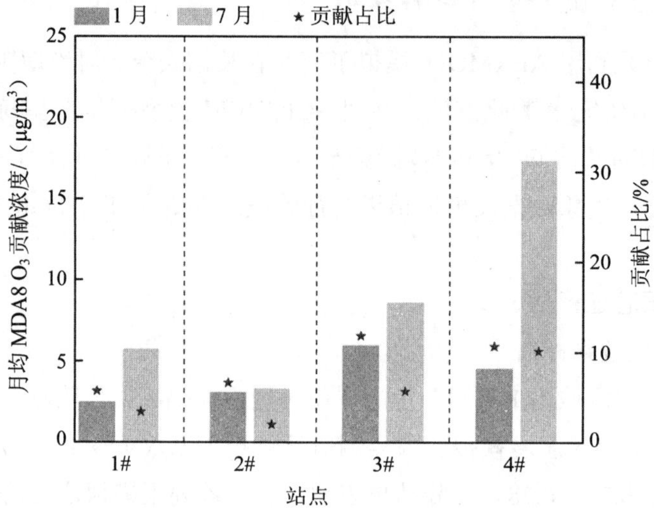

图 7-6　炼化企业对各空气质量监测站点月均 MDA8 O_3 贡献浓度及贡献占比

SCICHEM 模拟 1 月和 7 月炼化企业对周边不同空气质量监测站点月均 $PM_{2.5}$ 贡献浓度及贡献占比如图 7-7 所示。结果显示，该炼化企业 1 月大气污染物排放对 1#、2#、3# 和 4#空气质量监测站点月均二次 $PM_{2.5}$ 浓度贡献及贡献占比分别为 0.73 μg/m^3（0.86%）、0.91 μg/m^3（0.98%）、1.12 μg/m^3（1.29%）和 0.95 μg/m^3（1.11%）。7 月大气污染物排放对 1#、2#、3#和 4#空气质量监测站点月均二次 $PM_{2.5}$ 浓度贡献及贡献占比分别为 0.20 μg/m^3（0.52%）、0.85 μg/m^3（2.07%）、1.24 μg/m^3（3.04%）和 1.47 μg/m^3（4.11%）。

从不同月来看，$PM_{2.5}$ 贡献浓度对 3#、4#空气质量监测站点贡献浓度 1 月低于 7 月，对 1#、2#空气质量监测站点贡献浓度 1 月高于 7 月。但 $PM_{2.5}$ 贡献占比 1 月整体低于 7 月，可能是由于 1 月处于冬季集中供暖期，燃煤为 $PM_{2.5}$ 主要来源。此外，月均 $PM_{2.5}$ 最大值出现在 7 月，可能是由于二次 $PM_{2.5}$ 成分复杂，包含硫酸盐、硝酸盐等多种组分，而这些组分主要源于光化学反应，受温度、湿度等多种因素影响。

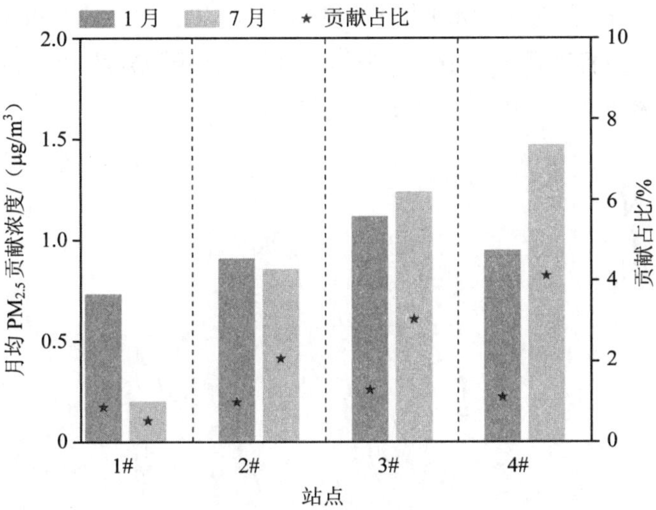

图 7-7　炼化企业对各空气质量监测站点 $PM_{2.5}$ 贡献浓度及贡献占比

7.4　北京市大兴区臭氧及颗粒物溯源研究

京津冀地区的高速发展使得 O_3 与 $PM_{2.5}$ 污染频发，来自工业源及交通源等人为源的排放使得 O_3 与 $PM_{2.5}$ 浓度居高不下。北京作为京津冀地区的核心区域，人口分布密集，开展 O_3 与 $PM_{2.5}$ 污染溯源研究，有助于识别污染来源，为改善北京的大气环境质量提供支持。

本研究以北京市大兴区为例，建立了基于 SCICHEM 的局地尺度下 O_3 与 $PM_{2.5}$ 污染溯源模型，通过结合人口、土地利用、路网数据进一步分配 CHRED3.0A 清单，得到 2023 年北京市大兴区污染物排放清单，并通过 SCICHEM 模拟实现 O_3 与 $PM_{2.5}$ 污染溯源分析，研究结果可为局地尺度下 O_3 及 $PM_{2.5}$ 快速溯源研究提供案例支持。

7.4.1　研究区域及模型参数设置

7.4.1.1　研究区域与对象

1）北京市大兴区概况

研究区域为北京市大兴区，位于北京市南部，为京津冀地区的重要交会点，辖区内有 2 个空气质量监测站（大兴黄村站与大兴旧宫站，见图 7-8）。大兴区因大兴生物医药基地、亦庄经济技术开发区、北京大兴国际机场等项目的建设，经济迅速发展，成为北京市经济技术创新的重要区域。然而，随着经济发展和城市扩张，大兴区面临着空气污染问题，据《北京市生态环境状况公报》显示，2023 年北京市大兴区 $PM_{2.5}$ 平均浓度在北京各区排名第二，O_3（日最大 8 h 平均）浓度高于《环境空气质量标准》（GB 3095—2012）中 O_3 污染物浓度二级标准限值（160 μg/m^3）。开展大兴区 O_3 及 $PM_{2.5}$ 贡献来源研究，可为未来大兴区 O_3 及 $PM_{2.5}$ 污染防治政策提供科学依据。

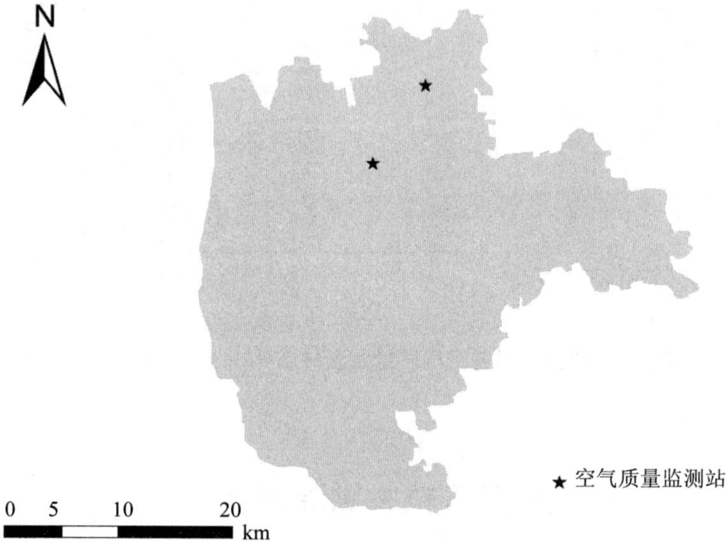

图 7-8 北京市大兴区空气质量监测站示意

2）北京市大兴区空气质量分析

本研究基于大兴黄村站空气质量监测数据进行 2023 年北京市大兴区空气质量分析，1 月 $PM_{2.5}$ 平均浓度和 7 月 O_3 平均浓度分别为 33.73 μg/m^3 和 89.64 μg/m^3。1 月 $PM_{2.5}$ 小时最大浓度为 163.00 μg/m^3。7 月 O_3 小时最大浓度分别为 277 μg/m^3，超国家二级标准限值（200 μg/m^3）的小时浓度占总观测时间的 3.09%。

7.4.1.2 SCICHEM 模型模拟参数

本研究模拟范围为北京市大兴区，模拟区域为 60 km×50 km。研究时段为 2023 年 1 月和 7 月。SCICHEM 采用自适应地表网格技术，模型根据需要动态调整水平网格的分辨率，模型垂直分辨率设置 250 m，背景浓度数据来自 CMAQ 模型，经 CTM2SCICHEM 工具将 CMAQ 输出转化为 SCICHEM 模型可识别背景浓度数据格式。在化学机制方面，SCICHEM 气相化学机制采用 CB6r2 机制，气溶胶模块包括 ISORROPIA II 无机热力学模块、二次有机气溶胶（SOA）模块、云化学模块等。

气象数据输入了北京市大兴区地面气象站数据及高空气象模拟数据。2023 年 1 月和 7 月北京市大兴区高空气象模拟数据来自 WRF（Weather Research and Forecasting）模式模拟结果，通过 MMIF（Meteorology-Chemistry Interface Processor）工具进行转化而得。

数据包括每日早八点和晚八点不同等压面上的气压、离地高度、干球温度、风向及风速，其中垂直方向分为 21 层，离地高度为 0～1 919 m。

地面气象数据来自我国气象局提供的 2023 年北京市大兴区气象站逐日逐小时数据（站号 54594，39.72°N、116.35°E），地面观测资料包括风向、风速和温度等。1 月风向以北风为主导，7 月风向以东北风、南风为主导。1 月静稳频率为 28%，7 月静稳频率为 9%。

7.4.2　清单分配

北京市大兴区排放清单数据基于本研究团队中国高分辨率融合排放清单（CHRED 3.0A），污染因子包括 CO、NO_x、SO_2、$PM_{2.5}$、PM_{10}、VOCs 和 NH_3 等。通过人口数据、路网数据、土地利用类型数据对 CHRED 3.0A 清单的北京大兴区进行空间分配，分辨率从 10 km 提升至 2 km，总计 318 个网格（见图 7-9）。其中人口数据来自美国能源部橡树岭国家实验室开发的 1 km×1 km 高分辨率人口数据库（Landscan 全球人口空间数据，https：//landscan.ornl.gov），路网数据来自 OSMstreet（https：//www.openstreetmap.org），土地利用来自我国科学院资源环境科学与数据平台（https：//www.resdc.cn）。

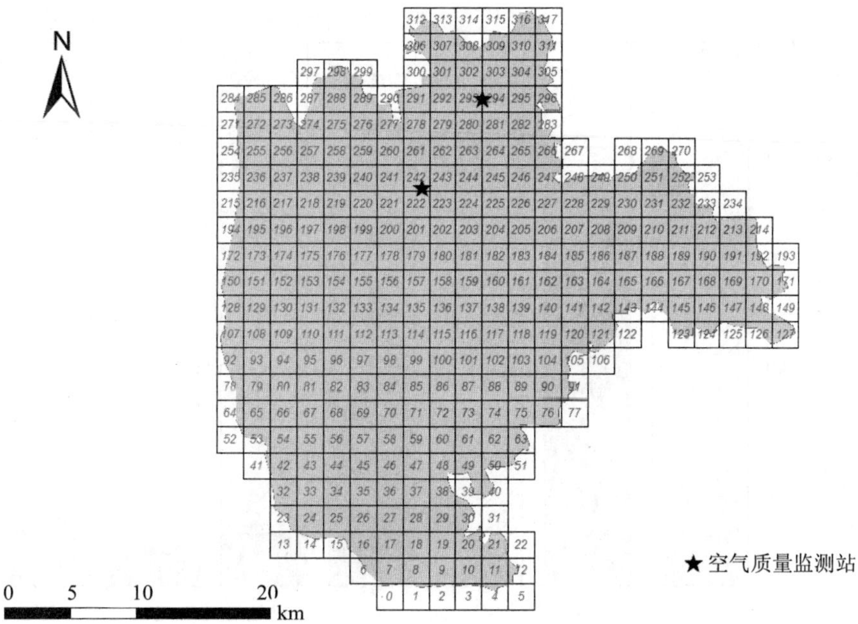

图 7-9　大兴区清单分配网格

7.4.3 清单分配及溯源结果分析

7.4.3.1 大兴区污染物排放情况

2023 年大兴区污染物排放源结构与空间特征如图 7-10 和图 7-11 所示。大兴区 CO、NO_x、SO_2、VOCs、$PM_{2.5}$、PM_{10}和 NH_3 年排放量分别为 6.43 万 t、0.97 万 t、0.63 万 t、1.84 万 t、0.21 万 t、0.35 万 t 和 0.29 万 t。由图 7-10 可知，CO、SO_2、$PM_{2.5}$、PM_{10} 排放受生活源影响显著，分别占各污染物排放总量的 77.56%、97.49%、88.84%、92.99%。由于生活源排放受人口分布影响，而大兴区人口密度分布较高地区主要为大兴区北部及西北部地区，因此 CO、SO_2、$PM_{2.5}$、PM_{10} 污染物排放量较大的地区主要分布在大兴区北部及西北部（见图 7-11）。NO_x 排放主要受交通源影响，占比为 64.19%，大兴区道路分布密集区域与人口分布较为相似，NO_x 排放量较大地区分布与 CO、SO_2、$PM_{2.5}$、PM_{10} 排放量较大地区一致。VOCs 排放主要来自工业源，占比为 60.22%，其中，VOCs 排放量较大的地区集中在大兴经济开发区周边及中部地区。NH_3 排放主要来自农业源，占比为 81.80%。

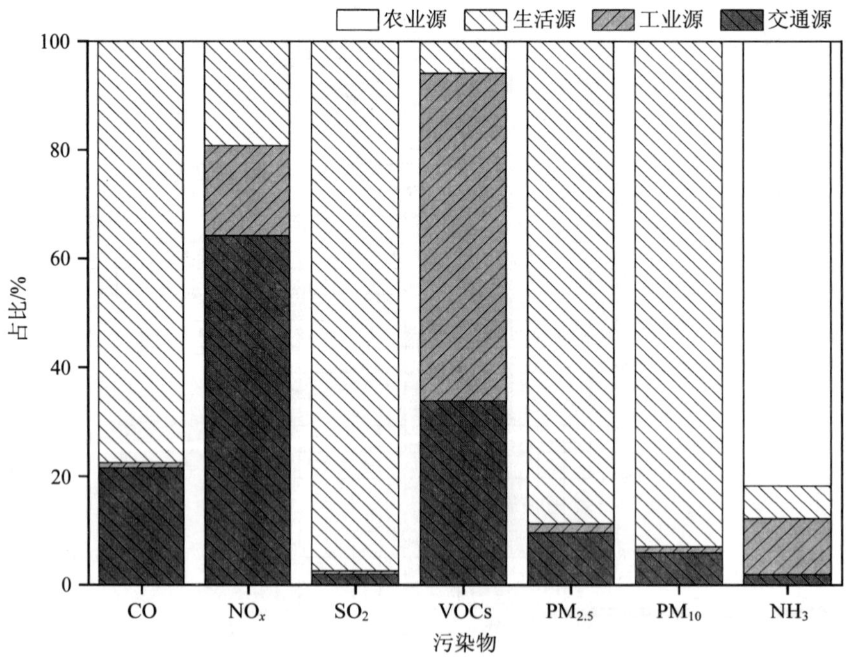

图 7-10 大兴区污染物排放源结构

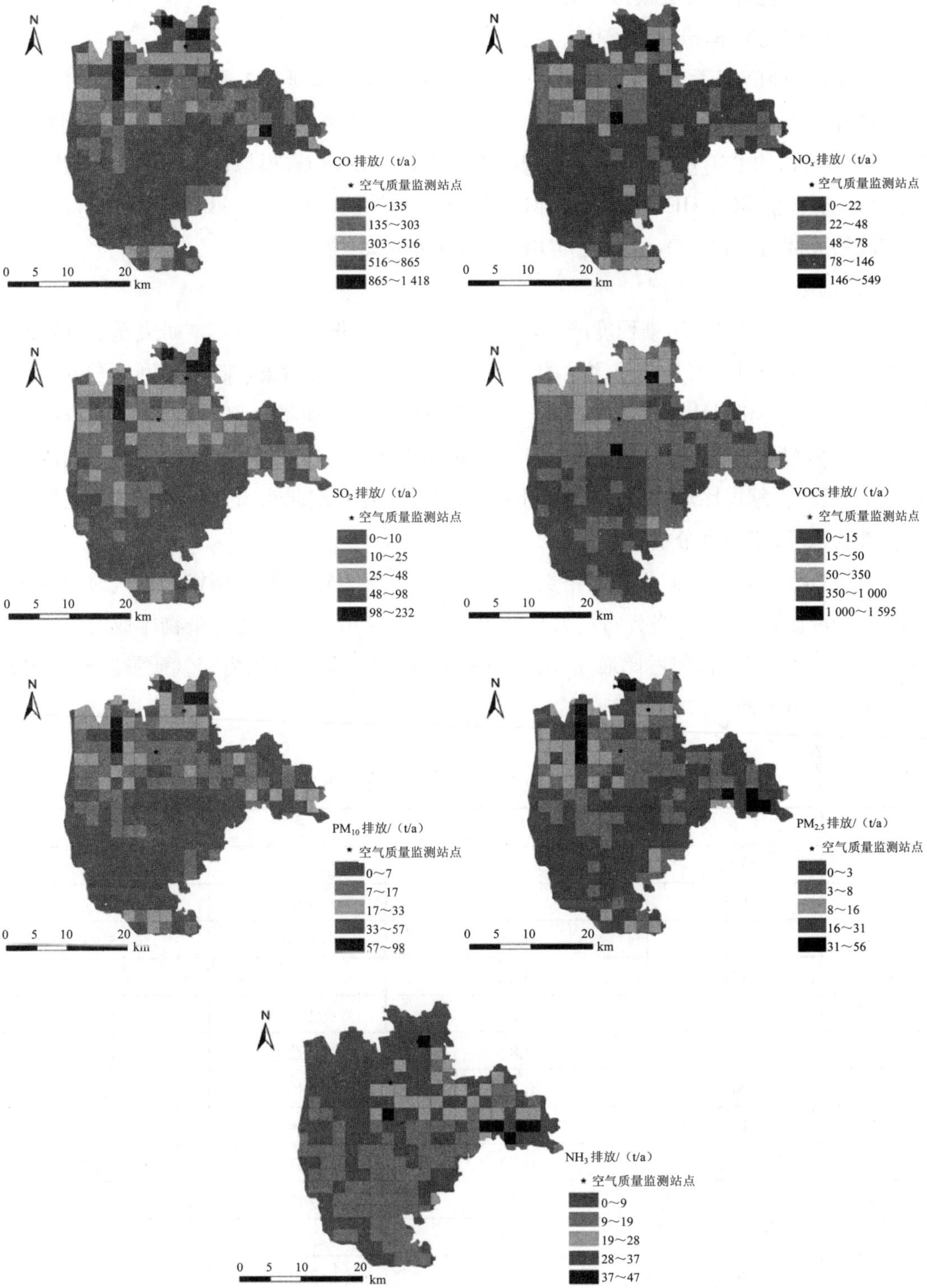

图 7-11　2023 年大兴区污染物排放量空间分布情况

7.4.3.2 大兴区排放贡献模拟研究

1）SCICHEM 模拟效果评估

模型模拟值与实际监测值相关性受多种因素影响，本研究主要考虑本地源对大兴区空气质量监测站 $PM_{2.5}$ 及 O_3 的影响，并选取空气质量站（大兴黄村站与大兴旧宫站）2023 年 1 月日均 $PM_{2.5}$ 模拟均值与实测均值、7 月 MDA8 O_3 模拟均值与实测均值进行验证分析，以评估 SCICHEM 模型对 $PM_{2.5}$ 及 O_3 模拟性能。相关性结果表明，$PM_{2.5}$ 模拟值与实测相关性为 0.49，O_3 模拟值与实测相关性为 0.55。

2）重点网格贡献分析

北京市冬季 $PM_{2.5}$ 污染程度严重，而夏季受 O_3 污染影响明显。本研究重点分析北京市大兴区本地源对空气质量监测站的 1 月 $PM_{2.5}$ 与 7 月 O_3 污染贡献及各网格与网格各部门模拟值之间的相对比例。结果显示，1 月各网格对空气质量监测站 $PM_{2.5}$ 平均浓度贡献前 15 网格贡献占比总和为 11.79%，7 月各网格对大兴区空气质量监测站 O_3 平均浓度贡献前 15 网格贡献占比总和为 34.76%，因此本研究重点开展北京市大兴区空气质量监测站贡献排前 15 网格贡献分析。

1 月 $PM_{2.5}$ 与 7 月 O_3 重点网格贡献来源解析见表 7-6。1 月各网格对空气质量监测站 $PM_{2.5}$ 浓度贡献较大的网格分布在大兴区周边区域。其中 19#网格污染物排放对空气质量监测站 $PM_{2.5}$ 浓度贡献值占比最高，为 1.06%。11#网格污染物排放为空气质量监测站 $PM_{2.5}$ 浓度第二贡献来源，占比 0.88%。

表 7-6 重点网格 1 月、7 月 $PM_{2.5}$、O_3 贡献占比

序号	1 月		7 月	
	网格编号	$PM_{2.5}$ 贡献占比/%	重点区域	O_3 贡献占比/%
1	19#	1.06	294#	10.62
2	11#	0.88	179#	5.83
3	43#	0.84	302#	1.97
4	150#	0.82	293#	1.90
5	30#	0.81	292#	1.78
6	156#	0.80	280#	1.78
7	38#	0.80	279#	1.77
8	255#	0.77	301#	1.28
9	285#	0.77	243#	1.23
10	9#	0.74	222#	1.13
11	287#	0.74	303#	1.12
12	179#	0.74	308#	1.11

序号	1 月		7 月	
	网格编号	$PM_{2.5}$ 贡献占比/%	重点区域	O_3 贡献占比/%
13	14#	0.73	307#	1.09
14	46#	0.72	244#	1.09
15	196#	0.71	304#	1.05

7 月各网格对空气质量监测站 O_3 浓度贡献较大的网格分布在大兴区北部及西北部。受大兴区产业布局及网格与空气质量监测站距离共同影响，空气质量监测站 O_3 贡献浓度较大区域集中在大兴区经济开发区周边。294#网格污染物排放对空气质量监测站 O_3 浓度贡献值占比最高，为 10.62%。179#网格污染物排放为空气质量监测站 O_3 浓度第二贡献来源，占比 5.83%。179#网格与 294#网格分别为 VOCs 及 NO_x 排放量第一大和第二大网格，294#网格距监测站最近为 0.97 km，而 179#网格距监测站最近为 5.10 km，但由于 179#网格 VOCs 及 NO_x 排放量大，其对 O_3 浓度贡献仍然显著。因此，O_3 前体物的排放量及与监测站的距离是决定网格对监测站 O_3 浓度贡献的关键因素。

3）重点排放源来源解析

图 7-12 为 1 月北京市大兴区空气质量监测站 $PM_{2.5}$ 溯源结果。由图 7-12 可知，北京市大兴区空气质量监测站 $PM_{2.5}$ 浓度部门来源贡献由高到低依次为交通源＞生活源＞农业源＞工业源，贡献占比分别 48.71%、42.87%、4.48%、3.94%。交通源排放作为 $PM_{2.5}$ 贡献的第一大来源，其显著影响可能源于交通源在一次 $PM_{2.5}$ 来源占比和二次反应生成 $PM_{2.5}$ 中发挥的重要作用。生活源为空气质量监测站 $PM_{2.5}$ 浓度的第二大来源，表明本地居民生活排放对 $PM_{2.5}$ 具有较大影响。农业源对 $PM_{2.5}$ 浓度贡献处于较低水平。工业源对 $PM_{2.5}$ 浓度贡献占比最小，侧面反映出北京市燃煤清洁能源改造和“散乱污”企业整改措施效果显著。

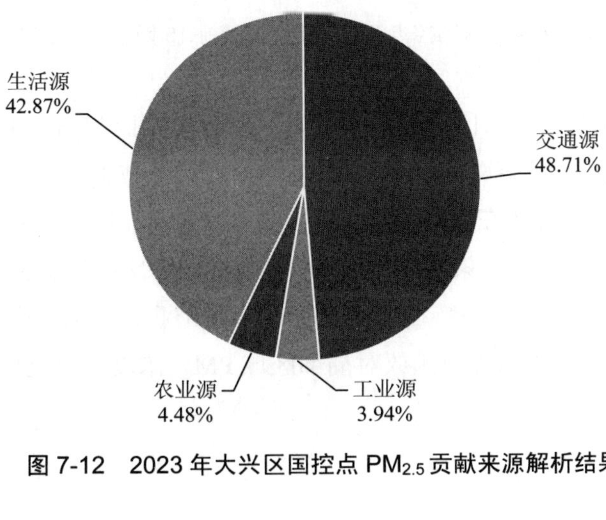

图 7-12 2023 年大兴区国控点 $PM_{2.5}$ 贡献来源解析结果

图 7-13 为 1 月北京市大兴区空气质量监测站 $PM_{2.5}$ 浓度贡献前 15 网格中各部门比例。结果表明，交通源为多数网格的主要贡献部门，如 150#、38#和 255#等网格，交通源占比在 34.31%～66.95%，表明交通源在 $PM_{2.5}$ 浓度贡献中占主导作用。工业源在 19#、11#、30#和 156#网格对 $PM_{2.5}$ 浓度贡献的第一大来源，工业源占比在 36.28%～43.79%。其中 19#、11#网格分别为监测站 $PM_{2.5}$ 浓度贡献的第一大和第二大网格，这可能与该网格内工业企业的集中分布有关。生活源在 43#、14#和 46#网格对 $PM_{2.5}$ 浓度贡献的第一大来源，占比分别为 35.37%和 35.87%。此外，各网格中农业源对 $PM_{2.5}$ 浓度贡献均为最低，表明农业源对 $PM_{2.5}$ 浓度影响有限。

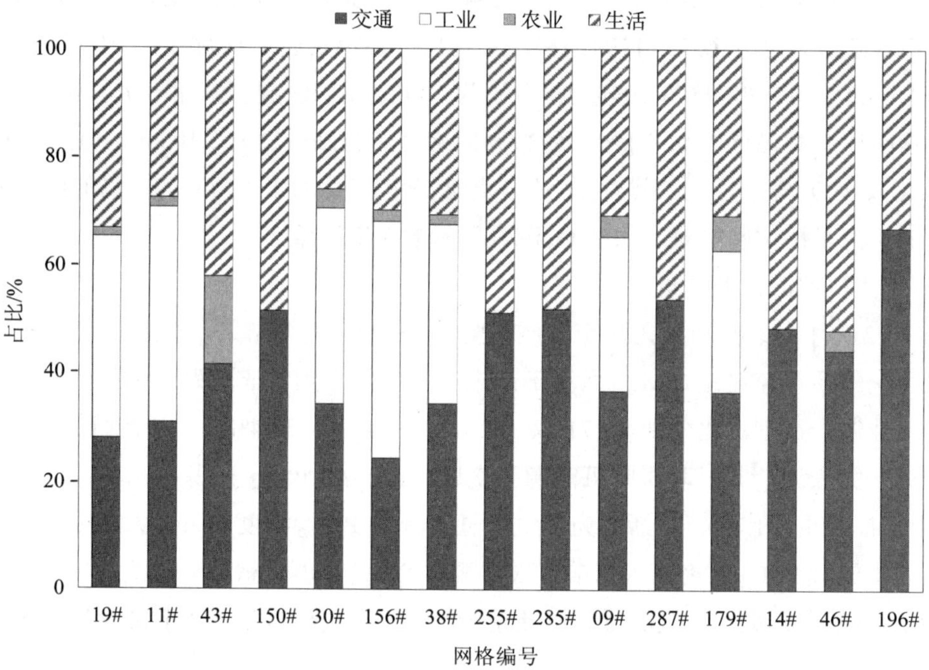

图 7-13　2023 年大兴区对国控点 $PM_{2.5}$ 浓度贡献前 15 网格源对 $PM_{2.5}$ 贡献比例

2023 年 1 月，北京市大兴区各部门对大兴区空气质量监测站点 $PM_{2.5}$ 浓度的贡献比例情况如图 7-14 所示。不同部门对 $PM_{2.5}$ 浓度贡献比例分布不同，生活源、交通源排放对 $PM_{2.5}$ 浓度贡献高值区分布在大兴区西部。农业源对 $PM_{2.5}$ 浓度贡献主要为大兴区东南部，反映了农业活动对 $PM_{2.5}$ 污染的局部影响。工业源对 $PM_{2.5}$ 浓度贡献出现以 19#、11#和 156#网格为中心的高值区分布特征，可能与网格内工业企业的集中分布及工业生产活动频繁相关，表明了工业源的集中排放对局部区域 $PM_{2.5}$ 浓度具有重要影响。

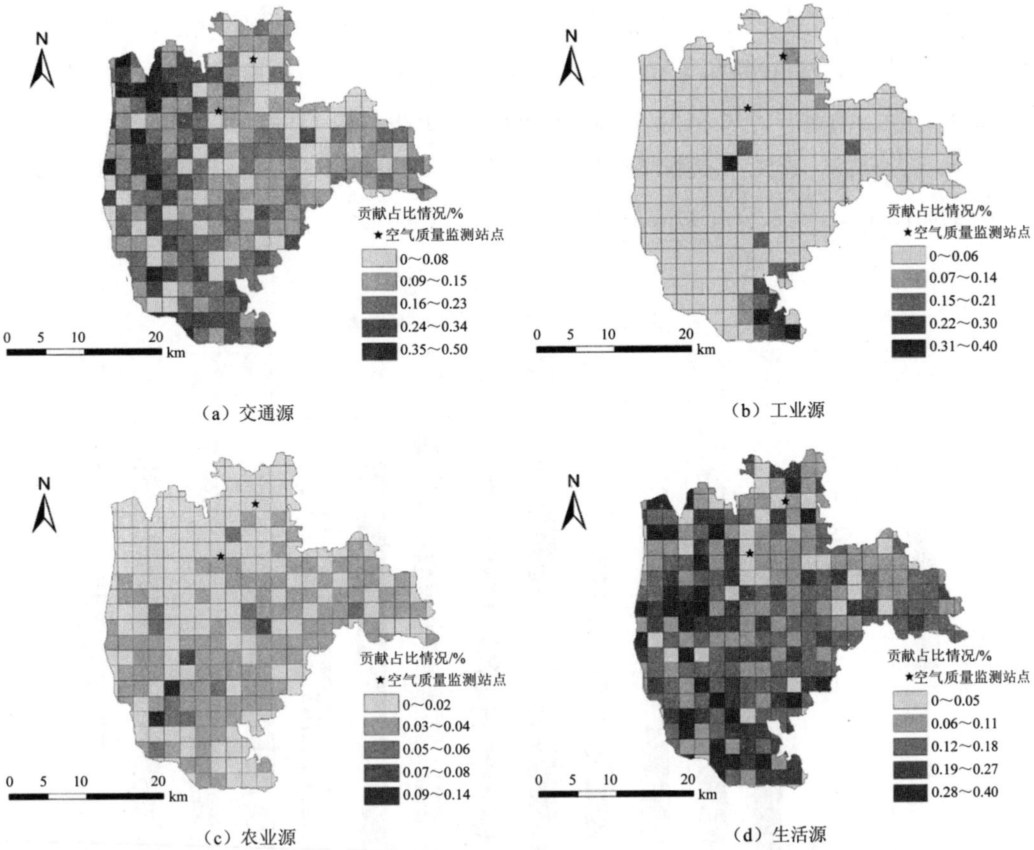

图 7-14　2023 年 1 月北京市大兴区交通源、工业源、农业源、生活源排放对 $PM_{2.5}$ 浓度贡献比例空间分布情况

图 7-15 为 2023 年 7 月北京市大兴区空气质量监测站 O_3 溯源结果。北京市大兴区本地源中交通源为 O_3 的第一大来源，对 O_3 的贡献占比为 53.37%，其次为生活源与工业源，贡献占比分别为 23.74%和 18.03%，农业源占比最小，为 4.87%。

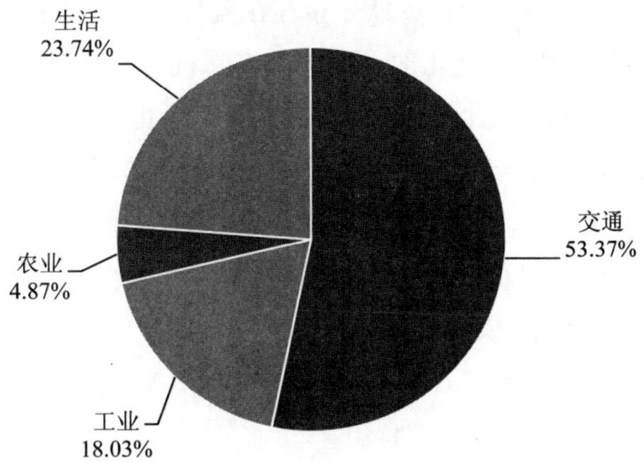

图 7-15　2023 年 7 月大兴区国控点 O_3 贡献来源解析结果

图 7-16 为 7 月对空气质量监测站贡献排名前 15 网格中不同部门对空气质量监测站 O_3 浓度贡献比例。除 294#和 179#网格外，其余网格对空气质量监测站 O_3 浓度贡献主要受交通源影响，交通源占比为 38.43%～85.94%。而 294#和 179#分别为 O_3 浓度贡献的第一大和第二大来源，其受工业源影响显著，分别占 89.19%和 91.83%。各网格中农业源对空气质量监测站 O_3 浓度贡献均为最低。

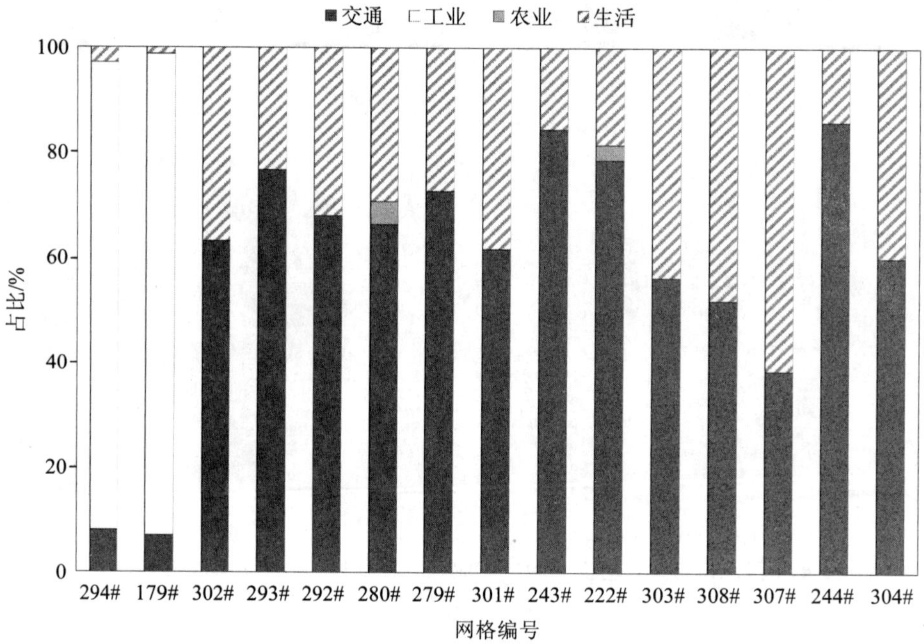

图 7-16 2023 年 7 月大兴区对空气质量监测站 O_3 浓度贡献前 15 网格各部门贡献比例

2023 年 7 月，北京市大兴区不同部门排放对大兴区空气质量监测站点的 O_3 贡献比例情况如图 7-17 所示。不同部门的 O_3 贡献分布存在差异，生活源和交通源模拟 O_3 浓度贡献高值区主要位于大兴区西北部及北部，这一分布特征与该区域经济开发区密集的路网布局相关。农业源对 O_3 贡献高值区主要分布在北部及西北部以外的区域，凸显了不同区域污染源贡献的差异性，可能与农业用地分布相关。工业源贡献高值区主要集中在大兴区工业企业分布密集的中部及北部区域，从工业源污染物分配清单结果情况来看，该区域以 294#和 179#网格为中心，而 294#和 179#网格 O_3 前体物 NO_x 和 VOCs 排放量位居工业源总排放的前两位，对 O_3 生成影响显著。

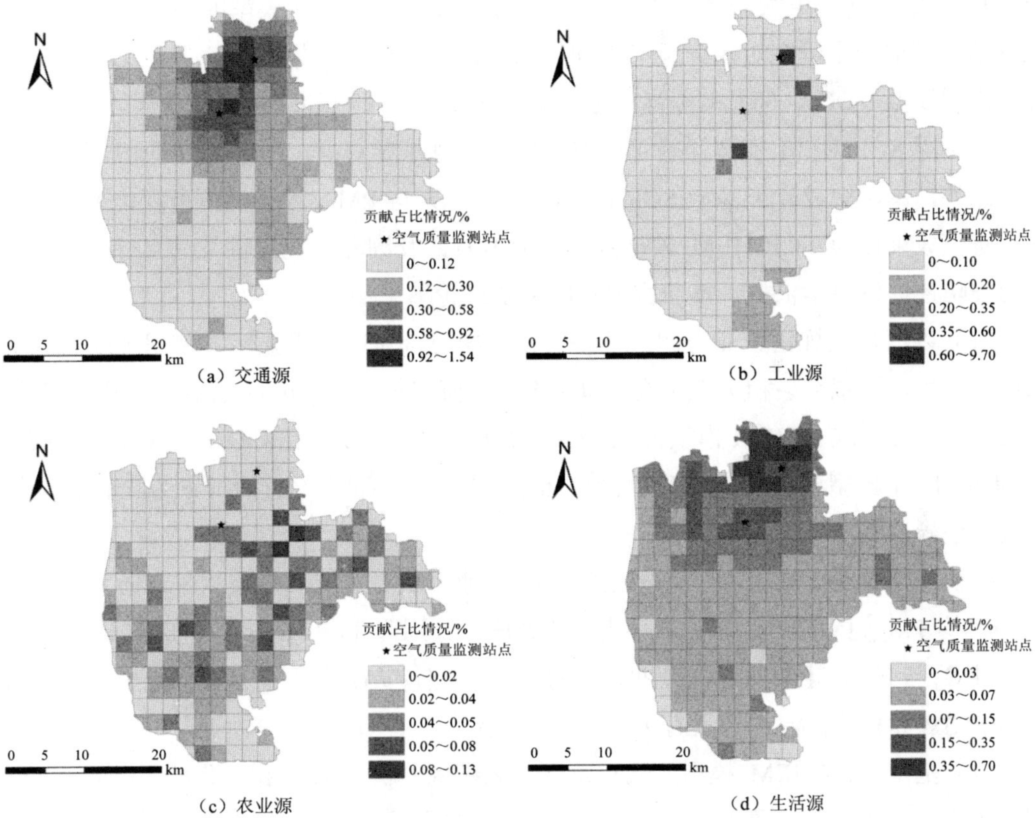

图 7-17　2023 年 7 月北京市大兴区交通、工业、农业、生活源排放对 O_3 浓度贡献比例空间分布情况

7.4.4　不确定性分析

本研究存在几个不确定因素：①排放清单在分配过程中受人口数据、土地利用数据、路网数据精度影响，导致分配后清单的准确性，进而增加了模型的不确定性。②数值模型不确定性，SCICHEM 需要输入 CMAQ 所模拟的三维浓度场作为背景浓度场，而 CMAQ 模型受源清单、分辨率、气象场、化学机制等多种因素影响。③本研究主要针对本地源对 O_3 及 $PM_{2.5}$ 浓度的贡献影响，模型在计算过程中主要基于本地清单，尚未充分考虑区域传输影响，从而增加了模型的不确定性。

7.5　结　论

本研究以河北省沧州市某炼化企业与北京市大兴区为研究对象，结合研究团队编制的 2018 年沧州高分辨率城市排放清单，以及依据我国高分辨率碳与大气污染物排放数据分配的 2023 年北京市大兴区排放清单，构建了基于 SCICHEM 模型的 O_3 与 $PM_{2.5}$ 污染模拟与溯源模型。本研究对比分析了不同气象数据组合模拟效果差异，并对比了不同局地尺度模型模拟 VOCs、NO_x 的差异，分析了炼化企业在 1 月和 7 月排放对周边环境影响。同时，利用 SCICHEM 模型开展北京市大兴区本地源对 O_3 与 $PM_{2.5}$ 污染贡献溯源模拟研究。此外，本研究设计了基于 SCICHEM 模型的 O_3 与 $PM_{2.5}$ 污染模拟可视化系统原型设计。研究成果可为 SCICHEM 模型本地化应用研究及溯源研究提供案例支持，为区域大气污染防控提供科学依据。本研究取得的主要结论如下：

（1）以沧州某炼化企业为例，不同气象数据组合对比结果显示，使用地面气象观测数据的方案，模拟结果相关性更高。SCICHEM 模型与 AERMOD、CALPUFF 模型模拟结果存在差异，SCICHEM 模型模拟 VOCs 浓度显著高于 AERMOD 和 CALPUFF 模型，而 SCICHEM 模型模拟 NO_x 浓度空间分布范围更广，可能是由于化学机制与网格分辨率设置的差异。

典型炼化企业 1 月和 7 月模拟结果显示，企业排放对空气质量监测站点的月均 MDA8 O_3 与月均 $PM_{2.5}$ 贡献浓度均在 7 月达到最高值，分别为 17.31 μg/m^3 和 1.47 μg/m^3。表明温度对 O_3 与 $PM_{2.5}$ 影响明显。企业排放对 O_3 及 $PM_{2.5}$ 贡献占比 7 月整体低于 1 月，可能与冬季燃煤和夏季高温等因素有关。

（2）基于 SCICHEM 模型的北京市大兴区溯源分析结果显示，受人口分布、路网密度等影响，生活源及交通源对大兴区 $PM_{2.5}$、O_3 浓度贡献高值区均出现在北部及西北部，而工业源对大兴区 $PM_{2.5}$、O_3 浓度高值区出现在工业活动频繁区域周边。重点网格受交通源和生活源影响明显。尽管工业源对 $PM_{2.5}$、O_3 浓度贡献较低，但 $PM_{2.5}$、O_3 浓度贡献最大的 19#、294#网格受工业源影响较大，可能是与工业区集中分布区域相关。整体来看，交通源和生活源为主要贡献来源，而工业源及农业源对 $PM_{2.5}$ 及 O_3 浓度贡献有限。

第三篇

大数据与 AI 应用

第 8 章
我国大气监督帮扶数据研究——以生活垃圾焚烧发电厂为例

8.1 引　言

随着工业化和城镇化的发展，城市生活垃圾不断增加，2022 年我国生活垃圾清运量已达 2.44 亿 t。由于焚烧处理技术具有处理规模大、周期短、减量性高、占地小、能源回收效率高等优点，逐步成为处理城市生活垃圾的主流技术。然而，垃圾焚烧过程中会产生大量的粉尘、HCl、SO_2、NO_x、二噁英及重金属等大气污染物，对环境造成一定的污染。为了确保生活垃圾焚烧发电厂（以下简称垃圾焚烧厂）的大气排放达到标准，保障公众健康和环境安全，我国政府采取了一系列严格的监管措施。

2017 年，环境保护部正式启动大气污染防治强化督查行动，由环境保护部向重点区域城市派驻工作组，帮助地方发现企业环境问题，并督促企业解决问题。2018 年该行动更名为“蓝天保卫战重点区域强化监督”，2019 年更名为“蓝天保卫战重点区域强化监督定点帮扶”，2021 年再次更名为“重点区域空气质量改善监督帮扶”，历经三次更名，持续至今（本研究统称为大气监督帮扶）。督查范围也从最开始的京津冀及周边地区“2+26”城市逐步扩展至汾渭平原、苏皖鲁豫交界地区、长三角等区域。大气监督帮扶工作效果显著，在整个“十三五”期间，大气监督帮扶累计检查企业（点位）210 万个，帮助地方发现问题 27.2 万个。

目前对监督帮扶的研究大多集中在对重点区域大气监督帮扶工作开展后的环境改善和社会经济影响分析，鲜少聚焦行业角度，缺少对垃圾焚烧厂的大气监督帮扶数据研究。本研究从行业角度出发，基于我国垃圾焚烧厂 2018—2023 年大气监督帮扶数据，通过数据挖掘分析监督帮扶中发现的我国垃圾焚烧厂的环境问题，对其时空分布特征以及企业特征进行分析，可为垃圾焚烧厂更加精准、精细的环境管理提供决策依据。

8.2 研究方法与数据

8.2.1 大气监督帮扶数据

本研究通过大气监督帮扶平台数据来分析我国垃圾焚烧厂的环境问题，研究时间为2018—2023年，研究对象为垃圾焚烧厂的大气监督帮扶数据。以垃圾焚烧厂自动监测数据公开平台中登记的垃圾焚烧厂为准，大气监督帮扶数据共涉及全国203家垃圾焚烧厂，分布于我国的23个省（区、市）。研究期间，在大气监督帮扶平台中共收集到521条垃圾焚烧厂监督帮扶信息，包括基础信息（污染源名称、地址、经纬度等）、检查信息（行业类别、生产状态、企业基本信息及线索核实、是否存在环境问题、检查时间等）和审核信息（问题类别、问题类型、问题类型处置情形、问题详述等）。其中发现环境问题的垃圾焚烧厂共149家，涉及421个环境问题，约2.7万字问题详述，包括治污设施安装与运行、污染源自动监控、粉尘无组织排放和环境管理等多方面问题。

8.2.2 数据分析方法

关键词提取是文本挖掘领域一个很重要的部分，是对文本信息进行高度凝练的一种有效手段。文本数量大的大气监督帮扶数据可通过高效的算法实现关键词提取，之后将垃圾焚烧厂的环境问题信息可视化，从而能够快速地获取监督帮扶数据中的关键环境问题信息。目前，用于文本关键词提取的主要方法有4种：基于TF-IDF（Term Frequency-Inverse Document Frequency，词频-逆向文件频率）的关键词抽取、基于TextRank的关键词抽取、基于Word2Vec词聚类的关键词抽取，以及多种算法相融合的关键词抽取。其中，TF-IDF算法简单高效，是关键词提取中最常用的方法，它通过计算词频和文档频率衡量词语的重要性。

TF-IDF是一种用于信息检索与文本挖掘的常用加权技术，TF是词频（Term Frequency），IDF是逆文本频率指数（Inverse Document Frequency），TF表示词条在文本中出现的频率，通常进行归一化处理（一般是词频除以文本总词数），以防止它偏向长的文件。IDF表示关键词的普遍程度，如果包含词条的文档越少，IDF越大，则说明该词条具有很好的类别区分能力。其基本思路是词语的重要性与其在文件中出现的次数成正比，但同时会随着其在语料库中出现的频率成反比下降，可通过R语言计算。之后在TF-IDF词频计算的基础上，调用WordCloud绘图工具实现文本词频可视化操作，文字的大小表示词语的重要性。TF-IDF关键词抽取算法的表达式如下：

$$\mathrm{TF}-\mathrm{IDF}_{i,j}=\mathrm{T}F_{i,j}\times\mathrm{IDF}_{i} \tag{8-1}$$

$$\mathrm{TF}_{i,j} = \frac{n_{i,j}}{\sum_k n_{k,j}} \tag{8-2}$$

$$\mathrm{IDF}_i = \lg \frac{N}{n_i} \tag{8-3}$$

式中，$n_{i,j}$ 是词语 i_i 在 j 类所有文本中出现的次数；$\sum_k n_{k,j}$ 是 j 类所有文本词语出现的次数总和；N 是数据集中的文本总数；n_i 为包含词语 t_i 的文本数。

此外，以 2018—2023 年我国生活垃圾焚烧厂大气监督帮扶内容为研究对象，对大气监督帮扶中发现的环境问题及时空分布特征进行了量化分析。

8.3　结果与分析

8.3.1　我国生活垃圾焚烧发电厂环境问题整体情况

对大气监督帮扶发现的垃圾焚烧厂问题类别和问题类型进行分析。在大气监督帮扶平台中共收集到 521 条垃圾焚烧厂监督帮扶信息，发现环境问题的共 421 条，涵盖 10 个问题类别，包括环评及排污许可制度类、污染源自动监控类、其他环境管理问题、粉尘无组织排放、治污设施安装与运行类、（专项）自动监控设备建设运维不规范、应急预案合理性及其他问题等。其中环评及排污许可制度类问题条数最多，为 117 条，占总问题条数的 27.8%，其次为污染源自动监控类、其他环境管理问题，分别为 105 条、79 条，各占 24.9%、18.8%，3 类共占总问题条数的 71.5%（见图 8-1 至图 8-3）。环评及排污许可制度类包括未建立台账或台账记录不规范、排污许可证其他（发证质量）问题、未按许可证要求开展监测并保存原始记录等 8 个问题类型，其中未建立台账或台账记录不规范问题条数为 42 条，占比最大（35.9%）。污染源自动监控类中自动监测设备运行维护不规范的问题条数达 83 条，为污染源自动监控类问题中的最主要问题，也是所有问题类型中问题条数最多的问题。这说明垃圾焚烧厂存在的环境问题主要存在于环境管理记录方面和在线监测（CEMS）方面，如未建立台账或台账记录不规范、自动监测设备运行维护不规范等问题。

根据问题类型，将发现的垃圾焚烧厂的环境问题分为涉及污染排放类和不涉及污染排放类，将自动监测设备运行维护不规范、治污设施运行不规范、工业粉尘无组织排放、排污口设置不规范等 32 个问题类型列为涉及污染排放类问题，将其他环境问题、未建立台账或台账记录不规范、排污许可证其他（发证质量）问题等 9 个问题类型列为不涉及污染排放类问题。2018—2023 年垃圾焚烧厂大气监督帮扶中涉及污染排放类问题共 265 条，占发现的环境问题总数量的 62.95%。

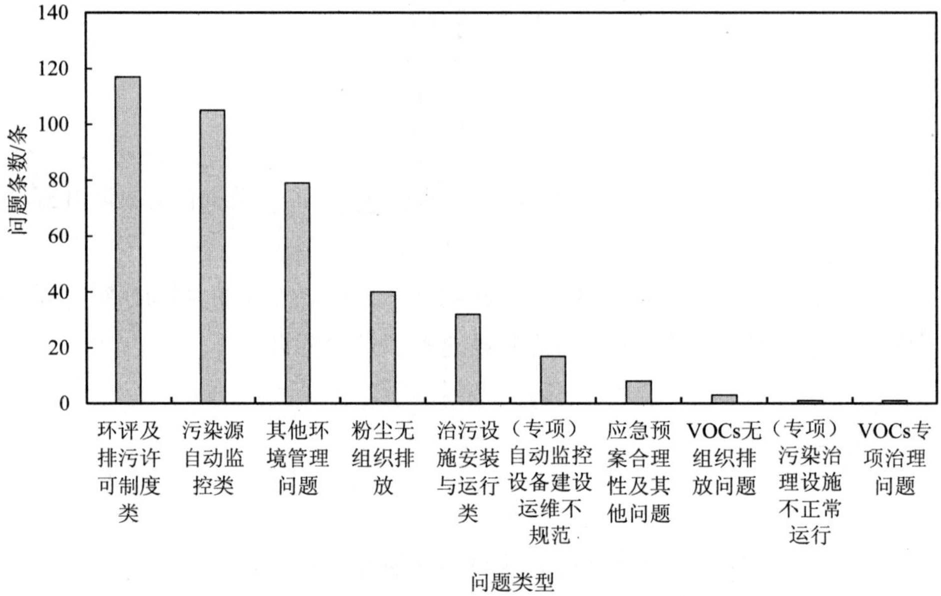

图 8-1　大气监督帮扶垃圾焚烧厂问题类别统计

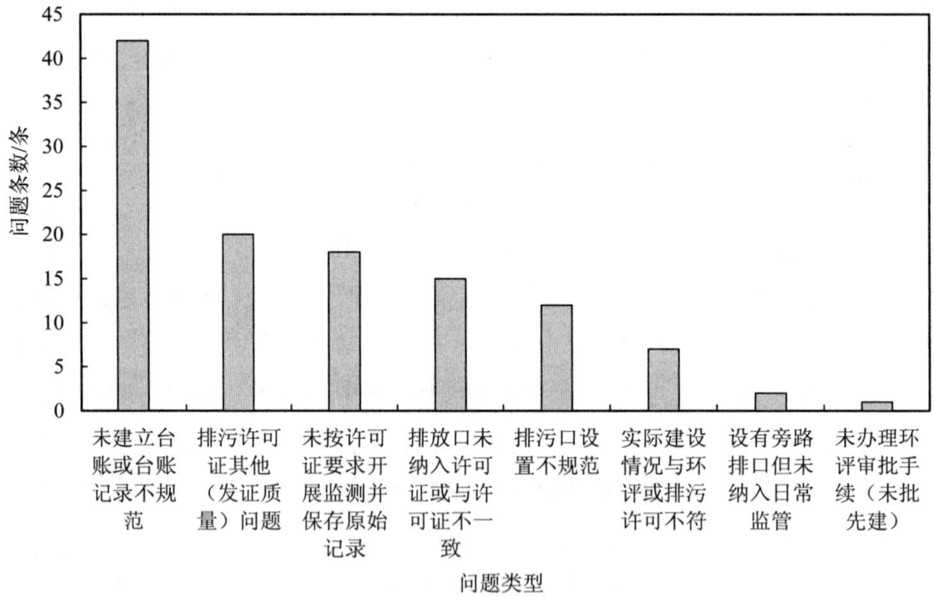

图 8-2　环评及排污许可制度类中问题类型统计

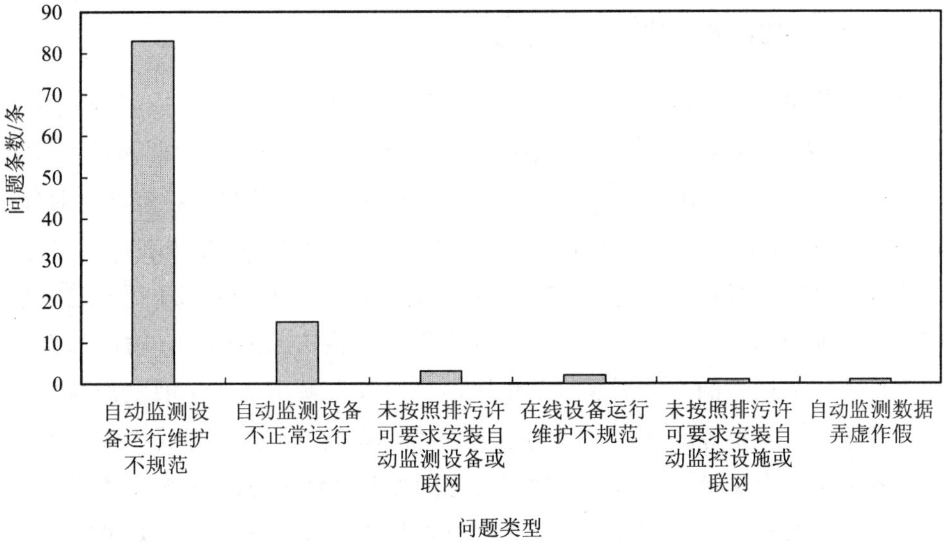

图 8-3　污染源自动监控类中问题类型统计

8.3.2　大气监督帮扶数据关键词提取

对经筛选和关键词提取处理后的垃圾焚烧厂大气监督帮扶数据中的问题详述进行可视化，结果如图 8-4 所示，其中“监测”“在线”“设备”等关键词出现频率最高，分别为 185 次、151 次、121 次，说明大气监督帮扶工作中发现的垃圾焚烧厂的环境问题主要为在线监测、设备设施等方面，这也与大气监督帮扶发现的垃圾焚烧厂问题类别和问题类型的分析结果相对应。建议垃圾焚烧厂应重点关注环境管理记录和在线监测两方面，提升管理记录、在线监测设备运营的规范性和有效性。

图 8-4　垃圾焚烧厂大气监督帮扶问题详述数据关键词分析结果

8.3.3 大气监督帮扶数据时间变化

对垃圾焚烧厂大气监督帮扶发现的问题在时间尺度上进行分析。如图 8-5 所示，在年际变化中，2018—2023 年（除 2020 年）大气监督帮扶发现的企业问题条数和企业数量呈上升趋势，问题条数分别为 2 条、4 条、12 条、114 条和 289 条，问题企业分别为 2 家、3 家、9 家、48 家和 106 家。2018—2021 年问题条数和企业数量较少，其中 2020 年未对垃圾焚烧厂进行大气监督帮扶，可能与疫情防控有关。2022—2023 年问题条数和企业数量剧增，可能原因如下：一方面，近两年大气监督帮扶范围扩大，力度加大。大气监督帮扶工作范围从最初的京津冀及周边地区的“2+26”城市逐步扩展至汾渭平原、苏皖鲁豫交界地区、长三角等区域，2023 年生态环境部印发《重点区域空气质量改善大气监督帮扶工作方案》中显示大气监督帮扶工作范围覆盖 141 座城市，整个大气监督帮扶工作覆盖范围的扩大也意味着垃圾焚烧厂大气监督帮扶范围的扩大，所以 2022—2023 年垃圾焚烧厂问题条数和问题企业数量快速增长，这也说明了大气监督帮扶工作逐渐走向全面，有利于进一步规范垃圾焚烧厂的运营，进而改善其环境污染情况。另一方面，由于我国城市生活垃圾不断增加，垃圾焚烧处理比例不断增大，垃圾焚烧厂的投运数量也在逐年增加。根据垃圾焚烧厂自动监测数据公开平台显示，2018—2023 年我国垃圾焚烧厂数量由 374 家增长到 898 家（增长率为 140%）。而垃圾焚烧厂的兴起和长期运行会对环境造成污染，造成“邻避效应”（是民众对当地建设的环境污染性工厂、基础设施等的一种抵抗现象），引起更多的社会关注，进而对更多的垃圾焚烧厂进行大气监督帮扶工作，控制并改善其环境污染情况。

大气监督帮扶工作可以有效改善垃圾焚烧厂的环境问题。通过对比同一企业在大气监督帮扶多轮次检查中发现的环境问题变化，能够有效评估大气监督帮扶对企业环境问题整改的促进作用。例如，2023 年共大气监督帮扶垃圾焚烧厂 160 家，与 2022 年大气监督帮扶的垃圾焚烧发电厂重复 25 家（2022 年大气监督帮扶垃圾焚烧厂 62 家），重复率 15.63%。在重复的 25 家垃圾焚烧发电厂中，12 家企业未出现问题，2 家企业问题数量降低，共 14 家企业得到了改善，改善率为 60.87%。

此外，从大气监督帮扶发现的垃圾焚烧厂的环境问题在整个时间范围内的变化趋势来看，2022 年 11 月、12 月以及 2023 年的 3 月、5—7 月大气监督帮扶工作发现的环境问题较多，可能是由于冬季易发生雾霾等环境污染问题，而夏季是对 O_3 污染起到“削峰降频”的好时机，所以冬季和夏季是大气监督帮扶工作的重点时间，对企业的检查力度较大。

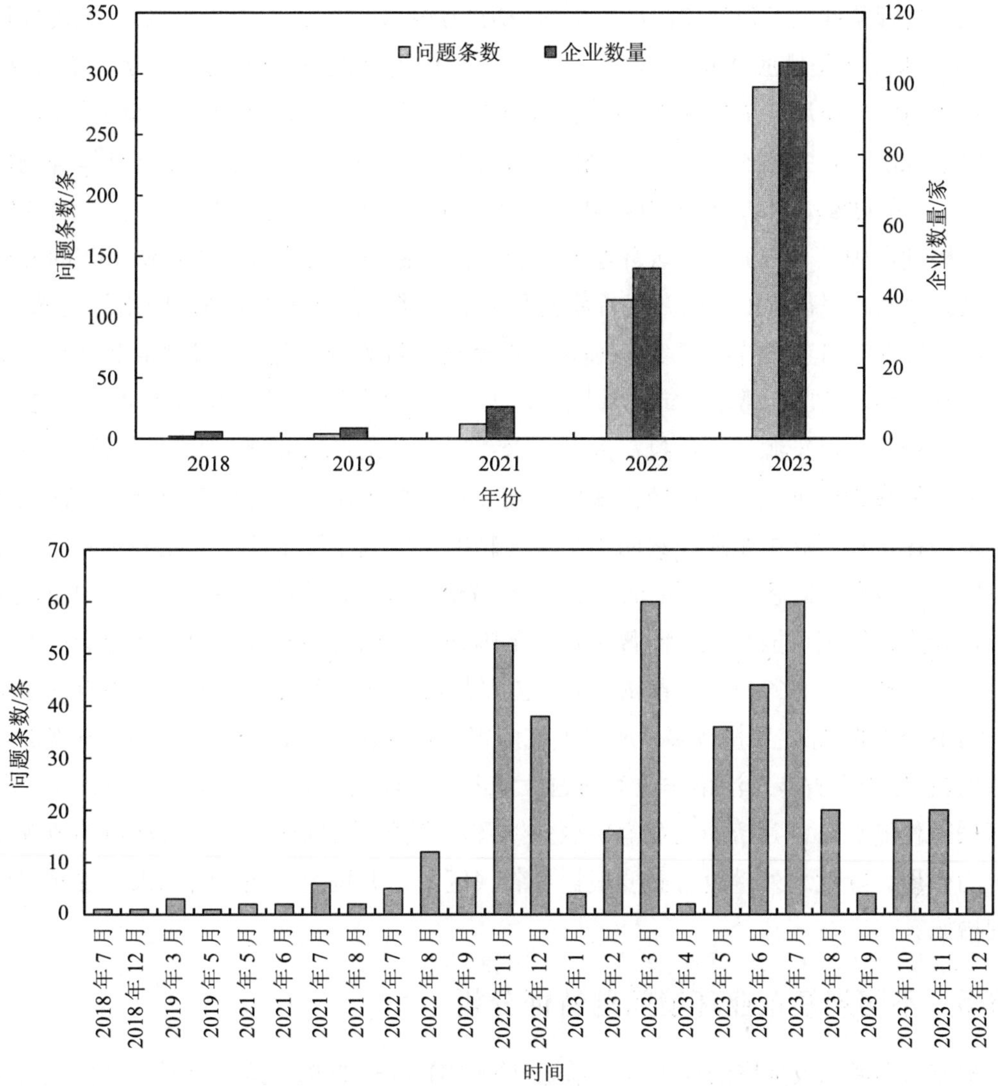

图 8-5　2018—2023 年垃圾焚烧厂大气监督帮扶数据随时间变化趋势

8.3.4　大气监督帮扶数据空间分布

对大气监督帮扶中的垃圾焚烧厂的空间分布进行分析，进行大气监督帮扶工作的垃圾焚烧厂主要分布在京津冀地区、河南省、山西省以及长三角地区，这主要与大气监督帮扶的工作范围有关。2018—2023 年，垃圾焚烧厂的大气监督帮扶工作共涵盖 23 个省（区、市），其中新疆维吾尔自治区、甘肃省、黑龙江省和吉林省的大气监督帮扶工作只涉及 1 家垃圾焚烧厂，且并未发现问题，所以对其余 19 省（区、市）进行分析，垃圾焚烧厂出现问题较多的省份为河南省、河北省和山东省。2018—2023 年，对河南省 36 家垃圾焚烧厂进行帮扶，发现环境问题的生活垃圾焚烧厂共 32 家（占 88.89%），发现环境问题 91 条，涉及污染排放类问题 54 条（占 59.34%）。对河北省 35 家垃圾焚烧厂进行帮扶，发现环境问题的垃圾焚烧厂共 29 家（占 82.86%），涉及 81 条环境问题，其中涉及污染排放类问题 45 条（占 55.56%）。对山东省 26 家垃圾焚烧厂进行帮扶，发现环境问题的共 20 家（占 76.92%），涉及环境问题 60 条，其中涉及污染排放类问题 46 条（占 76.67%）。

分析其原因，一方面，发现环境问题企业的比例较高与大气监督帮扶工作的开展过程有关。大气监督帮扶工作的开展首先会利用卫星遥感、空气质量监测网络等技术手段，识别出“冒泡”站点（“冒泡”站点通常指在空气质量监测过程中，某些监测站点的数据突然异常升高，超出正常水平或周边区域，表明该区域可能存在污染源或环境问题），并溯源重点企业和污染源，之后执法人员拿着“冒泡”站点精准溯源识别到的重点行业、排放大户等线索清单，带着问题去现场开展检查帮扶工作。发现环境问题企业的比例较高，说明在工作开展中企业线索的识别较为精准，大气监督帮扶工作能够有效发现垃圾焚烧厂存在的环境问题。另一方面，这 3 个省份大气监督帮扶发现环境问题的垃圾焚烧厂数量较多的原因可能与大气监督帮扶的范围和频次以及该省现有的垃圾焚烧厂的数量有关。河南省、河北省和山东省属于大气监督帮扶的重点区域，且 3 个省现有的垃圾焚烧厂均不少于 70 家，数量较多，所以大气监督帮扶的垃圾焚烧厂数量就多，发现的环境问题也较多。3 个省涉及污染排放类问题数量占各省环境问题总数量均超过 55%，大气监督帮扶工作能够监督并帮助企业解决这些涉及污染排放类问题，对大气环境的改善具有一定的作用。除此之外，也有必要根据各省（区、市）垃圾焚烧厂情况来开展相对应的管理措施。

8.3.5 不同规模企业环境问题特征分析

根据《生活垃圾焚烧处理工程技术规范》（CJJ 90—2009），按照全厂总焚烧能力将垃圾焚烧厂共分为 4 类规模，特大类垃圾焚烧厂（≥2 000 t/d）、Ⅰ类垃圾焚烧厂（1 200～2 000 t/d，含 1 200 t/d）、Ⅱ类垃圾焚烧厂（600～1 200 t/d，含 600 t/d）和Ⅲ类垃圾焚烧厂（150～600 t/d，含 150 t/d）。对大气监督帮扶中发现环境问题的生活垃圾焚烧厂按规模进行分析（见图 8-6），大气监督帮扶中特大类、Ⅰ类、Ⅱ类和Ⅲ类垃圾焚烧厂分别为 39 家、49 家、90 家和 25 家，其中发现环境问题的 4 类垃圾焚烧厂分别为 27 家、34 家、71 家和 17 家。大气监督帮扶中发现环境问题的垃圾焚烧厂中Ⅱ类企业数量较多，这主要是因为目前国内规模在 600～1 200 t/d 的垃圾焚烧厂是主要部分，占全国垃圾焚烧厂总数量的 51.22%，进而大气监督帮扶工作中Ⅱ类垃圾焚烧厂数量最多，发现的环境问题也最多。

从问题数量来看，特大类垃圾焚烧厂发现的环境问题总数为 66 条，平均 2.4 条/家；Ⅰ类垃圾焚烧厂发现的环境问题总数为 88 条，平均 2.59 条/家；Ⅱ类垃圾焚烧厂发现的环境问题总数为 213 条，平均 3 条/家；III类垃圾焚烧厂发现的环境问题总数为 213 条，平均 3.18 条/家。可以发现，II 类、III类垃圾焚烧厂环境问题超过 3 条/家，相较特大类和 I 类，II 类、III类垃圾焚烧厂环境问题较多。可能因为中小规模垃圾焚烧厂的技术水平、污染治理措施和管理水平较为落后，容易出现环境问题，建议中小规模企业未来加强运营与管理，提高技术，相关部门需加大对中小规模生活垃圾焚烧厂的监管力度。

从焚烧炉炉型来看，在大气监督帮扶里发现环境问题的垃圾焚烧厂中炉排炉企业 141 家，占比 94.63%，循环流化床企业 8 家，占比 5.37%。这是由于在生活垃圾焚烧发电行业中，炉排炉是主要的炉型。

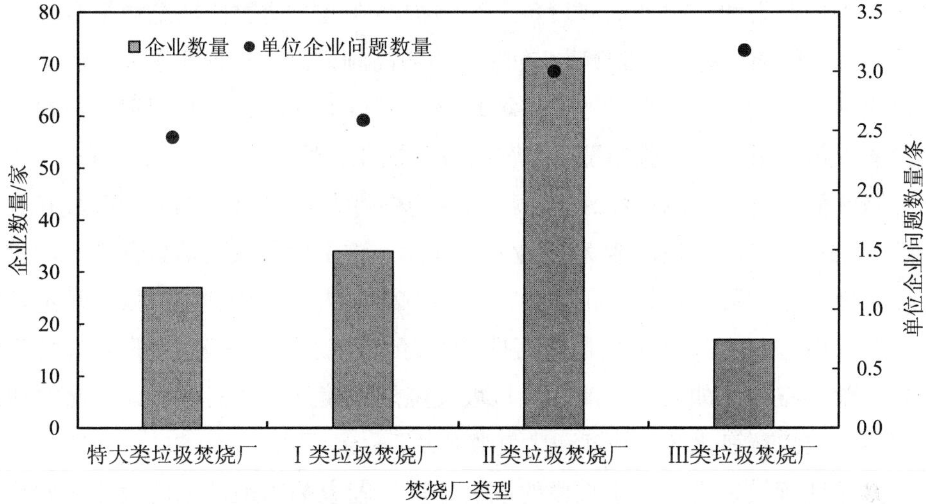

图 8-6　有环境问题的垃圾焚烧厂不同规模统计

8.3.6　不确定性分析

本研究对我国垃圾焚烧厂的大气监督帮扶数据分析存在一定的不确定性，具体如下：

（1）现场执法人员个体差异性。在对垃圾焚烧厂的大气监督帮扶工作中，现场执法人员在检查手段、检查重点、专业知识和能力素质方面存在个体差异性，在平台记录问题时使用的语句也未进行统一，存在差异。

（2）企业代表性。本研究的研究对象为大气监督帮扶工作中的垃圾焚烧厂，并未覆盖各省（区、市）全部的垃圾焚烧厂，受大气监督帮扶的范围和频次影响，企业可能不具有代表性。

（3）大气监督帮扶政策。本研究的大气监督帮扶数据时间为 2018—2023 年，随着时间的推移，大气监督帮扶政策可能会进行调整和变化。这些变化可能导致数据分析的基准和依据发生变化，从而影响数据分析结果的准确性和可比性。

（4）环境问题严重程度差异性。大气监督帮扶发现的垃圾焚烧厂的环境问题的严重程度存在差异，本研究并未考虑环境问题的严重程度。例如，在大气监督帮扶中发现的"未悬挂一厂一策公示牌""台账记录不规范"等轻度问题和"超标排污""检测报告造假"等严重问题在本研究中均视为环境问题，未进行区分，从而存在一定的不确定性。

8.4 结论及建议

（1）从垃圾焚烧厂的大气监督帮扶数据的环境问题分类和关键词来看，"未建立台账或台账记录不规范"和"自动监测设备运行维护不规范"两类问题是垃圾焚烧厂容易出现的环境问题，问题详述中"监测""在线"等为高频词汇，也证明了在线监测是垃圾焚烧厂容易出现问题的一大方面。建议垃圾焚烧厂应重点关注环境管理记录和在线监测两方面，提升管理记录、在线监测设备运营的规范性和有效性。

（2）从时间上看，2018—2021 年大气监督帮扶中垃圾焚烧厂的问题条数和企业数量较少，而 2022—2023 年问题条数和企业数量剧增。这主要与大气监督帮扶范围扩大以及国内垃圾焚烧厂迅速发展有关。相较 2022 年，2023 年大气监督帮扶中发现环境问题的垃圾焚烧厂改善率为 60.87%，大气监督帮扶工作可以有效改善垃圾焚烧厂的环境问题。从空间上看，部分省份（如河南、河北）垃圾焚烧厂环境问题相对较多，有必要根据地方情况开展相对应的精细化环境管理和大气监督执法。

（3）从企业规模来看，中小规模的垃圾焚烧厂较容易出现环境问题，平均每个企业出现的环境问题数量超过 3 条，可能原因是中小规模企业管理水平、技术设施较为落后。建议相关部门完善针对中小规模垃圾焚烧厂的管理政策。

第 9 章
基于气象与空气污染因素的机器学习模型在临沂市呼吸系统疾病就诊预测中的应用研究

9.1 引　言

近年来，空气污染日益加剧，已成为全球范围内导致人类发病率和死亡率上升的重要环境风险因素。世界卫生组织（WHO）指出，全球约 99%的人口生活在污染物浓度超过其最新空气质量指南限值的地区，空气污染相关疾病已导致数百万人死亡。据统计，2018 年因空气污染造成的死亡人数高达 700 万人。过度暴露于空气污染可诱发多种呼吸系统疾病，甚至导致癌症的发生。在工业活动无序扩张和化石燃料大量消耗的城市中，空气污染不仅危害公众健康，也影响城市形象。此外，极端气象事件（如热浪和寒潮）对人类健康的影响日益受到关注。已有研究表明，气象因素是影响哮喘住院率的重要环境变量，天气变化可通过加速气道表面水分的蒸发与流失，进而显著加重哮喘症状，导致住院风险升高。因此，深入分析气象因素与空气污染对呼吸系统疾病就诊率的影响机制，对制订干预措施具有重要现实意义。

然而，预测空气污染对呼吸系统疾病就诊率的影响具有较高的复杂性，原因在于空气污染在时空尺度上呈现高度动态变化，并受到大气化学过程、气象条件、区域特征等多重因素的综合作用。污染物在大气中的扩散过程具有明显的非线性特征，进一步加大了对空气污染浓度进行精准预测的复杂性与成本。目前，研究人员采用了多种方法预测空气污染水平，包括传统统计方法、数值模拟方法、人工智能技术以及混合模型理论。近年来，随着人工智能技术的不断发展，机器学习在空气质量预测和大气环境研究中的应用日益广泛，同时也逐渐被引入与空气污染相关疾病的临床决策支持系统中。

支持向量回归（Support Vector Regression，SVR）作为一种非线性建模方法，在疾病诊断与预测中被广泛应用，且相较其他分类算法，其在应对过拟合方面较为稳健。SVR 模型训练样本稀疏，能高效识别输入与输出变量之间的非线性关系。此外，SVR 模型能够有效捕捉空气污染物、气象因子与呼吸系统疾病之间的复杂关系，为污染防治和健康风险干预提供重要技术支撑。

空气污染与呼吸系统疾病之间存在密切关联。已有研究表明，NO_2、SO_2、PM_{10} 和 $PM_{2.5}$ 等污染物可沉积于肺组织中，而超细颗粒物甚至可通过血液循环进入远端器官与组织，引发呼吸道感染、哮喘乃至肺癌。多项队列研究也表明，PM_{10} 和 $PM_{2.5}$ 与呼吸系统疾病呈正相关关系。PM_{10} 和 $PM_{2.5}$ 与慢性阻塞性肺病急性加重有关，而社区获得性肺炎的急诊就诊则与 SO_2、CO 和 O_3 浓度有关。空气污染问题在全球范围内尤为严峻，尤其是在快速工业化发展的城市。临沂市是我国山东省的重要工业城市，也是山东省面积最大的地级市，土地总面积达 17 200 km^2，常住人口约 1 081 万人，人口规模与多个欧洲国家相当。近年来，临沂市地区生产总值持续增长，最新数据显示地区生产总值已达 4 800 亿元。然而，随着经济发展和能源消耗的同步增长，空气污染问题日趋严重，城市也因此承担了一定的经济损失。目前尚无研究系统探讨气象与空气污染因素对临沂市呼吸系统疾病就诊情况的影响，也缺乏相关的机器学习应用实践。

因此，本研究基于支持向量回归模型，构建空气污染物、气象因素与呼吸系统疾病就诊人数之间的关联分析框架，使用 2016 年 1 月 1 日至 2022 年 8 月 20 日临沂市的相关实测数据进行建模分析。本研究采用平均绝对误差（MAE）、均方误差（MSE）和决定系数（R^2）等多项指标对模型性能进行评估，并根据预测精度识别出影响呼吸系统疾病的关键污染物与气象因子。研究结果可为工业化城市的政策制定者提供决策支持，推动实施更具针对性的空气质量管理与疾病防控措施，从而改善居民健康水平与城市环境质量。

9.2 材料与方法

9.2.1 研究区域

临沂市位于我国山东省东南部，辖九县三区，总土地面积为 17 200 km^2，常住人口达 1 081 万人，是山东省面积最大、人口最多的地级市。

近年来，临沂市重工业迅速发展，机械制造、冶金、建材等产业的扩张显著推动了能源需求的增长。然而，随之而来的环境问题，尤其是空气污染问题，引发了社会的广泛关注。工业发展过程中大量化石燃料的燃烧释放出有毒有害污染物，加剧了区域环境负担。临沂地理位置特殊，三面环山的地形不利于污染物的扩散，导致近地面大气中污染物浓度持续累积。此外，该地区降水时空分布不均，主要集中在夏季，冬季降水偏少，加剧了干燥季节的污染累积并促使雾霾天气的形成。

近年来，气候变化进一步导致极端高温和寒潮等极端气象事件频发，对区域空气质量与居民健康构成新的挑战。自 2015 年起，我国环境保护主管部门对临沂市空气质量实施重点监管。尽管近年来空气质量有所改善，但由于空气污染对公众健康存在滞后效应，呼吸系统疾病的发病率呈现上升趋势。

已有研究表明，空气污染物的排放水平对临沂市居民呼吸系统疾病的发病率具有显著影响。然而，当前研究多聚焦于单一污染因子的作用，关于气象因素与空气污染共同作用下呼吸系统疾病风险的综合研究仍较为缺乏。因此，本研究采用机器学习方法，系统评估气象条件与空气污染物对居民呼吸系统疾病的影响规律，旨在为城市管理者提供科学依据，助力制订精准干预措施，改善空气质量、控制疾病发生，从而提升公众健康水平，维护城市宜居形象。

9.2.2　数据来源和质量控制

气象数据来源于我国气象局在临沂市设立的地面气象观测站（35.03°N，118.24°E），包括日平均气温、日平均相对湿度和日平均风速等参数，所有气象因子均基于逐小时观测数据计算得出。该部分数据的质量控制由气象部门按照标准流程完成，确保其准确性与完整性。

空气污染物浓度数据来源于临沂市 4 个国家环境空气质量监测点，分别为鲁南制药厂站、河东保险公司站、沂河小区站和新光毛纺厂站。收集的污染物种类包括二氧化氮（NO_2）、二氧化硫（SO_2）、一氧化碳（CO）、臭氧（O_3）、可吸入颗粒物（PM_{10}）和细颗粒物（$PM_{2.5}$），时间范围覆盖 2016 年 1 月 1 日至 2022 年 8 月 20 日。为提高数据的适用性与可靠性，对原始数据进行了系统的质量控制处理，内容包括缺失值识别、异常值检测及可能错误的数据修正。

呼吸系统疾病患者每日就诊数据来自临沂市人民医院，该院为临沂市唯一的三级甲等综合性医院。本研究收集的数据涵盖 2016 年 1 月 1 日至 2022 年 8 月 20 日的门诊病例。医院信息由管理人员及信息科按照国家三级医院数据管理标准进行核查，剔除信息不全、重复就诊及诊断不明确的记录。最终，依据《国际疾病分类第十版》（ICD-10：J00-J99），共筛选出 99 894 例呼吸系统疾病门诊病例。结合数据特征和研究目标，本研究选取其中 3 类呼吸系统疾病作为研究对象：急性上呼吸道感染（ICD-10：J00-J06）、肺炎（ICD-10：J12-J18）以及慢性下呼吸道疾病（ICD-10：J40-J47）。

9.2.3　Spearman 相关系数分析

Spearman 秩相关系数是一种基于变量秩次的非参数统计方法，用于衡量两个序列变量之间的相关程度。鉴于本研究中所涉及的数据集不服从正态分布，采用 Spearman 相关性分析方法探讨气象因子与空气污染物对呼吸系统疾病门诊就诊量的影响。

9.2.4 支持向量回归（SVR）

支持向量回归是一种监督学习模型，广泛应用于分类与回归分析中，其理论基础为结构风险最小化原理。SVR 的目标是在训练样本中选择特征子集，使其分类结果能够代表整体数据的划分，通过构建最优超平面实现对数据的有效区分，从而最大化类间间隔并最小化训练误差，以减少模型过拟合的风险。目前，SVR 已被成功应用于多种疾病的诊断与预测研究中。

9.2.5 模型性能评估指标

为充分挖掘有限数据中的信息并避免模型陷入局部最优，同时减少过拟合问题的发生，本研究采用十折交叉验证（ten-fold cross-validation）对 SVR 模型进行训练与评估，以兼顾数据量与计算成本。模型性能的评估指标包括平均绝对误差（Mean Absolute Error，MAE）、均方误差（Mean Square Error，MSE）以及决定系数（Coefficient of Determination，R^2），具体计算公式如下：

$$\mathrm{MAE}=\frac{1}{n}\sum_{i=1}^{n}\left|\hat{y}_i-y_i\right| \tag{9-1}$$

$$\mathrm{MSE}=\frac{1}{n}\sum_{i=1}^{n}(\hat{y}_i-y_i) \tag{9-2}$$

$$R^2=1-\frac{\sum_{i=0}^{n}\left(\hat{y}_i-y_i\right)^2}{\sum_{i=0}^{n}\left(y_i-\overline{y}_i\right)^2} \tag{9-3}$$

式中，i 表示第 i 天；y_i 为当日呼吸系统疾病患者的实际就诊人数；$\overline{y}_i$ 为样本中每日患者人数的平均值；$\hat{y}_i$ 为模型预测值；n 为测试集中的样本总数。

均方误差（MSE）用于衡量模型的稳定性；平均绝对误差（MAE）反映了预测值与实际观测值之间的平均偏差；决定系数（R^2）则用于评估模型对数据的拟合优度。MSE 与 MAE 值越小，表明模型稳定性和预测精度越高；R^2 越接近于 1，则表示模型对实际情况的拟合效果越好。

9.3　结果与分析

9.3.1　数据特征

2016 年 1 月 1 日—2022 年 8 月 20 日，临沂市人民医院共接诊呼吸系统疾病患者 99 894 例（见表 9-1）。其中，2016 年接诊 9295 例（占 9.31%），2017 年为 16 782 例（占 16.80%），2018 年为 17 693 例（占 17.71%），2019 年为 20 176 例（占 20.20%），2020 年为 12 946 例（占 12.96%），2021 年为 14 618 例（占 14.63%），2022 年为 8 384 例（占 8.39%）。2019 年为呼吸系统疾病就诊人数最多的一年。

研究期间主要的 3 类呼吸系统疾病为慢性下呼吸道疾病（占 45.53%）、肺炎（占 34.89%）以及急性上呼吸道感染（占 19.58%）。上述 3 类疾病的就诊人数在各年份间呈现相似的变化趋势。2019 年男性患者占比较高，共计 12 651 人，占当年患者总数的 62.70%，平均年龄为（37.54±32.69）岁。年龄结构上，0～15 岁人群占比最高（45.00%），其次为≥61 岁人群（39.35%），而 16～60 岁人群占比为 15.65%。

表 9-1　患者特征及环境因素

年份	2016	2017	2018	2019	2020	2021	2022	总计
患者人数/人	9 295	16 782	17 693	20 176	12 946	14 618	8 384	99 894
平均年龄/岁	32.73±30.94	34.96±30.85	35.33±32.15	37.54±32.69	47.29±33.11	49.15±30.79	51.99±30.09	41.28±7.32
0～15 岁/人	4 771（51.33%）	8 210（48.92%）	8 572（48.45%）	9 079（45.00%）	3 895（30.09%）	3 955（27.06%）	2 002（23.88%）	40 484（40.53%）
16～60 岁/人	1 491（16.04%）	2 479（14.77%）	2 590（14.64%）	3 157（15.65）%	2 538（19.60%）	3 063（20.95%）	1 738（20.73%）	17 056（17.07%）
>60 岁/人	3 033（32.63%）	6 093（36.31%）	6 531（36.91%）	7 940（39.35%）	6 513（50.31%）	7 600（51.99%）	4 644（55.39%）	42 354（42.40%）
男性岁/人	5 831（62.73%）	10 285（61.29%）	11 052（62.47%）	12 651（62.70%）	8 358（64.56%）	9 445（64.61%）	5 446（64.96%）	63 068（63.13%）
女性岁/人	3 464（37.27%）	6 497（38.71%）	6 641（37.53%）	7 525（37.30%）	4 588（35.44%）	5 173（35.39%）	2 938（35.04%）	36 826（36.87%）
P（J12-J18）/人	2 727（29.34%）	5 372（32.01%）	6 173（34.89%）	7 040（34.89%）	3 380（26.11%）	3 479（23.8%）	1 569（18.71%）	29 740（29.77%）
AURI（J00-J06）/人	2 442（26.27%）	3 814（22.73%）	3 682（20.81%）	3 950（19.58%）	1 860（14.37%）	2 385（16.32%）	1 781（21.24%）	19 914（19.94%）

年份	2016	2017	2018	2019	2020	2021	2022	总计
CLRD（J40-J47）/人	4 126（44.39%）	7 596（45.26%）	7 838（44.3%）	9 186（45.53%）	7 706（59.52%）	8 754（59.89%）	5 034（60.04%）	50 240（50.29%）
$PM_{2.5}$/（μg/m³）	66.13±4.76	57.07±3.74	51.73±2.20	58.06±1.68	48.37±1.55	44.87±1.60	41.03±26.99	52.47±7.97
PM_{10}/（μg/m³）	124.79±11.41	114.95±7.86	107.77±3.13	112.89±5.22	92.00±3.16	91.28±2.80	71.23±37.93	102.13±16.91
SO_2/（μg/m³）	28.82±5.04	24.02±3.74	19.06±2.48	15.86±2.49	11.59±1.38	11.81±0.83	11.2±4.99	17.48±6.36
NO_2/（μg/m³）	42.05±3.36	43.88±1.41	40.29±1.47	38.79±2.08	35.82±3.19	33.09±1.47	27.83±12.80	37.39±5.16
CO/（mg/m³）	1.27±0.11	1.14±0.08	0.88±0.07	0.86±0.10	0.91±0.11	0.80±0.07	0.69±0.24	0.94±0.19
O_3/（μg/m³）	116.95±6.92	131.28±5.68	121.41±6.90	126.72±4.84	126.14±4.61	121.14±4.57	121.16±44.12	123.54±4.41
日均气温	14.95±10.16	15.00±9.74	14.82±10.39	14.88±9.50	14.68±9.20	15.03±9.34	16.05±10.49	15.00±9.80
日均相对湿度	67.40±15.55	63.74±18.00	64.55±17.95	63.28±17.00	66.36±17.77	66.14±18.52	60.78±19.04	64.82±17.73
日均风速	2.05±0.96	2.86±1.05	3.00±1.10	2.86±1.09	2.75±0.98	2.31±1.13	2.50±0.87	2.62±1.09

注：P 表示肺炎（J12-J18）；AURI 表示急性上呼吸道感染（J00-J06）；CLRD 表示慢性下呼吸道疾病（J40-J47）；括号内数据表示占比。

9.3.2　相关分析结果

Spearman 相关性分析结果表明，就空气污染物与呼吸系统疾病就诊人数之间的相关性而言，肺炎的发病率与 $PM_{2.5}$（r=0.23）和 PM_{10}（r=0.24）呈现较强正相关。此外，$PM_{2.5}$ 与 PM_{10} 之间也存在高度相关性（r=0.91）。SO_2 浓度与肺炎（r=0.23）和急性上呼吸道感染（r=0.11）呈现最强相关性。类似地，CO 浓度与肺炎（r=0.18）及急性上呼吸道感染（r=0.05）也呈正相关。NO_2 浓度则分别与肺炎（r=0.31）、急性上呼吸道感染（r=0.07）及慢性下呼吸道疾病（r=0.10）均呈正相关。

在气象因素与呼吸系统疾病之间的相关性方面，日均气温与日均相对湿度均与肺炎发病率呈负相关（r=−0.27 和 r=−0.10）；此外，这两项气象指标也与慢性下呼吸道疾病就诊量呈负相关。相反，日均气温和日均相对湿度与急性上呼吸道感染就诊量呈弱正相关（分别为 r=0.04 和 r=0.05）。风速则与慢性下呼吸道疾病就诊量、肺炎就诊量以及急性上呼吸道感染就诊量均呈正相关，相关系数在 0.02～0.14。

9.3.3　SVR 模型结果预测及性能评估

本研究以呼吸系统疾病的医院就诊人数作为回归预测目标，采用 70%的数据用于模型训练，30%的数据用于模型测试。表 9-2 总结了基于支持向量回归（SVR）模型对呼吸系统疾病就诊人数的预测结果。模型性能评估采用 3 个指标：平均绝对误差（MAE）、均方误差（MSE）和决定系数（R^2）。其中，MAE 的范围为 0.655～0.720。肺炎、急性上呼吸道感染和慢性下呼吸道疾病的 MSE 分别为 0.740、0.828 和 0.832。结果表明，基于 SVR 的预测方法在呼吸系统疾病就诊人数的预测中具有良好的应用潜力。

表 9-2　基于 SVR 模型的呼吸系统疾病就诊人数预测性能指标

疾病类型	R^2	MAE	MSE
肺炎	0.308	0.655	0.740
急性上呼吸道感染	0.155	0.720	0.828
慢性下呼吸道疾病	0.185	0.711	0.832

9.4　讨　论

随着城市化进程的加快与工业化的迅猛发展，大量空气污染物被持续排放，全球人口暴露于更高浓度的空气污染中，对公共健康造成了显著威胁，特别是在加剧呼吸系统疾病方面。在临沂市，近年来呼吸系统疾病的发病率呈上升趋势。本研究通过相关性分析与支持向量回归（SVR）建模，探讨了临沂市呼吸系统疾病就诊人数与气象因素及空气污染因子之间的关系，并评估了 SVR 模型在预测呼吸系统疾病门诊量方面的应用潜力。此外，本研究进一步分析了气象和污染因子对 3 类主要呼吸系统疾病的具体影响机制，为相关政策制定提供科学依据。

Spearman 相关性分析结果显示，NO_2 对肺炎的影响最为显著（r=0.31），高于其对急性上呼吸道感染（r=0.07）及慢性下呼吸道疾病（r=0.10）的影响。NO_2 的主要来源包括机动车燃烧和供暖系统排放。其年均浓度在 27.83～43.88 μg/m^3，并在 2020—2022 年呈下降趋势，可能与新冠疫情期间交通和工业活动受限有关。已有研究表明，NO_2 浓度升高与呼吸系统疾病就诊人数增加密切相关。与此一致，其他研究结果也显示，$PM_{2.5}$ 和 PM_{10} 浓度均与 3 类呼吸系统疾病的发病呈正相关，且与肺炎的相关性最强（r=0.23 和 r=0.24）。大量研究已证实颗粒物浓度与呼吸系统健康之间存在密切联系。另有研究发现，$PM_{2.5}$ 对健康的危害大于 PM_{10}，主要原因在于其粒径更小，能更快进入人体呼吸系统，携带更多有害物质，从而更易诱发疾病，尤其是肺炎。在本研究中，$PM_{2.5}$ 和 PM_{10} 浓度之间呈高度相关（r=0.91），对 3 类呼吸系统疾病的影响趋势也相似，因此推测两者可能具有相似的致病机制。此外，SO_2 与 CO 浓度的升高也与肺炎及急性上呼吸道感染患者人数的增加显著相关。已有文献指出，SO_2 和 CO 浓度的上升可诱发或加重呼吸系统疾病。SO_2 主要来源于化石燃料的燃烧，而 CO 则主要来自居民生活与交通运输。吸入 SO_2 和 CO 可导致肺组织损伤，诱发急性中性粒细胞性肺部炎症，进而引发如肺炎及急性上呼吸道感染等疾病。

气象因素（如日均温度、湿度与风速）通过影响呼吸道防御功能，进而影响呼吸系统疾病的发生。本研究发现，较高的日均温度与湿度有助于减少肺炎及慢性下呼吸道疾病的就诊人数。有研究指出，温湿条件会影响致病微生物的生存与繁殖，从而改变呼吸道感染的发生风险。低温有利于呼吸道病毒存活，尤其是包膜病毒，其脂质膜在低温下更稳定，使病毒（如呼吸道合胞病毒）在分泌物中更易传播，增加感染率。此外，低湿度环境有助于咳嗽或打喷嚏时产生的飞沫长时间悬浮于空气中，从而提高其传播能力。与此同时，低湿度环境还会降低呼吸道上皮细胞对病毒颗粒的清除能力，增加感染风险。需要指出的是，气象因子对不同类型呼吸系统疾病的影响存在差异。有关风速与呼吸系统疾病之间关系的研究仍较有限，本研究推测风速可能主要通过影响空气污染物浓度间接影响呼吸系统健康。

为了评估模型性能，本研究考察了测试值与预测值之间的 R^2、MAE 和 MSE 等指标。在肺炎门诊预测中，SVR 模型表现最优，其 MAE 为 0.655，MSE 为 0.740，R^2 为 0.308。为进一步评估 SVR 模型在呼吸系统疾病预测中的应用潜力，本研究将本研究结果与其他采用机器学习方法的相关文献进行了比较（见表 9-3）。已有研究验证了基于空气质量因子的机器学习模型在呼吸系统疾病预测中的有效性。本研究所建立的 SVR 模型同样展现出良好的预测能力，尤其在肺炎门诊人数的预测方面表现突出，具有一定的推广应用价值。

表 9-3 不同已报道机器学习方法在呼吸系统疾病患者中的参数矩阵比较分析

疾病类型	模型	MAE	RMSE	MSE	R^2
CRD	MLR	—	3.619	—	0.327
CRD	MLP	—	3.052	—	0.254
CRD	SVR	—	2.043	—	0.506
CRD	RFR	—	3.046	—	0.119
ARI	RFR	3.280	5.812	33.784	0.545
ARI	XG Boost	3.113	5.751	33.083	0.531
ARI	SVR	3.801	6.399	40.959	0.436

疾病类型	模型	MAE	RMSE	MSE	R^2
ARI	DNN	4.005	7.101	50.427	0.425
ARI	PR	3.713	6.992	48.899	0.307
ARI	K-NNRM	3.625	7.415	54.994	0.221
ARI	Linear RM	5.487	7.732	59.786	0.153
ARI	LASSO RM	5.502	7.761	60.247	0.146
ARI	DTR	5.517	7.807	60.957	0.136
RD	GB	—	13.8	—	0.68
RD	GPR	—	13.9	—	0.67
ILI	ARIMA5	—	2 174.8	—	—
ILI	ARIMA5	—	8 173.6	—	—
RD	ARIMA10	—	5 581.6	—	—
RD	ARIMA10	—	15 093.1	—	—
RD	SVR	—	—	—	0.378
P	SVR	0.655	—	0.740	0.308
AURI	SVR	0.720	—	0.828	0.155
CLRD	SVR	0.711	—	0.832	0.185

注：MLR 表示多元线性回归；MLP 表示多层感知机；SVR 表示支持向量回归；RFR 表示随机森林回归；XG Boost 表示极端梯度提升模型；DNN 表示深度神经网络；PR 表示泊松回归模型；K-NNRM 表示 K 近邻回归模型；Linear RM 表示线性回归模型；LASSO RM 表示 LASSO 回归模型；DTR 表示决策树回归模型；GB 表示梯度提升模型；GPR 表示高斯过程回归；ARIMA 5 表示使用自回归积分滑动平均模型对提取的 5 年数据进行训练；ARIMA 10 表示对提取的 10 年数据进行训练；CRD 表示慢性呼吸系统疾病；ARI 表示急性呼吸道感染；RD 表示呼吸系统疾病；ILI 表示流感样疾病；P 表示肺炎；AURI 表示急性上呼吸道感染；CLRD 表示慢性下呼吸道疾病。

9.5　结　论

空气污染物与气象条件已被识别为影响公共健康的关键风险因素。揭示这些污染物和气象条件与呼吸系统疾病就诊情况的关系，可为相关管理部门提供关于空气污染健康效应的重要预警信息。本研究结合 Spearman 相关性分析与支持向量回归（SVR）建模方法，系统探讨了气象因子、空气污染物与呼吸系统疾病（包括肺炎、急性上呼吸道感染和慢性下呼吸道疾病）门诊量之间的关联性。SVR 模型以 2016 年 1 月 1 日至 2022 年 8 月 20 日的呼吸系统疾病患者就诊人数、空气污染物浓度及气象数据为输入变量，通过十折交叉验证进行模型评估，并将数据按 7∶3 比例随机划分为训练集与测试集。模型性能通过平均绝对误差（MAE）、均方误差（MSE）和决定系数（R^2）等指标进行综合评估。研究结果表明，NO_2、$PM_{2.5}$ 和 PM_{10} 浓度均与 3 类呼吸系统疾病的就诊人数呈正相关，其中对肺炎的相关性最为显著。此外，SO_2 和 CO 浓度的升高也加剧了肺炎和急性上呼吸道感染的发生风险。在气象因素方面，日均温度和相对湿度的升高有助于降低肺炎及慢性下呼吸道疾病的发病率。SVR 模型预测效果最佳的为肺炎，其 MAE 与 MSE 分别为 0.655 与 0.740，表明该模型在相关疾病预测中的潜力较大。未来研究可进一步引入甲醛、其他氮氧化物等变量，以提升模型预测精度。同时，气象因素与空气污染物通过复杂机制影响呼吸系统疾病的具体路径仍需深入探究。

参考文献

伯鑫，段钢，李重阳，等，2017. 首都国际机场大气污染模拟研究[J]. 环境工程，35（3）：97-100.

伯鑫，李时蓓，吴忠祥，等，2016. 基于反演模型的焦炉无组织苯并[*a*]芘排放因子研究[J]. 中国环境科学，36（5）：1340-1344.

陈雷，王鹏，伯鑫，等，2021. 新冠期间河北省典型钢铁企业大气污染影响[J]. 中国环境科学，41（8）：3927-3933.

成国庆，伯鑫，李时蓓，等，2019. 基于多源异构数据的沧州市大气环境管理 APP 平台的构建与应用[J]. 环境科学研究，32：1747-1754.

崔建升，屈加豹，伯鑫，等，2018. 基于在线监测的 2015 年中国火电排放清单[J]. 中国环境科学，38（6）：2062-2074.

高雅，刘杨，吕佳佩，2022. 空气质量模型研究进展综述[J]. 环境污染与防治，44：939-943.

谷德军，2002. SCIPUFF 模式的简化及验证[J]. 热带气象学报，18（3）：283-288.

李红，彭良，毕方，等，2019. 我国 $PM_{2.5}$ 与臭氧污染协同控制策略研究[J]. 环境科学研究，32（10）：1763-1778.

李宏艳，黄时丹，赵志新，等，2023. 焦化行业高污染排放对中国空气质量的影响[J]. 环境科学学报，43（5）：375-389.

刘孟雄，王春迎，谢志辉，等，2022. SCICHEM 模型对单污染源生成的二次污染物的模拟研究：与光化学网格模型 CAMx 的比较[C]//第二十六届大气污染防治技术研讨会论文集，杭州：中国环境科学学会.

吕晨，张哲，陈徐梅，等，2021. 中国分省道路交通二氧化碳排放因了[J]. 中国环境科学，41(7)：3122 3130.

屈加豹，王鹏，伯鑫，等，2020. 超低改造下中国火电排放清单及分布特征[J]. 环境科学，41(9)：3969-3975.

沈劲，陈皓，钟流举，2015. 珠三角秋季臭氧污染来源解析[J]. 环境污染与防治，37（1）：25-30.

沈劲，黄晓波，汪宇，等，2017. 广东省臭氧污染特征及其来源解析研究[J]. 环境科学学报，37（12）：4449-4457.

王倩丽，董敏丽，李素静，等，2019. 舟山市臭氧污染分布特征及来源解析[J]. 环境科学，40(3)：1143-1151.

王自发，谢付莹，王喜全，等，2006. 嵌套网格空气质量预报模式系统的发展与应用[J]. 大气科学，（5）：778-790.

尹沙沙，郑君瑜，张礼俊，等，2010. 珠江三角洲人为氨源排放清单及特征[J]. 环境科学，31(5)：1146-1151.

张大鹏，2023. 2022 年炼焦业运行分析[J]. 中国钢铁业，（3）：20-24.

ALBO S，OLUWOLE O，MIAKE-LYE R，2011. The Aerodyne Inverse Modeling System（AIMS）：Source estimation applied to the FFT 07 experiment and to simulated mobile sensor data[J]. Atmospheric Environment，45（33）：6085-6092.

ALLEN C，HAUPT S，YOUNG G，2007. Source characterization with a genetic algorithm-coupled dispersion-backward model incorporating SCIPUFF[J]. Journal of Applied Meteorology and Climatology，46（3）：273-287.

AL-KINDI S，BROOK R，BISWAL S，et al.，2020. Environmental determinants of cardiovascular disease：lessons learned from air pollution[J]. Nature Reviews Cardiology，17（10）：656-672.

AN J，HUANG Y，HUANG C，et al.，2021. Emission inventory of air pollutants and chemical speciation for specific anthropogenic sources based on local measurements in the Yangtze River Delta region，China[J]. Atmospheric Chemistry and Physics，21（3）：2003-2025.

BO X，SHAN W，QU J，et al.，2025. Construction of a high-resolution city-level emission inventory based on multiple methods：A case study of Cangzhou City，China[J/OL]. Environment，Development and Sustainability，https：//doi.org/10.1007/s10668-024-05400-z.

BO X，YOU Q，SANG M，et al.，2023. The impacts of clean energy policies on air pollutants and CO_2 emission reduction in Shaanxi，China[J]. Atmospheric Pollution Research，14（12）：101937.

CAI B，LIANG S，ZHOU J，et al.，2018. China high resolution emission database（CHRED）with point emission sources，gridded emission data，and supplementary socioeconomic data[J]. Resources，Conservation and Recycling，129：232-239.

CHENG X，LI E，CANG D，et al.，2010. Generation of polycyclic aromatic hydrocarbons during coking[J]. Journal of Iron and Steel Research International，17（12）：6-10.

CHOWDHURY B，KARAMCHANDANI P K，SYKES R I，et al.，2015. Reactive puff model SCICHEM：Model enhancements and performance studies[J]. Atmospheric Environment，117：242-258.

CRIPPA M，GUIZZARDI D，BUTLER T，et al.，2023. The HTAP_v3 emission mosaic：Merging regional and global monthly emissions（2000-2018）to support air quality modelling and policies[J]. Earth System Science Data，15（6）：2667-2694.

CUI H，YAO R，CHEN L，et al.，2020. Field study of atmospheric boundary layer observation in a hilly Gobi Desert region and comparison with the CALMET/CALPUFF model[J]. Atmospheric Environment，235：13.

DONG F，WANG Y，SU B，et al.，2019. The process of peak CO_2 emissions in developed economies：A perspective of industrialization and urbanization[J]. Resources，Conservation and Recycling，141：61-75.

GAO Y，ZHANG L，HUANG A，et al.，2022. Unveiling the spatial and sectoral characteristics of a high-resolution emission inventory of CO_2 and air pollutants in China[J]. Science of the Total

Environment，847：157623.

GE X，CHANG L，YUAN J，et al.，2016. Greenhouse gas emissions by the Chinese coking industry[J]. Polish Journal of Environmental Studies，25（2）：593-598.

GENG G，LIU Y，LIU Y，et al.，2024. Efficacy of China's clean air actions to tackle $PM_{2.5}$ pollution between 2013 and 2020[J]. Nature Geoscience，17（10）：987-994.

HENN D S，SYKES R，1999. Large-eddy simulation of flow over wavy surfaces[J]. Journal of Fluid Mechanics，383：75-112.

KARAMCHANDANI P，VENNAM P，SHAH T，et al.，2020. Single source impacts on secondary pollutants using a Lagrangian reactive puff model：Comparison with photochemical grid models[J]. Atmospheric Environment，237：19.

KRITTANAWONG C，QADEER Y，HAYES R，et al.，2023. $PM_{2.5}$ and Cardiovascular Health Risks[J]. Current Problems in Cardiology，48（6）：14.

KURT O，ZHANG J，PINKERTON K，2016. Pulmonary health effects of air pollution[J]. Current Opinion in Pulmonary Medicine，22（2）：138-143.

LEONE V，CERVONE G，IOVINO P，2016. Impact assessment of PM_{10} cement plants emissions on urban air quality using the SCIPUFF dispersion model[J]. Environmental Monitoring and Assessment，188（9）：12.

LI R，YAN Y，PENG L，et al.，2021. Segment-based volatile organic compound emission characteristics from different types of coking plants in China[J]. Aerosol and Air Quality Research，21（1）：200145.

LI S，WANG S，WU Q，et al.，2023. Emission trends of air pollutants and CO_2 in China from 2005 to 2021[J]. Earth System Science Data，15（6）：2279-2294.

LIN B，ZHU J，2020. Policy effect of the Clean Air Action on green development in Chinese cities[J]. Journal of Environmental Management，258：110036.

MANISALIDIS I，STAVROPOULOU E，STAVROPOULOS A，et al.，2020. Environmental and health impacts of air pollution：A review[J]. Frontiers in Public Health，8：13.

MONKS P，ARCHIBALD A，COLETTE A，et al.，2015. Tropospheric ozone and its precursors from the urban to the global scale from air quality to short-lived climate forcer[J]. Atmospheric Chemistry and Physics，15（15）：8889-8973.

MU L，FENG C，LI Y，et al.，2023. Emission factors and source profiles of VOCs emitted from coke production in Shanxi，China[J]. Environmental Pollution，335：122373.

MU L，LI X，LIU X，et al.，2021. Characterization and emission factors of carbonaceous aerosols originating from coke production in China[J]. Environmental Pollution，268（Pt B）：115768.

TANG L，QU J，MI Z，et al.，2019. Substantial emission reductions from Chinese power plants after the introduction of ultra-low emissions standards[J]. Nature Energy，4（21）：929-938.

TAO J，ZHANG L，CAO J，et al.，2017. A review of current knowledge concerning $PM_{2.5}$ chemical composition，aerosol optical properties and their relationships across China[J]. Atmospheric Chemistry and Physics，17（15）：9485-9518.

TIAN H，KE C，XU J，et al.，2011. Current situation and abatement potential of SO_2 emissions from coke making industry in China[J]. International Conference on Materials Science and Information Technology（MSIT 2011），433-440：1146-1152.

VUOLO M，ACUTIS M，TYAGI B，et al.，2023. Odour emissions and dispersion from digestate spreading[J]. Atmosphere，14（4）：38.

WANG Y，CHENG K，TIAN H，et al.，2018. Analysis of reduction potential of primary air pollutant emissions from coking industry in China[J]. Aerosol and Air Quality Research，18（2）：533-541.

WU G，GENG Y，LIU Z，et al.，2022. Daily emission patterns of coal-fired power plants in China based on multisource data fusion[J]. Environmental Science & Technology，56（10）：6547-6556.

XING Y，XU Y，SHI M，et al.，2016. The impact of $PM_{2.5}$ on the human respiratory system[J]. Journal of Thoracic Disease，8（1）：E69-E74.

XU Z，CHEN S，SANG M，et al.，2023. Air quality improvement through vehicle electrification in Hainan province，China[J]. Chemosphere，316：137814.

ZHANG J，WEI Y，FANG Z，2019. Ozone pollution：A major health hazard worldwide[J]. Frontiers in Immunology，10：10.

ZHAO Y，QIU L P，XU R Y，et al.，2015. Advantages of a city-scale emission inventory for urban air quality research and policy：the case of Nanjing，a typical industrial city in the Yangtze River Delta，China[J]. Atmospheric Chemistry and Physics，15（21）：12623-12644.

ZHAO Y，WANG S，NIELSEN C，et al.，2010. Establishment of a database of emission factors for atmospheric pollutants from Chinese coal-fired power plants[J]. Atmospheric Environment，44（12）：1515-1523.

ZHI G，DU J，CHEN A，et al.，2024. Progression of an emission inventory of China integrating CO_2 with air pollutants：A chance to learn the influence of development on emissions[J]. Atmospheric Environment，316：120184.

ZHU J，WU S，XU J，2023. Synergy between pollution control and carbon reduction：China's evidence[J]. Energy Economics，119：106541.

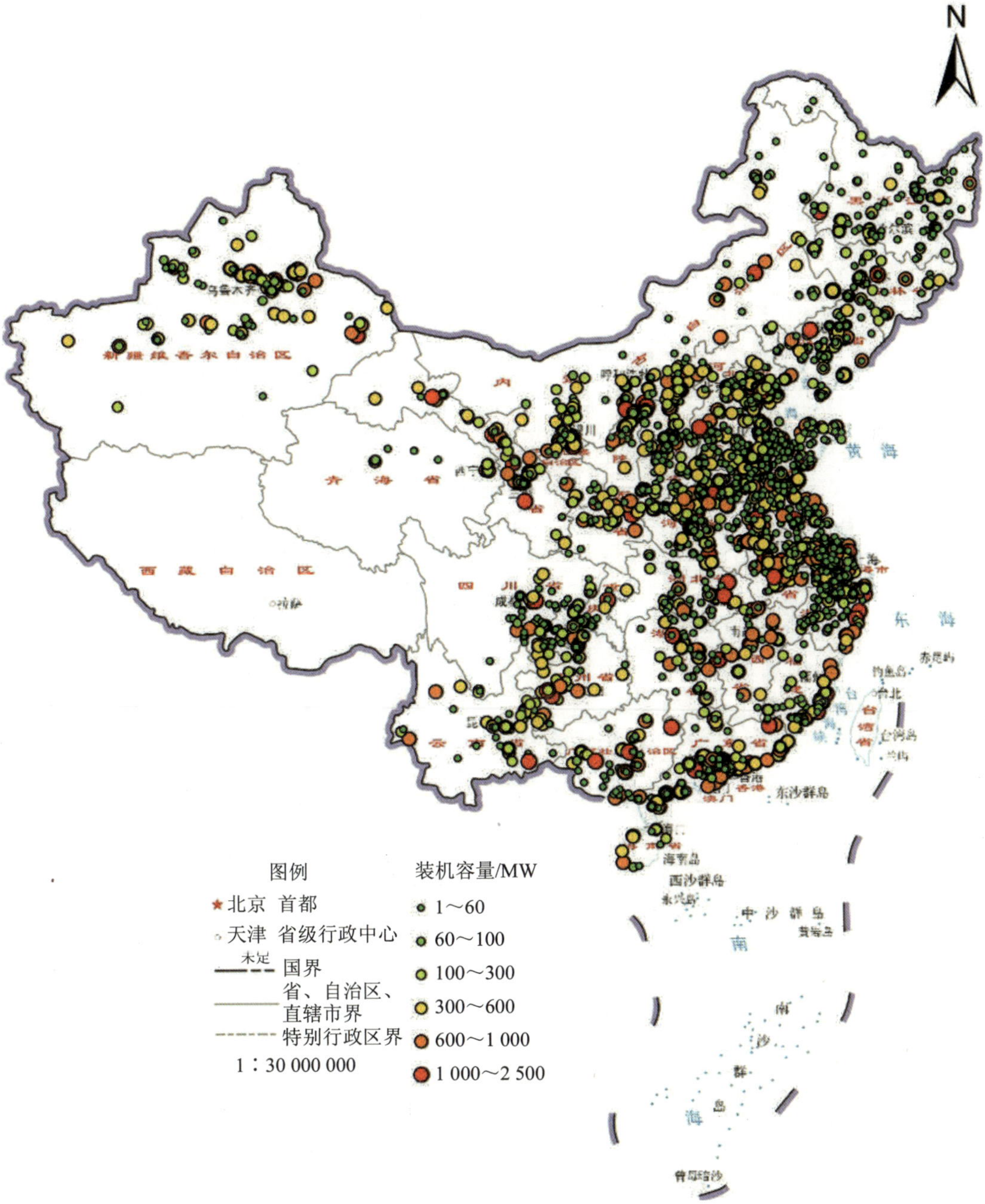

图 2-1　2020 年我国火电企业空间分布

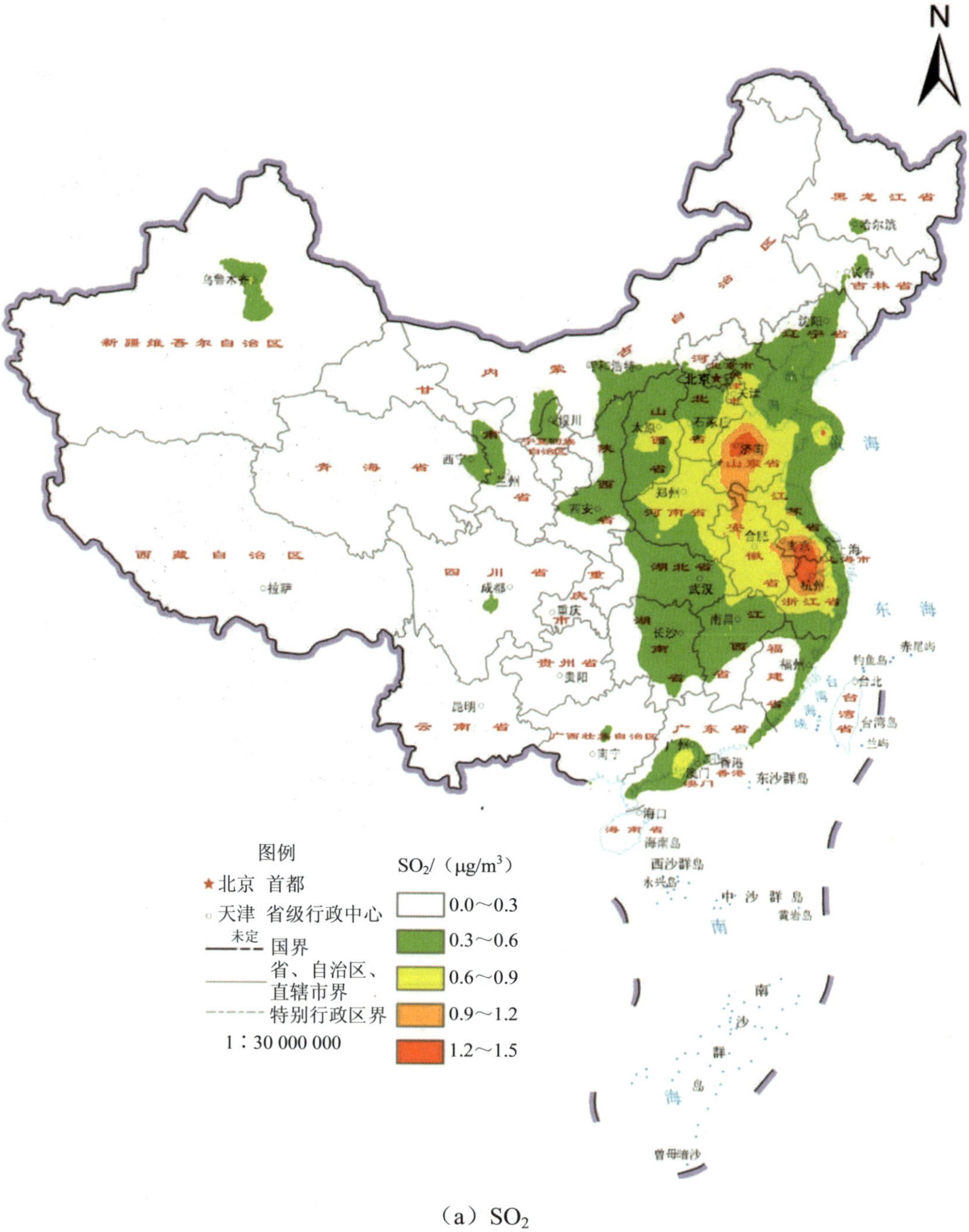
N
图例
北京 首都
天津 省级行政中心
未定 国界
省、自治区、直辖市界
特别行政区界
1∶30 000 000
SO2/（μg/m3）
0.0～0.3
0.3～0.6
0.6～0.9
0.9～1.2
1.2～1.5
新疆维吾尔自治区
西藏自治区
青海省
四川省
云南省
贵州省
广东省
黑龙江省
吉林省
辽宁省
浙江省
东海
南海
东沙群岛
西沙群岛
中沙群岛
南沙群岛
海南岛
曾母暗沙
钓鱼岛
赤尾屿
黄岩岛
永兴岛
台北
台湾岛
兰屿
拉萨
成都
昆明
贵阳
南宁
西宁
兰州
西安
银川
太原
郑州
武汉
长沙
南昌
合肥
杭州
福州
济南
天津
北京
石家庄
沈阳
长春
哈尔滨
乌鲁木齐
香港
澳门
海口

（a）SO_2

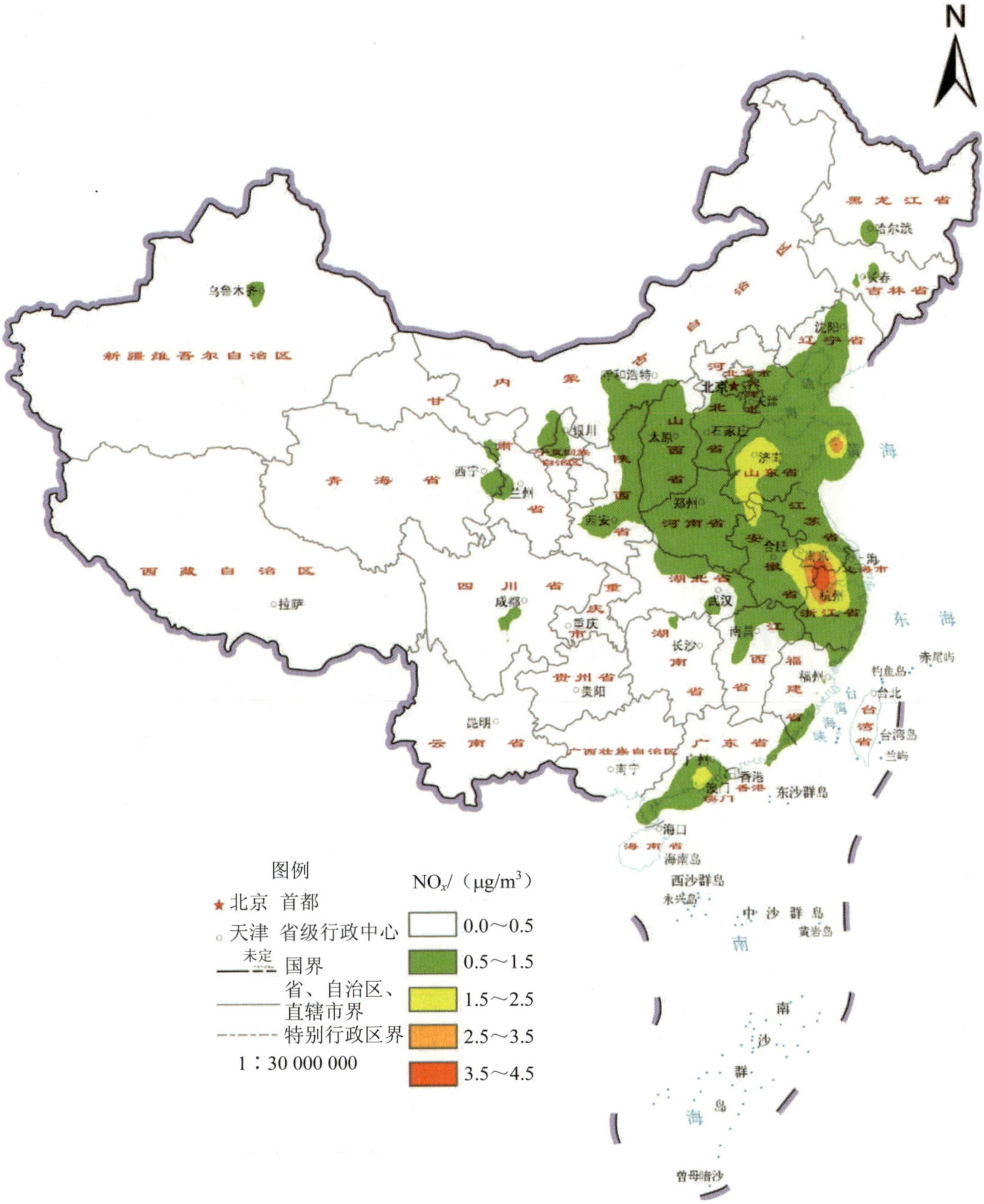
N
图例
北京 首都
天津 省级行政中心
未定
国界
省、自治区、直辖市界
特别行政区界
1∶30 000 000
NOx/（μg/m3）
0.0～0.5
0.5～1.5
1.5～2.5
2.5～3.5
3.5～4.5
新疆维吾尔自治区
西藏自治区
青海省
四川省
云南省
贵州省
广东省
黑龙江省
吉林省
河南省
东海
南海
东沙群岛
西沙群岛
中沙群岛
南沙群岛
海南岛
乌鲁木齐
拉萨
成都
西宁
兰州
银川
西安
太原
石家庄
郑州
济南
合肥
武汉
长沙
南昌
福州
台北
昆明
贵阳
南宁
海口
沈阳
长春
哈尔滨
北京
天津
重庆
杭州
香港
黄岩岛
曾母暗沙

（b）NO_x

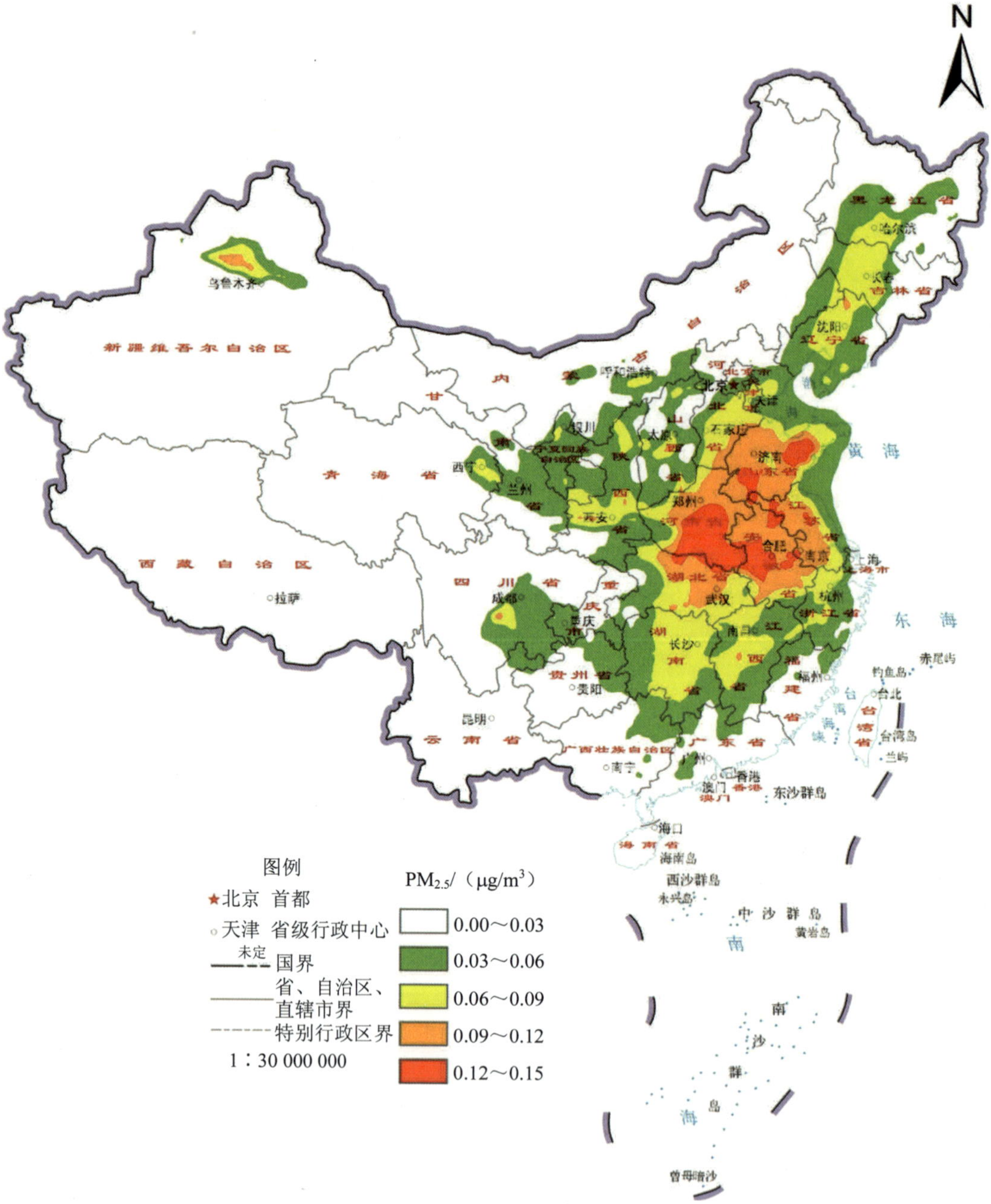
N
图例
★北京 首都
○天津 省级行政中心
未定
国界
省、自治区、
直辖市界
特别行政区界
1：30 000 000
PM2.5/（μg/m3）
0.00～0.03
0.03～0.06
0.06～0.09
0.09～0.12
0.12～0.15
新疆维吾尔自治区
乌鲁木齐
西藏自治区
拉萨
青海省
西宁
四川省
成都
云南省
昆明
贵州省
贵阳
广西壮族自治区
南宁
广东省
海南省
海口
海南岛
西沙群岛
中沙群岛
黄岩岛
南沙群岛
曾母暗沙
东沙群岛
香港
澳门
台湾省
台北
台湾岛
兰屿
钓鱼岛
赤尾屿
黑龙江省
哈尔滨
吉林省
长春
辽宁省
沈阳
呼和浩特
北京
天津
石家庄
太原
济南
郑州
西安
兰州
银川
武汉
长沙
南昌
合肥
南京
杭州
福州
上海
重庆
黄海
东海
南海

（c）$PM_{2.5}$

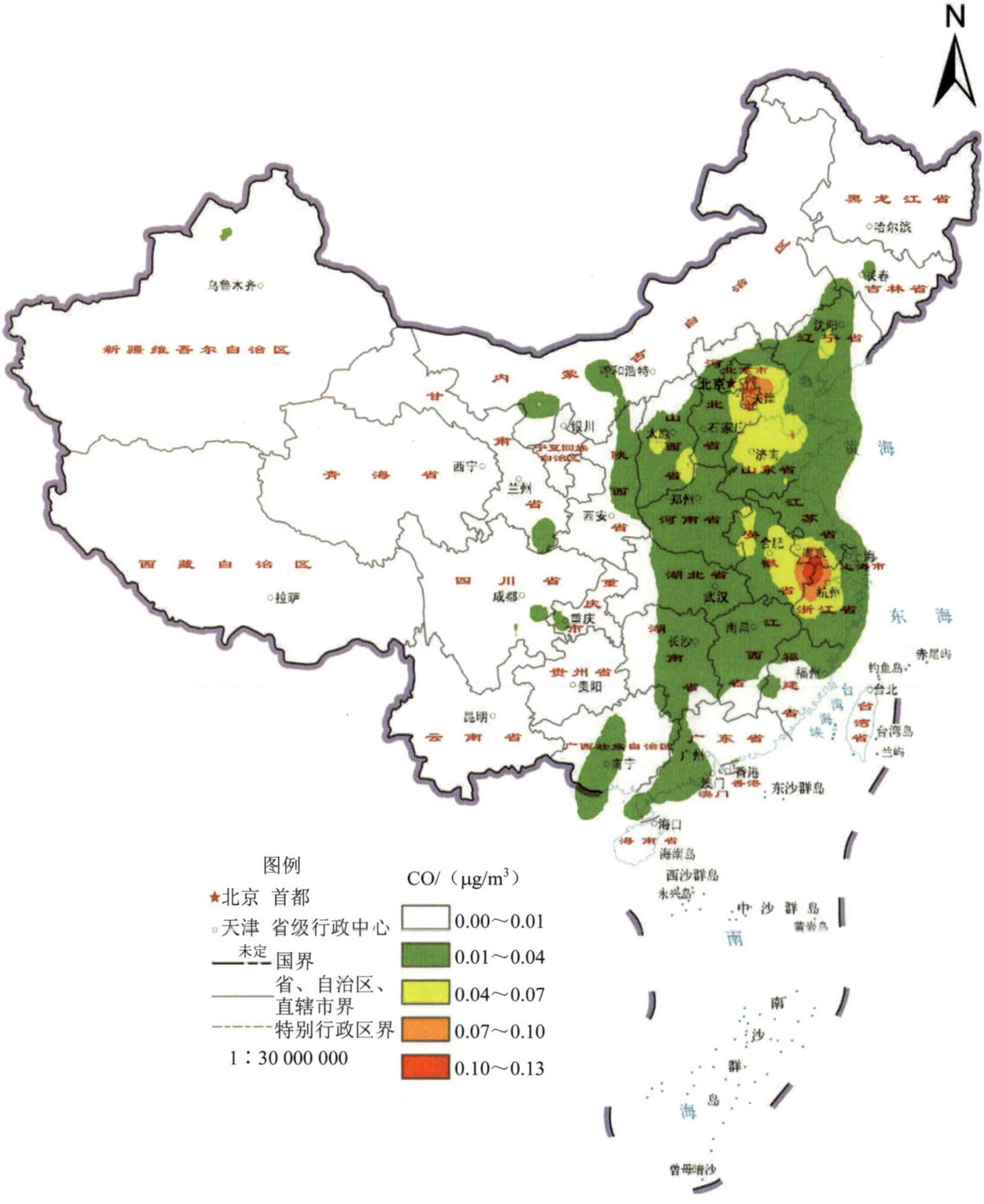
N
图例
★北京 首都
天津 省级行政中心
未定
国界
省、自治区、
直辖市界
特别行政区界
1∶30 000 000
CO/（μg/m³）
0.00～0.01
0.01～0.04
0.04～0.07
0.07～0.10
0.10～0.13

（d）CO

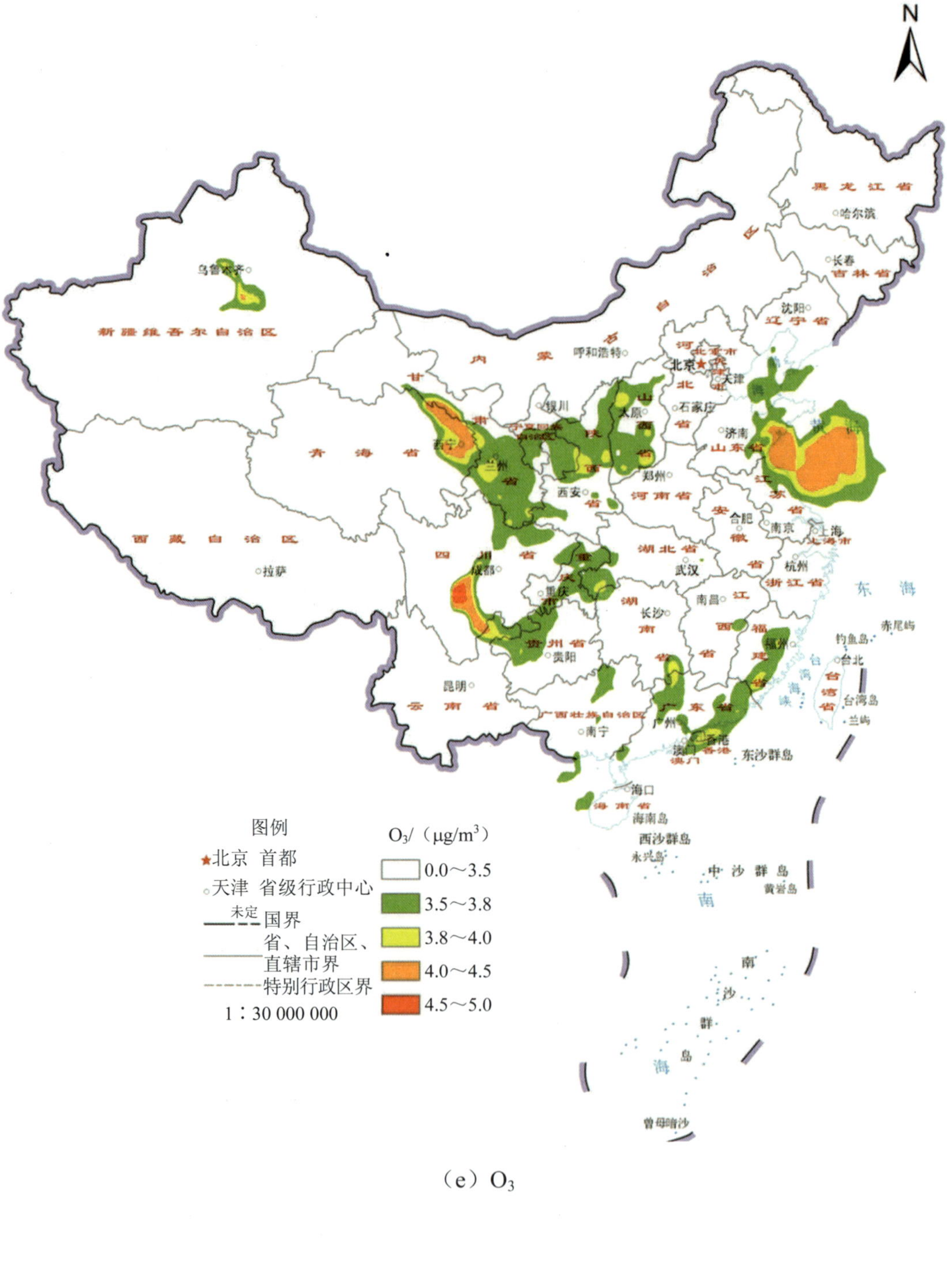
N
乌鲁木齐
新疆维吾尔自治区
哈尔滨
长春
吉林省
沈阳
辽宁省
黑龙江省
呼和浩特
北京
天津
石家庄
太原
济南
银川
西宁
兰州
青海省
西安
郑州
河南省
合肥
南京
上海
武汉
湖北省
成都
重庆
杭州
浙江省
南昌
长沙
福州
贵阳
贵州省
昆明
云南省
南宁
广州
香港
澳门
海口
海南岛
拉萨
西藏自治区
东海
台北
台湾岛
钓鱼岛
赤尾屿
兰屿
东沙群岛
西沙群岛
永兴岛
中沙群岛
黄岩岛
南沙群岛
曾母暗沙
图例
北京 首都
天津 省级行政中心
未定
国界
省、自治区、
直辖市界
特别行政区界
1：30 000 000
O_3/（μg/m^3）
0.0～3.5
3.5～3.8
3.8～4.0
4.0～4.5
4.5～5.0

（e）O_3

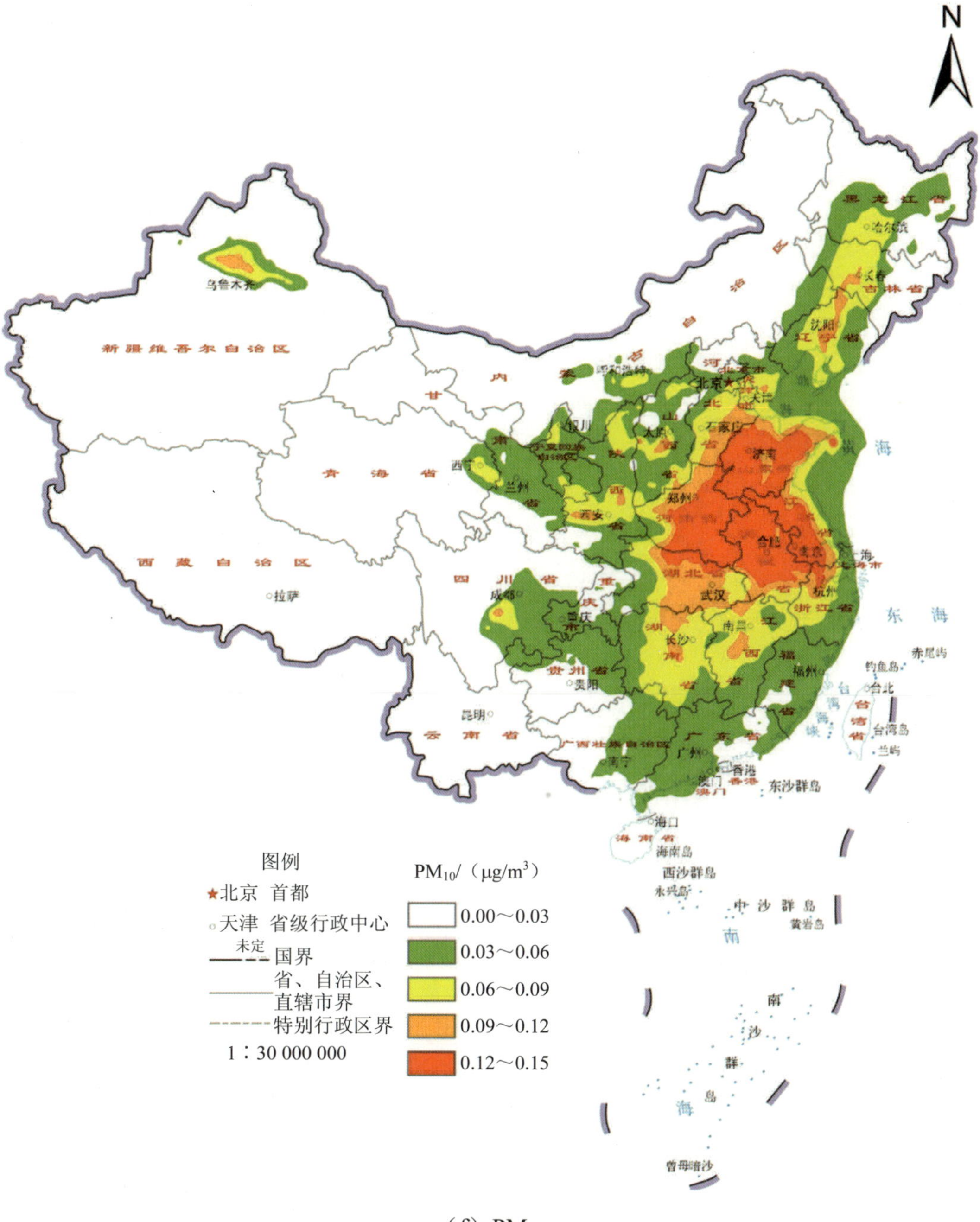

（f）PM_{10}

图 6-1　2020 年我国火电行业大气污染物年均贡献浓度分布